"十三五"职业教育规划教材

主要污染源基础污染物核算实务

杨婵 主编

中国环境出版集团·北京

图书在版编目（CIP）数据

主要污染源基础污染物核算实务/杨婵主编. —北京：中国
环境出版集团，2019.1（2025.1 重印）
"十三五"职业教育规划教材
ISBN 978-7-5111-3750-0

Ⅰ．①主… Ⅱ．①杨… Ⅲ．①环境污染—经济核算—
高等职业教育—教材 Ⅳ．①X196

中国版本图书馆 CIP 数据核字（2018）第 183634 号

策划编辑	黄晓燕	
责任编辑	侯华华	
封面设计	宋　瑞	

更多信息，请关注
中国环境出版集团
第一分社

出版发行　中国环境出版集团
（100062　北京市东城区广渠门内大街 16 号）
网　　　址：http://www.cesp.com.cn
电子邮箱：bjgl@cesp.com.cn
联系电话：010-67112765（编辑管理部）
　　　　　010-67112735（第一分社）
发行热线：010-67125803，010-67113405（传真）

印　　刷	北京中科印刷有限公司
经　　销	各地新华书店
版　　次	2019 年 1 月第 1 版
印　　次	2025 年 1 月第 2 次印刷
开　　本	787×960　1/16
印　　张	19.5
字　　数	320 千字
定　　价	39.00 元

前　言

随着我国经济的不断发展，资源匮乏、环境污染、生态破坏等问题逐渐成为制约我国社会经济发展的关键，而"十三五"时期是我国深化改革开放、加快社会主义生态文明建设的重要时期，环境保护任务十分繁重。

环境保护的基础工作之一是准确把握主要污染源的污染物排放情况，这也是一项技术性与专业性都比较强的工作。随着我国环境保护事业的不断深入发展，主要污染源基础污染物核算的重要性也日益凸显。因此准确核算基础污染物的产生量与排放量就成为我国环保工作者应该具备的工作技能，也是从事环境管理、环境监察、环境规划、环境监测等工作的重要依据。

本书共10章，内容包括第1章绪论，由卢莎编写；第2章大气污染核算，由杨婵编写；第3章废水污染核算，由湖南省环境保护科学研究院李瑾编写；第4章环境噪声污染核算，由胡献舟编写；第5章生活污染核算，由杨婵编写；第6章机动车污染核算、第7章集中污染治理设施污染核算，由董敏慧编写；第8章农业污染核算，由钟琼编写；第9章工业污染核算、第10章数据审核与处理方法，由谢露静编写。全书由杨婵主持编写与统稿。

本书可作为环境监察、环境管理、环境监测、环境规划和环境影响评价等职业人员的专业培训教材，为环境保护工作者提供参考，也可以作为环境保护类大专院校专业教材使用。

本书在编写过程中得到了长沙环境保护职业技术学院教育培训学院培训中心的大力支持，同时也汲取了相关著作的精华，参考了国内诸多专家的技术成果，在此谨向所有的同行表示谢意。

鉴于编者水平有限，污染物核算涉及面广，疏漏之处在所难免，敬请各位读者批评指正。

编者

2017 年 9 月

教材编者邮箱：

18755318@qq.com

教材配套网络课程：

https://mooc.icve.com.cn/cms/courseDetails/index.htm?classId= 5e40b08cb493e033d03ce290563705cf

目　录

1 绪 论

【学习目标】

☆ 掌握污染物核算的概念；

☆ 掌握污染物核算方法应用；

☆ 了解污染物核算在环境保护工作中的应用现状。

污染物产排量是环境保护工作的基础信息，环境监察、环境管理、环境影响评价、环境规划等工作都大量涉及污染物产排量。污染物的产排量可以通过现有的数据库获得，如环境统计数据信息库和污染源普查数据库。

环境统计数据信息库：该数据库每年都会上报统计范围内企业本年度的基本信息以及排污信息。

污染源普查数据库：污染源普查十年一次，对区域内的污染进行全面而广泛的调查，并形成污染源普查数据库。

除了从数据库中获取现成的污染物产排量信息，对于环境保护工作人员而言，掌握污染物核算基础知识，对于日常工作是非常有必要的。

1.1 污染物核算概述

1.1.1 环境保护与污染物核算

环境是指中心事物周围的一切，是相对于中心事物而言的。环境保护工作中涉及的环境是以人为主体的外部世界，即人类赖以生存和发展的物质条件的总和，包括自然环境与人工环境。《中华人民共和国环境保护法》中规定："环境是指影响人类生存和发展的各种天然的和经过人工改造的自然因素的总体，包括大气、水、海洋、土地、矿藏、森林、草原、湿地、野生动物、自然遗迹、自然保护区、风景名胜区、城市和乡村等。"

近年来，随着社会经济的迅速发展，大量的生活、工业、农业废物进入环境，改变了环境的物质能量循环，导致环境质量恶化，造成了一系列的环境问题和公害事件。环境污染的日益严重，已成为全社会关注的问题。要掌握环境发展规律，实施环境管理政策，准确把握排入环境的污染物产排量是一项基础性的工作。

因此污染物产排量核算是环境保护工作的重要内容之一，在进行环境监察、排污权交易、排污收费等具体的环境管理工作中，都会涉及。污染物核算属于环境核算的基础性工作，也属于国民经济统计的基础工作。

污染物核算是对水污染物、大气污染物、固体废物、放射性污染和噪声污染的实物量进行计算并核准过程的总称。污染物核算有一系列方法与技巧，并有保证数据质量准确性的一套规范，是获得准确环境基础信息的保障，也是环境保护工作者必备的基础知识和工作技能。

1.1.2　污染物核算应用现状

1.1.2.1　在环境统计工作中的应用

环境统计工作是我国的一项环境保护制度，我国环境统计法律法规中规定，各级政府环境保护主管部门要会同地方政府对辖区内污染物排放单位的基本情况、污染物排放量、排放特征等信息进行收集、整理、汇总、公布。从 20 世纪 50 年代起，我国就有国土、气象、矿产等方面的统计，1979 年国务环境保护领导小组办公室组织了对全国 3 500 多个大中型企业的环境基本状况调查。1980 年，国务院环境保护领导小组与国家统计局联合建立了环境保护统计制度。从 1981 年开始，国家环保局每年编制环境统计年报资料和环境统计分析报告。1995 年 6

月 15 日，国家环保局颁布了《环境统计管理暂行办法》。2007 年第一次全国污染源普查对全国范围内的所有工业、生活、农业、集中污染治理设施基本信息污染物排放量实施了普查，并建立污染源信息数据库，同时在此基础上形成了更新机制。目前我国各级政府环境保护主管部门都有辖区内以工业污染源为主，包含农业污染、生活污染、集中污染治理设施的污染源数据库。

在环境统计中污染物核算是重要的组成部分。环境统计信息的核心就包含了辖区内主要污染源的污染物产排情况，污染物核算的准确性决定了环境统计信息能否为其他环境管理工作和政府决策提供数据依据。目前，环境统计工作中已经形成了较为完善的污染物核算方法和体系，也积累了大量的污染核算系数，是其他环境保护工作值得借鉴的宝贵经验。

1.1.2.2　在污染源管理工作中的应用

我国环境保护制度有不少专门针对污染源的环境管理制度，如环境影响评价、"三同时"制度、排污申报登记制度、排污收费制度等。

新建项目的污染物是其重要的环境影响因素，在环境影响评价技术咨询工作中，核算拟建项目主要污染物的产生量与排放量是工程分析的重要内容。环评技术文件中的污染物产排量力求准确无误，因为环评中核算污染物产排量的准确性直接影响着后续"三同时"制度、污染治理设施设计、建设、验收等工作。

控制现有污染源排放总量，也需要应用到污染物核算的内容。准确无误地计算污染物的排放量是计算与收取排污税的重要基础。一方面要保证企业能承担排污后治理污染责任，另一方面也要客观地核算污染物的产生量。

在总量控制与排污权交易中，准确无误地核算污染物的产生量、排放量、削减量是开展工作的基础。

1.2　污染物核算类型及其内容

按不同的分类方式，污染物核算的类型与内容也不尽相同。通常污染物核算中会涉及各类环境因子如大气污染物、水污染物、固体废物、噪声等，在实际工作中为了方便污染源的行政管理，污染物核算是以辖区内具体污染源为单位进行，在核算中再根据各污染源排放的各类污染物分别计算。因此，污染物核算类型常按污染介质与污染源分类。

1.2.1　按污染介质分类

污染物核算按环境介质分可分为水污染核算、大气污染核算、固体废物核算、噪声污染核算等。上述几种类型的污染核算在排放标准、量纲、污染物统计指标选取、统计口径等方面都有较大差异，因此污染物核算在最基础操作过程中通常按环境介质开展。

1.2.1.1　水污染核算

水污染主要是指有害或耗氧物质进入水体造成水体使用功能下降的现象。水污染物主要来自工业废水、生活污水、空气污染沉降等。水污染物按不同的分类方式可分为不同种类。

按污染物的溶解性质分可分为溶解性污染物和不溶性污染物。溶解性污染物以离子态的污染为主，如重金属离子 Cd^{2+}、Pb^{2+}等；不溶性污染物常见的为悬浮颗粒物，如 SS 等。

污染物按耗氧性质分可分为：耗氧性污染物（以有机物为主），如五日生化需氧量（BOD_5）、化学需氧量（COD_{Cr}）；非耗氧污染物，如重金属离子等。

《污水综合排放标准》（GB 8978—1996）中将水污染物分为一类污染物和二类污染物。一类污染物以重金属、难降解有机物、放射性污染为主，具体包括总汞、烷基汞、总镉、总铬、六价铬、总砷、总铅、总镍、苯并[a]芘、总铍、总银、总α放射性、总β放射性。标准要求一类污染物的监测采样点必须设在车间口，且不分等级，只有一个浓度限值。

二类污染物有色度、悬浮物 SS、五日生化需氧量（BOD_5）、化学需氧量（COD_{Cr}）、石油类、动植物油、挥发酚等，二类污染物排放等级分为三级，一级最严格，三级最宽松。

水污染核算主要包括以下几个方面的内容。

①水平衡信息：排污单位的用水量、排水量、循环用水量、冷却水量等。

②水污染物的产生排放量：污染物的产生量、排放量；污染物的种类（与排污单位的性质有很大的相关性，各类排污单位的污染物排放类型差别较大）。

③水污染治理设备的运行效果：去除效率、运行稳定性等。

1.2.1.2 大气污染核算

大气污染主要是指人类生产生活产生的或自然过程产生的污染物进入大气后，达到一定浓度并持续一定时间，进而影响人类生产生活的过程。大气污染物按形态分可分为气态污染（如二氧化硫、氮氧化物）与颗粒污染物（如可吸入微粒、烟尘等）。大气污染物按照来源分可分为一次污染物与二次污染物：一次污染物为污染源排放的污染物，成分相对简单可控；二次污染为一次污染物通过物理、化学反应转化的物质，成分更加复杂和不可预测。

大气污染物主要来自于燃烧，如锅炉、工业窑炉、机动车尾气等。大气污染核算主要内容包括以下几个方面。

①辖区与排污单位的能耗现状，能源结构，如耗煤量、煤炭含硫率、灰分含量等。

②辖区和排污单位的锅炉、窑炉使用情况；污染物的产生量。

③辖区和排污单位的大气污染治理工艺，运行效率：如脱硫设施的运行效果，烟尘处理工艺与运行效果等。

1.2.1.3 固体废物核算

固体废物包括一般工业废物、危险废物、生活垃圾。工业固废包括冶炼废渣、粉煤灰、炉渣、煤矸石、脱硫石膏等；危险废物是指列入《国家危险废物名录》，或根据国家规定的危险废物鉴别标准和鉴别方法认定的具有危险特性的固体废物；生活垃圾主要是指城镇居民生活以及第三产业产生的固态或半固态废物。

①工业固废核算主要包括以下内容：辖区或排污单位的固体废物与产生量、综合利用量（率）、无害化处理量（率）；辖区或企业的工业固废产生量与处置量等应该有以下关系：

$$工业固体废物产生量=综合利用量+处置量+贮存量+排放量$$

②危险废物核算包括危险废物的产生量、利用量、贮存量、处置量等信息。

③生活垃圾核算主要包括生活垃圾产生量、无害化填埋量、处理处置量等。

1.2.1.4 噪声污染核算

一般来说，影响人们交谈或思考的环境声音称为噪声，噪声主要来源有交通、建筑施工、工业生产、社会活动等。噪声投诉与纠纷在环境监察工作中非常常见，而噪声除了有较大的主观性外，在昼夜间、有无背景声音时，人对噪声的感受程度也有较大差别。我国《声环境质量标准》（GB 3096—2008）中规定了不同功能区域昼夜的噪声最大限值，见表 1-1。

表 1-1 环境噪声限值 单位：dB（A）

声环境功能区类别	时段	昼间 （6:00—22:00）	夜间 （22:00—次日 6:00）
0 类		50	40
1 类		55	45
2 类		60	50
3 类		65	55
4 类	4a 类	70	55
	4b 类	70	60

相关的噪声排放标准也就建筑施工、社会噪声、厂界噪声做了详细的规定。

噪声污染核算主要内容包括：

①噪声基本运算：噪声合成、噪声衰减、噪声分解等。

②噪声评价：A 声级计算方法、噪声统计方法。

1.2.2 按污染来源分类

根据污染物来源不同通常可以将污染物核算分为工业污染核算、农业污染核算、生活污染核算、集中污染治理设施污染核算等几个方面。

1.2.2.1 工业污染核算

不同行业的工业污染源污染类型差别很大，例如，水泥厂的污染物以大气颗粒污染物为主、造纸厂污染主要为水污染化学需氧量、矿产采选的主要污染物为工业固废尾矿。因此，在进行工业污染核算时需要根据具体的行业把握核算的重点。我国环境统计制度中对辖区主要工业污染源的污染物已经有系统的统计与收集，因此，工业污染核算工作已经形成了一套集合监测、污染物核算系数、数据审核办法等较为完善的工作制度。

工业污染核算重点关注的内容包括：

①工业企业能耗、水耗、产值、规模等基础信息。

②工业污染类型，污染物的产生环节，产生特点、规律、产生量等。

③污染治理设施的运行效果、污染物去除率，污染物排放量等。

我国于1987年开展了工业污染源调查，并形成了环境信息申报制度，县级以上城市都要对辖区内的重点工业企业开展调查，并填报工业企业基本信息、污染物排放量等基本信息。

1.2.2.2 农业污染核算

目前我国农业污染虽然没有形成如工业企业环境统计一样较为完善的统计体系与制度，但从2007年第一次全国污染源普查开始，全国农业污染环境统计已经逐步开展并形成了一套基本的体系。

相关部门在今后的环保工作中将会进一步完善农村污染源的统计与信息管理，并逐步将其纳入环境保护的常规例行工作。

农业污染源主要包括畜禽养殖、渔业、种植业几类，规模和类型不同的农业污染源，其污染物类型、环境污染形式也各不相同，因此不同类型农业污染源的污染物核算重点也不同，具体如下。

（1）畜禽养殖、渔业养殖

第一次全国污染源普查结果显示，养殖污染不容小觑。我国目前的养殖基本都达到一定规模（如养殖专业户、养殖场等），在工商注册等行政管理基础上，对养殖业的环境管理体系已经初步形成，如环评、排污许可、污染治理、环境监察等。因此，养殖业的污染物核算已经有一定的基础和较为广泛的实际意义。

养殖业污染核算重点包括以下几个方面。

①养殖规模、养殖类型、养殖量（产量）、渔业养殖工艺（网箱养殖、工厂养殖等）。

②畜禽粪便产生量、污染物产生量；渔业投饵量、产出量；水箱养殖用水量等。

③畜禽粪便返田返林等综合利用量，污染治理设施情况，污染治理设施运行情况，污染物排放量等。

（2）种植业

目前，除了少量达到一定规模的种植业要进行环保审批外，我国多数的农业种植面源污染尚未纳入环境管理的日常工作范围，随着环境保护制度的日益完善，对种植业的污染控制，将会更加完善。

根据第一次全国污染源普查的技术成果以及现有的一些研究，种植业的污染核算主要包括以下几个方面的内容。

①种植地段、轮作方式、作物类型等；

②农药化肥施用量、流失量（率）等。

1.2.2.3　生活污染核算

生活污染主要是指辖区内居民以及第三产业的污染。生活污染源排放的污染物类型有大气污染物、水污染物、固体废物污染物。其中：大气污染物以燃料燃烧、机动车尾气排放的二氧化硫、烟尘、氮氧化物为主；水污染物以需氧型污染物（如 BOD_5、COD_{Cr}）、NH_3-N、悬浮物为主；固体废物主要为日常生活产生的生活垃圾，以及施工建筑中产生的建筑垃圾。在核算生活污染源时应重点掌握以下几个方面。

①辖区人口数量、能源结构及能耗量，用水量等；

②第三产业的基本情况：如酒店床位数、医院就诊床位数、饭店餐位等；

③各类污染物的产生量、排放量，污染物治理设施的基本情况。

随着城镇化的推进，生活污染源将成为区域排污的重点，在进行城市环境规划和污染物总量控制中，生活污染源的比重将越来越大。

1.3 污染物核算方法概述

污染物核算的基本方法主要有 3 种：实测法、物料衡算法和产排污系数法，3 种方法各有利弊，相互补充。后续章节会就上述 3 种方法在具体污染物核算中的应用做详细讲解。

1.3.1 实测法

实测法是指通过在污染物排放现场实地进行污染样品采集和污染介质（废水、废气）流量的测定，以此确定污染物源强的方法。该方法通常选择有代表性的监测数据作为计算依据，因此结论比较客观可靠。计算公式见式（1-1）和式（1-2）：

废水污染物的排放量：

$$G = C_i \times Q_i \times 10^{-6} \tag{1-1}$$

废气污染物的排放量：

$$G = C_i \times Q_i \times 10^{-9} \tag{1-2}$$

式中，G——污染物 i 的排放量，t/年；

C_i——污染物 i 的平均排放浓度，为污染物实测值的加权平均数。

C_i 的计算公式如下：

$$C_i = \frac{C_1 Q_1 + C_2 Q_2 + \cdots + C_n Q_n}{Q_1 + Q_2 + \cdots + Q_n} \tag{1-3}$$

式中，C_n——废水（废气）第 n 次实测浓度，废水排放浓度单位为 mg/L，废气排放浓度单位为 mg/m³；

　　　Q_n——废水（废气）第 n 次实测流量，流量为 L/s 或 m³/h；

　　　n——测定次数。

当多次检测废水（废气）流量相等或差别较小时，C_i 可用算术平均值，即

$$C_i = \frac{C_1 + C_2 + \cdots + C_n}{n} \tag{1-4}$$

[例]：某企业第一季度排放废水 20 万 t，污水 COD_{Cr} 排放平均浓度为 60 mg/L，请计算该企业 COD_{Cr} 排放量为多少？

COD_{Cr} 排放量：$G = C_i \times Q_i \times 10^{-6} = 200\,000 \times 60 \times 10^{-6} = 12$（t）

注：1 t 水=1 m³ 水。

实测法核算的核心是污染物的排放浓度与污染介质排放量，用实测法核算污染物只局限于有组织的排放。实测法对监测数据的准确性有较高的要求，若监测数据没有代表性，或监测数据质量不高，则计算出的污染物量误差较大。"十一五"与"十二五"期间，有效的监测数据主要有三类，一是通过有效性审核的在线监测数据，二是例行的监督性监测数据，三是环境影响评价监测或环保验收监测。

监测数据准确性很大程度上取决于监测设备、人员配置等外在因素。另外，污染源监测并未做到全覆盖，只针对辖区主要工业污染源开展，农业源、生活源监测几乎为空白，因此实测法作为常规的污染物核算方法还难以应用到所有污染源。需要注意的是，实测法很难对无组织排放的污染物产排量进行核算。

1.3.2　物料衡算法

物料衡算法是以质量守恒为基础对参与反应的物料变化规律进行分析，以此来核算污染物产、排量的方法。在工艺流程确定后，根据原料与产品之间的定量化关系，可以计算原料的消耗量，各种中间产物、产品、副产品的产量，原料等

物质的流失量。物料衡算在工业设计、化工工艺计算等领域有广泛的应用。

环境保护工作中，在掌握工艺流程、物质转化等规律基础上，可以通过物料衡算方法核算污染物的产排量，基本公式如下：

$$\sum G_{投入} = \sum G_{产品} + \sum G_{流失} \qquad (1\text{-}5)$$

$$\sum G_{排放} = \sum G_{投入} - \sum G_{回收} - \sum G_{处理} - \sum G_{转化} - \sum G_{产品} \qquad (1\text{-}6)$$

物料衡算法理论上是最精确的污染物核算方法，但该方法是建立在对工艺、设备及其运行、污染治理设施完全掌握的基础上，结果准确与否取决于对物料投入量、物料去向、生产工艺设备情况以及生产管理环节的了解程度，计算过程比较烦琐，因此物料衡算法计算出的数值为理想状态单位污染物产排量，值得一提的是，物料衡算法可核算部分行业的无组织排放污染物。

1.3.3 产排污系数法

污染物的产生量和排放量与消耗原材料、产品产量等因素有关，并且该产生排放量在一定的工艺、规模、技术、管理条件下具有稳定性，将这种污染物的产生和排放规律归纳总结出来，即为产排污系数，产排污系数是长期反复实践的经验积累。

我国环境统计等工作中常用的系数有，国家环境保护局科技标准司编制的《工业污染物产生和排放系数手册》和国家环保总局编制的《排污申报登记实用手册》编入的排放系数。因系数编制较早，工艺资料粗略，不少设备和工艺已经被国家明令淘汰，难以适应技术的发展更新。

2007—2009 年第一次全国污染源普查期间，环保以及农业等部门联合编制了《第一次全国污染源普查产排污系数》，系数包含工业源、农业源、生活源、集中污染治理设施几大类污染源。

其中工业污染源产排污系数较旧版系数在工艺描述上有了较大改善，可根据详细的工艺、原材料、规模、污染治理选择的污染物产排系数，部分行业还增加了一些目前国家产业政策鼓励的新的生产工艺。农业污染源产排污系数包括全国华东、华北、华南、中南、西南五个区域的畜禽养殖、种植、渔业养殖等污染物产排系数；生活污染源系数包含全国五大区域居民生活和第三产业污染物的产排污系数；集中污染治理设施产排污系数包括污水处理厂污泥产生量、垃圾填埋场、危险废物处置场等集中污染治理设施的污染物产生、排放系数。

此系数目前最新、最权威，已经广泛应用于环境统计、环境影响评价等工作中。需注意的是，目前我国产业政策更新很快，部分工艺已经逐渐被淘汰，在选择系数时需要根据实际工艺酌情选择。

产排污系数形式通常为单位产品污染物产生（排放）量、单位原材料使用污染物产生（排放）量，如某工艺生产纸浆 1 t 会产生废水 120 t，沸腾炉燃烧 1 t 灰分为 30% 的燃煤会产生烟尘 170.1 kg*。

系数法核算污染物计算公式如下：

$$G_i = K_i \times W \qquad (1\text{-}7)$$

式中，G_i——污染物 i 年排放量，t/年；

$\qquad K_i$——污染物 i 的产排污系数，kg/t 产品或 kg/t 原材料；

$\qquad W$——产品产量或原材料消耗量，t/年。

实测法、物料衡算法、产排污系数法的计算结果会略有出入，但三种方法结论并不相悖。在有条件的情况下，可以同时用三种方法对污染物进行核算并相互验证、比对，在信息准确的情况下，不同方法计算的污染物出入过大，就需要计算者进一步核准数据的准确性。在实际工作中三种方法可以互补不足，可根据实际工作情况选择适当的污染物核算方法。在环境管理等工作中，可通过相互比对各种方法计算的污染物产排量查找排污企业的问题。

1.3.4　污染物核算的应用

为客观掌握排污单位污染物排放情况，排污单位与环境监察以及其他环境管理机构在排污申报登记、排污许可证申报、监督性检查等工作中会有分歧异

注：* 《燃煤锅炉烟尘和二氧化硫排放总量核定技术方法——物料衡算法》（HJ 69—2001）。

议、复核、反复讨论的情况，因此污染物产排量的核算是环境保护工作者认识和把握排污工作客观事实的过程。而排污单位在牵涉征收排污税，污染治理设施运行费用等利益问题上，实施污染物产排量核算时或多或少会有瞒报、谎报和少报的现象。作为环境保护机构应能在尊重客观事实的基础上做到准确确定污染物产排量，这就要求环境保护工作人员在进行污染物核算的实际工作中注意以下事项。

第一，污染物产排量的计算不能只是为了核算而核算，污染物核算必须建立在对工艺、设备、污染治理设施、行业排污特征全面掌握的基础上，因此在环境保护工作中应做好准备，平时应多关注行业工艺、污染治理等基础知识。

第二，多收集系数资料，对于小型企业设备运行不理想，原材料使用量信息缺失，同时无法做到全面监测的情况下，可通过污染物产排污系数核算企业的污染物产排量。

第三，污染物核算过程中要灵活使用污染物核算方法，力争使污染物核算数据准确无误，因此在实际工作中尽量采用两种以上的方法，通过比较不同方法核算结果的差异发现排污企业的问题。

【扩展知识】

1. 常用法定单位换算

污染物核算时，常用法定单位与符号见表 1-a。

表 1-a　常用法定单位符号

度量名称	中文名	国际符号	中文符号
长度	米	m	米
	厘米	cm	厘米
	毫米	mm	毫米
	纳米	nm	纳米
面积	平方米	m^2	米^2
	平方千米	km^2	千米^2

度量名称	中文名	国际符号	中文符号
容积	立方米	m^3	米^3
	立方厘米	cm^3	厘米^3
	升	L	升
	毫升	mL	毫升
时间	年	a	年
	天	d	天
	小时	h	小时
	分	min	分
	秒	s	秒
速率	米每秒	m/s	米/秒
	千米每小时	km/h	千米/小时
质量（重量）	微克	μg	微克
	毫克	mg	毫克
	克	g	克
	千克（公斤）	kg	千克
	吨	t	吨

2．污染物核算单位换算

污染物核算常用的单位换算如下。

（1）质量单位

1 kg=1 000 g=1×10^6 mg=1×10^9 μg；1 kg=2 市斤=2.205 lb（磅）；1 t=1 000 kg=2 000 市斤

（2）长度单位

1 m=10 dm=100 cm=1 000 mm=1×10^6 μm=1×10^9 nm；1 km=1 000 m

1 m=3 市尺=3.281 ft（英尺）；1 nmile（海里）=1 852 m（米）

1 mile（英里）=1.609 3 km=1 760 yd（码）；1 in（英寸）=25.4 mm（毫米）

1 ft（英尺）=12 in（英寸）=0.304 8 m（米）

（3）体积单位

1 m^3=1 000 dm^3（L）=1×10^6 cm（mL）=1×10^9 mm；1 L=1 000 mL；1 m^3=35.31 ft^3（立方英尺）

气体体积通常用立方米表示，记作 m^3。

（4）时间单位

1 d=24 h；1 h=60 min=3 600 s

【课后练习】

1．污染物核算的方法有几类？分别有什么特点？

2．如何确定实测法数据的有效性？

3．某企业废水排放量与 COD 排放浓度如下表所示，请计算该企业 COD、NH_3-N 排放的平均浓度。该企业全年的废水排放量为 217 万 t，问企业的 COD 和 NH_3-N 排放量是多少？

检测季度	一	二	三	四
COD 排放量浓度/（mg/L）	110	106	86	21
NH_3-N 排放浓度/（mg/L）	7	12	8	10
废水排放量/（m^3/h）	102	201.5	135	90

4．某冶炼厂排气筒截面 0.4 m^2，排气平均流速 7.5 m/s，实测所排废气中 SO_2 平均浓度 20 mg/m^3，粉尘浓度 18 mg/m^3，请计算该排气筒每小时 SO_2 和粉尘的排放量。

5．简述农业污染有哪些类型。

2 大气污染核算

【学习目标】

☆ 掌握燃料概念以及能耗核算；

☆ 掌握大气污染物的物料衡算方法；

☆ 熟悉锅炉污染核算；

☆ 熟悉大气无组织排放源的污染核算方法。

大气污染监管是环境管理的重点工作之一，掌握主要大气污染物的核算方法对于环境保护工作具有非常重要的意义，通过本章学习，应掌握能耗转换、大气主要污染物核算的基本方法。

2.1 燃料

70%的大气污染物来自燃料燃烧，辖区的能源结构与燃料使用情况直接影响着区域的大气环境质量，因此在学习大气污染物核算之前有必要了解燃料的类型与特征。

通常所用的燃料按照形态不同可以分为固体燃料（如煤炭、生物质等）、液体燃料（如燃料油、柴油等）、气体燃料（天然气、煤气、沼气等）三类。我国能源以煤炭为主，煤炭能耗占我国总能耗的 70%左右。

2.1.1 煤

2.1.1.1 煤炭的用途

煤炭是由古代植物在压力与地热的作用下演变而来。古代植物堆积后逐步演变为泥炭和腐泥，泥炭和腐泥由于地壳运动而被掩埋，在较高的温度和压力的作用下，经过成岩作用演变为褐煤，褐煤继续演变为烟煤和无烟煤，该过程叫作煤的变质过程或煤化过程。

煤是四大基础能源之一，目前煤炭在世界能源消耗结构中的比例约占 30.2%，煤炭是我国主要能源，占各类总能源的 68%。

煤炭的用途十分广泛，是国民重点工业行业的重要能源与原料组成，我国火电、钢铁、水泥和化工四大行业消耗原煤占到原煤消耗总量的 80%～90%。而其中火力发电耗煤占煤炭使用总量的 53%左右。火力发电及热水蒸气锅炉耗煤称为动力煤。

我国多数地区均有煤炭储量，各地煤炭质量参差不齐。

2.1.1.2 煤质参数

燃料是由可燃成分与不可燃成分两大部分组成的复杂组合物。固体燃料的煤，其可燃成分用元素分析的有机成分来表示，不可燃成分用灰分（各种矿物盐）、水分（包括在内在水分和外在水分）表示，见表 2-1。

表 2-1　煤炭成分明细

燃料	可燃（有机）成分	不可燃成分			
原煤	C（碳） H（氢） O（氧） N（氮） S（硫） 以上成分加热时会析出可燃气体，称为挥发分，剩余的物质称为固定炭或残焦	A（灰分）	Al Fe Ca Mg K Na	碳酸盐 硫酸盐 硅酸盐 磷酸盐	M（水分）	M_f（外在水分） M_{inh}（内在水分，空气干燥基水分）

（1）燃料煤成分的分析基准

为了便于燃料计算和燃烧机理分析，对固体燃料的各成分用相应的质量百分数表示，各成分质量百分数的总和为 100%，见式（2-1）。

$$W_{(C)} + W_{(H)} + W_{(O)} + W_{(N)} + W_{(S)} + W_{(A)} + W_{(M)} = 100\% \qquad (2\text{-}1)$$

式中，$W_{实际测定}$——碳、氢、氧、氮、硫（可燃硫）、灰分、水分的质量百分比。

煤中水分、灰分含量常受到开采、运输、贮存以及天气气候条件的影响，因此煤的各成分的质量分数也会略有不同，在实际应用中通常采用 4 种基数作为燃料成分分析的基准。

①收到基（As Received，ar）：包含全部水分和灰分的燃料作为 100% 的成分，燃料中全部成分的质量百分数总和。是燃料燃烧计算的原始依据，见式（2-2）。

$$W_{(C\text{-}ar)} + W_{(H\text{-}ar)} + W_{(O\text{-}ar)} + W_{(N\text{-}ar)} + W_{(S\text{-}ar)} + W_{(A\text{-}ar)} + W_{(M\text{-}ar)} = 100\% \qquad (2\text{-}2)$$

②空气干燥基（air drying，ad）：不含外在水分条件下，燃料各组成成分的质量百分数总和，它是实验室煤质分析所用煤样的成分组成，见式（2-3）。

$$W_{(C\text{-}ad)} + W_{(H\text{-}ad)} + W_{(O\text{-}ad)} + W_{(N\text{-}ad)} + W_{(S\text{-}ad)} + W_{(A\text{-}ad)} + W_{(M\text{-}ad)} = 100\% \qquad (2\text{-}3)$$

③干燥基（drying，d）：不含水分条件下干燥燃料各组成成分的质量百分数总和，干燥基中各成分不受水分变化的影响，见式（2-4）。

$$W_{(C\text{-}d)} + W_{(H\text{-}d)} + W_{(O\text{-}d)} + W_{(N\text{-}d)} + W_{(S\text{-}d)} + W_{(A\text{-}d)} = 100\% \qquad (2\text{-}4)$$

④干燥无灰基（drying ash free，daf）：不含水分和灰分条件下，干燥无灰燃料各组成成分质量百分数的总和。干燥无灰基中只包含燃料的可燃成分，各成分不受水分和灰分的影响，见式（2-5）。

$$W_{(C\text{-}daf)} + W_{(H\text{-}daf)} + W_{(O\text{-}daf)} + W_{(N\text{-}daf)} + W_{(S\text{-}daf)} = 100\% \qquad (2\text{-}5)$$

各基质在煤中的成分关系见图2-1。

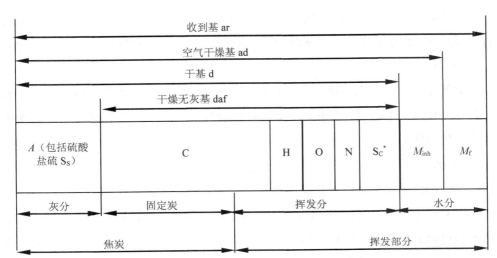

* S_C—可燃硫。

图2-1 燃料每种各组成基质关系比例

（2）煤的工业分析

煤炭工业分析是工业上经常使用的煤炭分析方法，工业分析的项目包括煤的水分、灰分、挥发分和固定碳。水分、灰分是煤的无机组成，挥发分和固定碳为有机组成，与煤中有机质的组成和性质有关。煤的工业分析可为判断煤炭种类以及工业用途、煤的加工利用效果提供依据。

（3）煤的元素成分

1）碳

碳是煤中含量最多的元素。煤化程度越高，煤中碳元素的含量也越高。煤炭可分为泥煤、褐煤、烟煤、无烟煤。泥煤是煤化过程的过渡产物，呈黑褐色，碳含量为45%以下；褐煤呈褐色，碳含量55%~73%；烟煤一般呈黑色，具有不同程度的光泽，碳含量80%~90%；无烟煤呈灰黑色，带金属光泽，燃烧时无烟，碳含量为85%~95%，煤化程度最高。

2）氢

氢是煤中有机质的组成元素，燃烧生成水，随煤化过程逐渐减少，通常泥炭含氢量较高，而无烟煤含氢量偏低。煤中氢元素含量一般为 1%～6%，通常为 4%。

3）氮

氮通常是煤中的有机成分，含量较少，不超过 2%，受热分解后会生成氮的化合物，如煤气中的氨、氰化物、焦油中的吡啶及 NO_x 等，干馏时转化为氨或其他含氮化合物。

4）硫

煤中的硫分是燃烧二氧化硫污染物的主要来源，含量为 0.2%～15%，一般为 0.5%～3%。硫以有机硫与无机硫形式存在，无机硫包括硫铁矿与硫酸盐形式，硫铁矿和有机硫可在燃烧过程中转化为二氧化硫，称为可燃硫，该部分占总硫量的 80%左右；硫酸盐在燃烧过程中并不会燃烧生成二氧化硫，而是以固体形态转化为烟尘。硫燃烧可以释放 903 kJ/kg 的热，燃烧后烟气二氧化硫浓度为 0.2%～3%。硫是煤中的有害成分，炼焦时易进入焦炭，焦炭燃烧时也会产生二氧化硫。

《煤炭质量分级　第 2 部分：硫分》（GB/T 15224.2—2010）中规定，根据煤炭干燥基中含硫率比例不同，将煤炭分为高硫煤、低硫煤、中硫煤等，具体分类标准见表 2-2。

表 2-2　煤炭硫分质量分级

序号	级别名称	代号	各类煤炭干燥基全硫分范围		
			煤炭资源	动力煤	炼焦煤及其他用煤
1	特低硫煤	SLS	≤0.50	≤0.50	≤0.30
2	低硫煤	LS	0.51～1.00	0.51～0.90	0.31～0.75
3	中硫煤	MS	1.01～2.00	0.91～1.50	0.76～1.25
4	中高硫煤	MHS	2.01～3.00	1.51～3.00	1.26～1.75
5	高硫煤	HS	>3.00	>3.00	1.76～2.50

5）灰分

煤完全燃烧后的残留物统称为灰分，灰分大部分来自矿物质，成分复杂，主要成分为黏土、氧化物和金属化合物（钙、镁、铁的碳酸盐和硅酸盐等）。煤的灰分含量不但影响煤质的好坏，还会影响煤的使用加工。我国各产地煤的灰分含量差别较大，平均灰分约为23%。

（4）煤炭分类

根据不同的分类方式煤炭的类别各不相同。根据用途可以将煤炭分为炼焦煤与非炼焦煤；或动力煤与非动力煤。根据煤的煤炭化程度不同可以将煤炭分为褐煤、烟煤、无烟煤。

《中国煤炭分类》（GB/T 5751—2009）根据干燥基、无灰基等指标将煤炭分为无烟煤、褐煤和烟煤。再根据干燥无灰基挥发分及黏结数等指标，将烟煤划分为贫煤、贫瘦煤、瘦煤、焦煤、肥煤、1/3焦煤、气煤、1/2中黏煤、弱黏煤、不黏煤及长焰煤。

各简单分类煤质的参数见表2-3。

表2-3　各种煤的煤质参数

燃料	热值/（kJ/kg）	碳含量/%	灰分/%	挥发分/%	硫分/%	氮/%	燃烧
褐煤	<18 828	40～70	20～40	>40	0.6	1.34	易燃、热值低
烟煤	20 920～27 196	70～85	8～15	10～40	1.5	1.55	燃烧快、烟多
无烟煤	25 104～30 124	85～95	3～8	6～10	0.98	0.15	燃烧缓、烟少

我国各原煤产区煤成分简表见附录一。

2.1.2　其他燃料

2.1.2.1　液体燃料

液体燃料是指用来产生热量或动力的液态可燃烧物质。主要为碳氢化合物或其混合物。与固体燃料相比，液体燃料有质量轻、热值高、灰分少、燃烧易控制、污染产生量少等优点，同时液体燃料性质稳定，便于运输与储存。

液体燃料通常可以分为有天然液体燃料和人造液体燃料两类。

天然液体燃料是由石油（原油）通过裂解、蒸馏等方式获得，通常包括汽油、柴油、煤油、渣油、重油几类。

人造液体燃料油通常以煤为主要原料在加氢条件下，通过相应工艺加工获取。如煤的液化、干馏，油页岩干馏，一氧化碳和氢用费-托合成法都能制备人造汽油。

根据标准《燃料油》（SH/T 0356—1996）的规定，燃料油的主要技术指标有黏度、含硫量、闪点、水、灰分和机械杂质。根据上述性质指标将燃料油划分为1号、2号、4号轻、4号、5号轻、5号重、6号、7号共8个牌号。

1号和2号是馏分燃料油，适用于家用或工业小型燃烧器使用。特别是1号适用于汽化型燃烧器，或用于储存条件要求低倾点燃料油的场合。

4号轻和4号是重质馏分燃料油，或者是馏分燃料油与残渣燃料油混合而成的燃料油。适用于要求该黏度范围的工业燃烧器。

5号轻、5号重、6号和7号是黏度和馏程范围递增的残渣燃料油。适用于工业燃烧器，为了装卸和正常雾化，此类燃料油通常需要预热。

2.1.2.2　气体燃料

气体燃料主要分为天然气和合成气，天然气态燃料的有沼气、天然气、液化气等。合成气体燃料是经过加工而成的或由固体燃料经干馏或气化而成的可燃气体，包括液化石油气、人工煤气、高炉及焦炉煤气等。

气体燃料的主要组分为 CO、氢、甲烷、乙烷、丙烷、丁烷等短链烃类。气体燃料点火、燃烧和调节容易，极易完全燃烧，几乎没有灰分，硫、氮成分也较少，相比固体与液体燃料污染要少很多。

（1）天然气

天然气是一种发热量很高的优质燃料。主要可燃成分是甲烷（CH_4），含量在80%以上，发热量为 3 490～37 680 kJ/m^3，理论燃烧温度高达 1 090℃。

有的天然气和石油产在一起，叫作伴生天然气，它的主要可燃成分除甲烷之外，还含有较多的不饱和烃（约占 30%），发热量高达 41 870 kJ/m³。

（2）高炉煤气

高炉煤气是炼铁生成的副产品，冶炼每吨生铁大约可得到 4 000 m³ 的煤气。主要可燃成分为 CO，含量随着炼铁生产波动而波动，一般不超过 1/3。高炉煤气含不可燃气体，N_2 超过 50%，CO_2 超过 10%。高炉煤气发热量较低，仅 3 560～3 980 kJ/m³，一般与焦炉煤气混合使用。

（3）焦炉煤气

焦炉煤气是炼焦生成的副产品，每炼 1 t 焦炭得到 300～380 m³ 煤气。其主要成分是 H_2，含量超过 50%，其次是 CH_4，含量占 25%，其余是少量 CO、N_2、CO_2、H_2S 等。焦炉煤气发热量比较高，可达 16 750～18 840 kJ/m³，一般作为民用燃料，也可与高炉煤气混合使用。

（4）发生炉煤气

发生炉煤气是固体燃料如煤在缺氧条件下燃烧回收的副产品，为发生炉煤气。主要可燃成分是 CO，含量为 28%左右，其次是 H_2，含量可达 8%，不可燃成分主要是 N_2，含量超过 50%。发生炉煤气发热量比较低，仅 5 020～6 280 kJ/m³。

（5）沼气

沼气是有机物质在厌氧条件下，经过微生物的发酵作用而生成的一种混合气体。其主要成分为甲烷（60%左右）、二氧化碳（30%左右）、其他气体（10%左右，包含水蒸气、H_2S、N_2、H_2 等）。沼气是目前备受关注的新能源，其设备及运行维护简单，同时能处理农村地区的畜禽粪便、种植废物。但沼气中的硫化氢对使用设备，如发电设备、燃气设备等有腐蚀作用，因此，在使用前要进行干燥和脱硫。我国沼气燃气标准要求硫化氢的质量比应低于 20 mg/m³。

2.1.3　标准煤

燃料种类繁多，燃料的性能、作用与燃烧热值息息相关，为了统一标准，燃料需要换算为标准煤。1 kg 标准煤的热值为 $29.27×10^3$ kJ，换言之，热值为 $29.27×10^3$ kJ

的燃料为 1 kg 标准煤。标准煤常作为衡量能耗的统一单位，是清洁生产审核、区域经济发展规划等工作中的重要参考指标。各类燃料与标准煤的转化系数见表 2-4。

表 2-4　主要燃料折标系数

单位：kg 标准煤/kg 燃料或 kg 标准煤/m³ 燃气

能源名称	折标准煤系数	能源名称	折标准煤系数
原煤	0.714 3	汽油	1.471 4
洗精煤	0.9	煤油	1.471 4
其他洗煤：		柴油	1.457 1
（1）洗中煤	0.285 7	液化石油气	1.714 3
（2）煤泥	0.285 7～0.428 5	炼厂干气	1.571 4
焦炭	0.971 4	油田天然气	1.33
原油	1.428 6	气田天然气	1.214 3
燃料油	1.428 6	煤矿瓦斯气	0.5～0.571 4
焦炉煤气	0.571 4～0.614 3	生物质能	0.47～0.529
1 kW·h 电能	0.123 kg 标准煤		

[例 2-1]：某企业今年第一季度使用原煤 2 000 t，燃料油 100 t，请核算该企业第一季度的综合能耗。

计算如下：

$$0.714\,3 \times 2\,000 + 1.428\,6 \times 100 = 1\,571.46\ （t\ 标准煤）$$

2.2　气体基本参数与气体状态方程

废气是人类生产和生活过程中产生的含有毒有害物质的气体，是各类气体污染物与空气形成的气溶胶。污染源废气及其中污染物排放量是大气污染核算的重要内容，而气体在不同的温度、压力等条件下体积不同，在实际工作中，常用标准状态的体积作为监测和评价依据。

2.2.1　气体基本参数

气体的基本参数包括温度、压力、密度、体积等,本节主要介绍这几个参数。

2.2.1.1　温度

温度是表示物体冷热度的物理量。测量温度的标尺为温标,测量温度的仪器为温度计。常用的温标有摄尔修斯温标,简称摄氏度,用℃表示。在国际单位制中,也采用开尔文热力学温标,简称开氏温度,以符号 K 表示。两种温标之间的换算关系如下:

$$T（K）= t + 273.15 \qquad t（℃）= T - 273.15$$

2.2.1.2　压力

流体单位面积上受到的垂直作用力称为压力。它是气体状态参数之一,可用压力表或 U 形压力计测得其数值。由于压力计本身处于大气压 P_0 之下,因此所测得的压力是气体实际压力与大气压力之间的差值,称为表压力。气体的实际压力计算公式见式（2-6）。

$$P_{绝} = P_{表} + P_0 \qquad\qquad (2-6)$$

式中,$P_{绝}$——气体的绝对压力,即气体的实际压力;

P_0——当地的大气压。根据气候、海拔、纬度不同而各异。通常以纬度为45°,海平面上的平均压力为标准大气压,数值为 101.325 kPa。

当气体压力小于当地大气压,称为真空。真空度为当地大气压与气体绝对气压之差。

2.2.1.3　体积

气体体积即通常所说的容积,是指气体所充满的容器的容积,用符号 V 表示,容积单位为 m³。

2.2.1.4 密度

单位体积流体的质量为密度。数学表达式如下：

$$\rho = \frac{m}{V} \qquad\qquad (2\text{-}7)$$

式中， ρ ——流体密度， kg/m^3；

m ——流体质量， kg；

V ——流体的体积， m^3。

2.2.2 气体状态方程

若一定质量气体的状态发生变化，它的状态参量 P、V、T 也会随之改变，表示在不同状态下这些参数间关系的公式，称为气体状态方程。

2.2.2.1 理想状态方程

在不同的条件下气体的物质的量 n 与其压强 P、体积 V、温度 T 之间的关系，可用以下 3 个经典定律表示：

波义耳定律 　　　PV=常数　　　（n、T 恒定）

盖·吕萨克定律　　V/T=常数　　　（n、P 恒定）

阿伏伽德罗定律　　V/n=常数　　　（T、P 恒定）

上述 3 个定律组合后，可以推导出气体的状态方程：

$$\frac{PV}{T} = 常量 \qquad\qquad (2\text{-}8)$$

或者

$$\frac{P_1 V_1}{T_1} = \frac{P_2 V_2}{T_2} = \cdots = \frac{P_n V_n}{T_n} \qquad\qquad (2\text{-}9)$$

由式（2-8）和式（2-9）可知，对于气体任何一个平衡状态 $\dfrac{PV}{T}$ 都相等，因此可以通过标准状态下的 P_0、V_0、T_0 来确定这个常数（标准状态为 P_0=1 atm、

T_0=273.15 K、1 mol 气体的容积 V_0=22.4 L）。

设该常量为 R，则标准状态下 1 mol 气体的状态方程可表达如式（2-10）：

$$\frac{P_0 V_0}{T_0} = R \qquad (2\text{-}10)$$

根据式（2-8）～式（2-10），任一非标准状态下的气体状态方程可记作式（2-11）和式（2-12）。

$$\frac{PV}{T} = R \qquad (2\text{-}11)$$

或 $$PV = RT \qquad (2\text{-}12)$$

对于质量为 G kg、摩尔质量为 m（kg/mol）的气体，它的摩尔数 $n=G/m$，则气体的状态方程见式（2-13）。

$$PV = \frac{G}{m} RT \qquad (2\text{-}13)$$

式（2-13）是通用的理想气体状态方程，在任一平衡状态的理想气体，其状态之间必然满足上述关系式。

摩尔气体恒量 R 值为 8.31 J/（mol·K）。

2.2.2.2 干气体体积换算与密度换算

废气在排放和净化过程中，它的温度、压力等条件会发生变化，气体的体积与密度也会有所变化，因此工程和环境计算中需要对气体的体积和密度进行换算，利用理想气体的状态方程可实现此换算。废气的温度通常不低，压力不大时可近似地把它看作理想气体。

设标准状态下干气体的参数为：V_0、G_0、T_0、P_0、ρ_0，

设工作标准状态下干气体的参数为：V、G、T、P、ρ，

根据理想气体状态方程可以分别得到如下方程式：

$PV = \dfrac{G}{m} RT$ 、 $P_0 V_0 = \dfrac{G_0}{m} RT_0$ ，将上述两个公式相除可得到工作状态下的体积

计算如下：

$$V = V_0 \frac{P_0}{P} \cdot \frac{T}{T_0} = V_0 \frac{T}{P} \cdot \frac{P_0}{T_0} \qquad (2\text{-}14)$$

气体密度为 $\rho = \dfrac{G}{V}$，同理也可求出工作状态下气体密度的状态方程，见式（2-15）。

$$\rho = \rho_0 \frac{P_0}{P} \cdot \frac{T}{T_0} = \rho_0 \frac{T}{P} \cdot \frac{P_0}{T_0} \qquad (2\text{-}15)$$

P_0 采用标准单位 Pa，T_0 取 273.15 K，则 $\dfrac{P_0}{T_0} = 370.936$，或 $\dfrac{T_0}{P_0} = 0.002\,69$。

式（2-14）和式（2-15）为工作状态与标准状体的转换公式。如果我们把变化前的状态称为状态 1、变化后的状态称为状态 2，则可推算任意状态下气体体积以及密度的换算，见式（2-16）和式（2-17）。

$$V_1 = V_2 \frac{P_2}{P_1} \cdot \frac{T_1}{T_2} = V_2 \frac{T_1}{P_1} \cdot \frac{P_2}{T_2} \qquad (2\text{-}16)$$

$$\rho_1 = \rho_2 \frac{P_2}{P_1} \cdot \frac{T_1}{T_2} = \rho_2 \frac{T_1}{P_1} \cdot \frac{P_2}{T_2} \qquad (2\text{-}17)$$

上述公式具有普遍性，从公式中可以看出，气体体积与压力成反比，与温度成正比；密度与压力成正比，与温度成反比。

由上述气体状态方程所揭示的规律，可以换算任意大气压、温度条件下气体的实际体积。

为了统一标准，我国规定 1 atm 下，0℃的气体体积为标准状态气体体积。因此上述式（2-16）和式（2-17）可简化为：

$$V_0 = V_t \times \frac{273}{273 + t} \times \frac{P}{101.3} \qquad (2\text{-}18)$$

式中，V_0——标准状态下的气体体积；

　　　V_t——采样实测体积，m³ 或 L；

t——采样气体温度，℃；

P——采样时大气压，kPa。

需要注意的是，国际上其他国家，如美国、日本以及欧盟将标准气体的状态条件定为 25℃，1 atm。

[例2-2]：某排气筒每小时烟气排放量为 2 000 m³，温度为 800℃，实际压力为 106.5 kPa，经过管路以及烟气处理设备，温度降到 600℃，压力降至 103.9 kPa，试求降温降压后的排放体积和标准状态下烟气的排放体积。

解：降温后的气体体积可通过式（2-16）计算：$V_1 = V_2 \dfrac{P_2}{P} \cdot \dfrac{T}{T_2} = V_2 \dfrac{T}{P} \cdot \dfrac{P_2}{T_2}$，

其中 V_2=2 000 m³，T_2=800℃、P_2=106.5 kPa，P=103.9 kPa、T=600℃，将上述参数代入式（2-16）可得：

$$V_1 = 2\,000 \times \frac{106.5}{103.9} \times \frac{600+273}{800+273} = 1\,667.9\,(\text{m}^3)$$

标准状态下 P_0=101.325 kPa、T_0=273 K，标准状态气体体积 V_0 计算如下：

$V_0 = V \dfrac{P}{P_0} \cdot \dfrac{T_0}{T} = V \dfrac{T_0}{P_0} \cdot \dfrac{P}{T}$，将相应参数代入公式得：

$$V_0 = 2\,000 \times \frac{106.5}{103.9} \times \frac{273}{800+273} = 534.97\,(\text{m}^3)$$

为了统一标准，正式文件中涉及的气体体积均为标准状态下的气体体积。

2.3 燃烧过程中废气量计算

燃烧过程废气是指工业锅炉、采暖锅炉、火力发电等纯燃料燃烧设备使用的液体燃料（如燃料油）、固体燃料（煤、生物质）、气体燃料（天然气、煤气等）在燃烧过程中产生的废气。燃烧废气通过烟囱或无组织排放，若有烟气处理设备则经过处理设备处理后排放。燃烧产生的废气量可通过实测或公式计算获得。

2.3.1 燃烧类型概述

燃烧设备是指为使燃料着火燃烧并将其化学能转化为热能释放出来的设备。工业锅炉的燃烧设备通常布置在锅炉本身的前方，它的作用是投放燃料、燃烧放热和排除灰渣。

不同类型的燃烧设备，对燃料的利用情况、燃烧空气消耗、燃烧烟尘产生量等方面各有不同。燃油锅炉和燃气锅炉是燃用液体燃料和气体燃料的锅炉，它们是通过喷嘴将燃料喷入炉膛并在炉膛空间呈悬浮状态燃烧的。而固体燃料的燃烧方法则有层状燃烧、沸腾燃烧和悬浮燃烧三大类，各类燃烧设备示意图见图2-2。

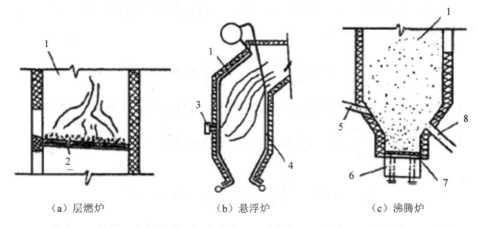

　　（a）层燃炉　　　　　　（b）悬浮炉　　　　　　（c）沸腾炉

1—炉膛；2—炉排；3—燃烧器；4—水冷壁；5—进煤扣；6—风室；7—布风板；8—溢渣口

图2-2　燃烧设备分类示意

2.3.1.1 层燃燃烧

层燃燃烧又称"火床"燃烧，它是工业锅炉中的主要燃烧方式之一。它的燃烧特点是，燃料放在固定的或活动的炉排上，空气从炉排下面经过炉排中的缝隙向上穿过燃料层进入炉膛，使燃料氧化，放出热量并生成高温烟气离开燃料层。

层状燃烧设备有火上添煤的手烧炉排炉、火前添煤的链条炉排炉、往复炉排炉和振动炉排炉以及火下添煤的下饲式加煤机和抽板顶煤（即抽板顶升）明火反烧炉等。抛煤机手摇炉排炉和双层炉排炉亦属层状燃烧，但前者兼有半悬浮式燃烧状态，且适用间断运行；后者兼有气化燃烧状态。

层状燃烧的优点是，燃煤无须特别破碎加工，在炉膛里具备较好的着火条件，煤种适应性较广，锅炉房布置简单，耗电省，且适用间断运行，但燃料与空气的混合不良，燃烧反应较慢，燃烧效率不高。

2.3.1.2 煤粉炉悬浮燃烧

悬浮燃烧又称"火室"燃烧，它的燃烧特点是，燃料在炉膛中呈悬浮状态燃烧。烧固体燃料时，必须先将燃料磨成粉末，由空气携带经过燃烧器送入炉膛，在炉膛空间处于悬浮状态燃烧。

固体燃料悬浮燃烧的优点是，燃烧反应较为完全、迅速，煤种适应性较广，但设备复杂，操作要求高，不适宜间断运行，且低负荷运行的稳定性和经济性较差。这种燃烧方式也适用于各种容量的燃油、燃气锅炉和较大容量的燃煤锅炉。

2.3.1.3 流化床燃烧

流化床燃烧也称沸腾燃烧，是一种使煤粒处于沸腾状态的燃烧方式，它适用于燃烧劣质煤，它的燃烧特点介于层状燃烧与悬浮燃烧之间。燃烧前必须将煤加工成平均粒径约 2 mm 的颗粒，由给煤设备送入炉膛，空气从炉排下方的风管向炉膛强制送风，将燃料层上的煤粒吹起，迫使煤粒在燃烧过程中处于沸腾状态。沸腾燃烧的优点是，设备简单、燃烧反应强烈，但电耗高、飞灰损失大、埋管磨损严重、启动运行要求高。

2.3.2 理论空气量计算

单位质量的燃料完全燃烧，而又无过剩氧存在时所需的空气量，称为理论空气量，理论空气量是计算燃烧废气量的基础。燃料中各可燃元素完全燃烧的化学方程式如下，可根据此化学方程式计算理论空气量。

$$C + O_2 \longrightarrow CO_2 \qquad\qquad C + O \longrightarrow CO$$

$$H_2 + O_2 \longrightarrow H_2O \qquad\qquad S + O_2 \longrightarrow SO_2$$

计算时，空气和烟气所含有的各种组成气体，包括水蒸气在内均认为是理想气体，在标准状态下 1 mol 体积等于 22.4 L，同时还假定空气只是氧和氮的混合气体，其体积比为 21∶79，根据上述原则可推导出各类燃料的理论空气量计算公式如下。

2.3.2.1 固体燃料理论空气量计算

①对于 $V^y > 15\%$ 的烟煤，理论空气量 V_0 计算如下：

$$V_0 = 1.05 \frac{Q_L^y}{4\,182} + 0.278 \qquad\qquad (2\text{-}19)$$

式中，V^y——燃料应用基挥发分，%；

Q_L^y——燃料应用基的低位发热值，kJ/kg，可参考表 2-15。

②对于 $V^y < 15\%$ 的烟煤，理论空气量 V_0 计算如下：

$$V_0 = \frac{Q_L^y}{4\,140} + 0.606 \qquad\qquad (2\text{-}20)$$

③对于 $Q_L^y < 12\,546$ kJ/kg 的劣质煤，理论空气量 V_0 计算如下：

$$V_0 = \frac{Q_L^y}{4\,140} + 0.455 \qquad\qquad (2\text{-}21)$$

2.3.2.2 液体燃料理论空气量计算

$$V_0 = 0.85 \frac{Q_L^y}{4\,182} + 2 \qquad\qquad (2\text{-}22)$$

2.3.2.3 气体燃料理论空气量计算

①$Q_L^y < 10\,455$ kJ/m^3 时，理论空气量 V_0 计算如下：

$$V_0 = 0.875 \frac{Q_{\mathrm{L}}^{\mathrm{y}}}{4\,182} \tag{2-23}$$

② $Q_{\mathrm{L}}^{\mathrm{y}} > 14\,673\ \mathrm{kJ/m^3}$ 时，理论空气量 V_0 计算如下：

$$V_0 = 1.09 \frac{Q_{\mathrm{L}}^{\mathrm{y}}}{4\,182} - 0.25 \tag{2-24}$$

在实际工作中，为了保证燃料充分燃烧，空气的供应量一般比理论值要大，这部分偏大的空气量称为过剩空气，不同燃烧类型的过剩空气不同，可用过剩空气系数 α 表示，见表 2-5。

2.3.3 理论烟气量计算

理论烟气量是指供给燃料以理论空气量，燃料达到完全燃烧，烟气中只含有二氧化碳（CO_2）、二氧化硫（SO_2）、水蒸气（H_2O）及氮（N_2）4 种气体，这时烟气的体积称为理论烟气量。理论烟气量可根据前述燃料中可燃元素的完全燃烧反应方程式进行计算。

实际的燃烧过程是在有过量空气的条件下进行的，因此实际烟气量是理论烟气量与过剩空气量之和。根据不同燃料，燃烧烟气量计算公式见式（2-25）～式（2-30）。

2.3.3.1 固体燃料理论烟气量计算

①烟煤、无烟煤、贫煤，理论烟气量 V_{y} 计算如下：

$$V_{\mathrm{y}} = 1.04 \frac{Q_{\mathrm{L}}^{\mathrm{y}}}{4\,182} + 0.77 + 1.016\,1(\alpha - 1)V_0 \tag{2-25}$$

式中，V_{y}——燃烧单位燃料烟气量，$\mathrm{m^3/kg}$，$\mathrm{m^3/m^3}$；

α——过剩空气指数，$\alpha = \alpha_0 + \Delta\alpha$；$\alpha_0$ 为炉膛过剩空气系数，$\Delta\alpha$ 为烟气流程上各段受热面处的漏风系数。

②对于 $Q_{\mathrm{L}}^{\mathrm{y}} < 12\,546\ \mathrm{kJ/kg}$ 的劣质煤烟煤，理论烟气量 V_{y} 计算如下：

$$V_y = 1.04 \frac{Q_L^y}{4\,182} + 0.54 + 1.016\,1(\alpha - 1)V_0 \tag{2-26}$$

2.3.3.2　液体燃料

$$V_y = 1.11 \frac{Q_L^y}{4\,182} + 1.0 + 1.016\,1(\alpha - 1)V_0 \tag{2-27}$$

2.3.3.3　气体燃料

① $Q_L^y < 10\,455$ kJ/m³ 时，理论烟气量 V_y 计算如下：

$$V_y = 0.725 \frac{Q_L^y}{4\,182} + 1.0 + 1.016\,1(\alpha - 1)V_0 \tag{2-28}$$

② $Q_L^y > 14\,637$ kJ/m³ 时，理论烟气量 V_y 计算如下：

$$V_y = 1.14 \frac{Q_L^y}{4\,182} - 0.25 + 1.016\,1(\alpha - 1)V_0 \tag{2-29}$$

α_0、$\Delta\alpha$ 数值可参考表 2-5 和表 2-6。

表 2-5　炉膛过剩空气系数 α_0

燃烧方式	烟煤	无烟煤	重油	煤气
手烧炉及抛煤炉	1.3～1.5	1.3～2	1.15～1.2	1.05～1.1
链条炉	1.3～1.4	1.3～1.5		
煤粉炉	1.2	1.25		
沸腾炉	1.23～1.3	1.3～1.5		

表 2-6　漏风系数 $\Delta\alpha$

漏风部位	炉膛	对流管束	过热器	省煤器	空气预热器	除尘器	钢烟道（每 10 m）	砖烟道（每 10 m）
$\Delta\alpha$	0.1	0.15	0.05	0.1	0.1	0.05	0.01	0.05

2.3.3.4 烟气总量

$$V_{yT} = B \cdot V_y \qquad\qquad (2-30)$$

式中，V_{yT}——烟气总量，m^3/h 或 m^3/a；

B——燃料使用量，kg/h、kg/a；m^3/h、m^3/a；

V_y——单位燃料烟气产生量，m^3/kg 燃料或 m^3/m^3 燃料。

[例 2-3]：某煤粉炉锅炉每小时耗煤 8 t，煤挥发分 20%，低位热值为 30 812 kJ/kg，炉膛过剩空气系数为 1.3，各段漏气系数为 0.2，该锅炉一天运行 20 h，问该锅炉一天的烟气产生量是多少？

解：根据燃烧烟气量计算公式，本题分两步，第一步计算理论空气量；第二步计算烟气产生量。

（1）理论空气量

$V_y = 20\% > 15\%$，因此选择式（2-19），将 $Q_L^y = 30\,812$ kJ/kg 代入该式得：

$$V_0 = 1.05 \times \frac{30\,812}{4\,182} + 0.278 = 8.014 \ (m^3/kg\ 煤)$$

（2）锅炉烟气量

选用式（2-25），将 $Q_L^y = 30\,812$ kJ/kg 代入该式得：

$$V_y = 1.04 \times \frac{30\,812}{4\,182} + 0.77 + 1.0161 \times [(0.2 + 1.3) - 1] \times 8.014 = 12.50 \ (m^3/kg)$$

该锅炉每小时耗煤量为 8 t，则该锅炉每小时烟气产生量为：

$$12.50 \times 8\,000 = 100\,031.92 \ (m^3)$$

该锅炉一天运行 20 h，则一天的烟气量为：

$$100\,031.92 \times 20 = 2\,000\,638.40 \ (m^3)$$

2.4　燃烧污染物排放量计算

2.4.1　二氧化硫计算

2.4.1.1　燃煤与燃油二氧化硫产生量

燃烧过程产生的二氧化硫与燃料中的硫分有着密切的关系，各类燃料以煤炭中的硫分含量最高。煤炭中全硫分包括有机硫、硫铁矿、硫酸盐三类。前两部分为可燃性硫，在煤炭的燃烧过程中可转化为二氧化硫。第三部分硫酸盐为不可燃硫分，计入灰分，通常情况，可燃硫分占总硫分的 70%～90%，具体计算中可取平均值 80%。硫燃烧为二氧化硫，其化学方程式如下：

$$S + O_2 \xlongequal{\quad} SO_2$$

（1）燃煤二氧化硫产生量

根据上述化学反应方程式，燃煤产生的二氧化硫量计算如下：

$$G_{SO_2产} = B \cdot S \times 80\% \times 2 \tag{2-31}$$

式中，$G_{SO_2产}$——二氧化硫产生量，t；

　　　B——煤使用量，t；

　　　S——煤中的含硫率，%；

　　　80%——可燃硫占总硫的比率。

我国煤含硫率总体并不高，煤层平均含硫率为 0.9%，含硫率大于 2% 的占总煤储量的 10%。但我国储煤含硫率分布不均，南方地区煤中硫分高，北方地区煤中硫分低，各地区硫分可参考附录一。

我国实行 SO_2 的总量控制，在两控区内要求用煤含硫率需低于 1%。

（2）燃油二氧化硫产生量

燃油产生的二氧化硫也可以用物料衡算方法核算，燃油中硫分可全部转化为二氧化硫，计算公式如下：

$$G_{SO_2产} = B \cdot S \times 2 \qquad (2\text{-}32)$$

式中，$G_{SO_2产}$——二氧化硫产生量，t；

B——燃料油使用量，t；

S——燃料油中的含硫率，%。

燃油的硫分一般可分为高硫和低硫。前者含硫率高达 3.5%～4.5%，后者含硫率为 1%以下。

标准《燃料油》（SH/T 0356—1996）中规定了 1 号、2 号燃料油硫的含量百分比小于 1%。

目前我国对不同含硫率燃料油的使用范围并未做出严格规定。

[例 2-4]：某县城全年耗煤量 400 万 t，其中陕西神木煤 150 万 t，平均含硫率 0.7%，铜川煤 250 万 t，平均含硫率 1.5%，求该县城全年二氧化硫产生量为多少？

解：将耗煤量与含硫率代入式（2-31）：

$$G_{SO_2产} = B \cdot S \times 80\% \times 2$$

$$G_{SO_2产} = 2 \times 80\% \times 0.7\% \times 150 + 2 \times 80\% \times 1.5\% \times 250 = 7.68（万 t）$$

2.4.1.2 气体燃料二氧化硫产生量计算

现有的气态燃料主要包含天然气、液化石油气、煤气、沼气等。气态燃料中的硫分以有机硫和 H_2S 为主，含量相对较少，通常为 6～900 mg/m³，气态燃料中的硫分燃烧充分，转化率高，气态燃料在生产使用前通常都要进行脱硫净化处理，因此气态燃料中硫元素二氧化硫转化率虽然较高，但二氧化硫产生量却相对较低。

硫化氢气体燃烧会释放相应热量，并产生 SO_2，燃烧充分时，其化学反应方程式如下：

$$2H_2S + 3O_2 =\!=\!= 2SO_2 + 2H_2O$$

根据化学反应方程式，可以得知 1 m³ 硫化氢气体燃烧后会产生 1 m³ 二氧化硫气体，可推导气体燃料二氧化硫产生量计算公式如下：

$$G_{SO_2} = 2 \times V \cdot S_t \times 10^{-9} \qquad (2\text{-}33)$$

$$G_{SO_2} = 1.88 \times V \cdot S_{H_2S} \times 10^{-9} \tag{2-34}$$

$$G_{SO_2} = 2\,857.14 \times V \cdot H_2S\% \times 10^{-6} \tag{2-35}$$

式中，$G_{SO_2^{产}}$——二氧化硫产生量，t；

　　　V——气体燃料消耗量，m^3；

　　　S_t——气态燃料含硫率（全硫），mg/m^3；

　　　S_{H_2S}——气态燃料含硫率（硫化氢），mg/m^3；

　　　$H_2S\%$——气体燃料中的硫化氢体积百分数；

　　　1.88——硫化氢转化为二氧化硫的质量转化系数，即 1 m^3 H_2S 气体燃烧会

　　　　　　　产生 2 857.14 g 的 SO_2，g/m^3。

　　　2 857.14——1 m^3 H_2S 转化为二氧化硫的质量转化系数，即 1 m^3 H_2S 气体

　　　　　　　燃烧会产生 2 857.14 g 的 SO_2，g/m^3。

[例2-5]：某燃气锅炉耗天然气 30 000 m^3，硫化氢体积百分比为 0.004 8%，求该锅炉二氧化硫产生量为多少？

解：根据式（2-35），该燃气锅炉二氧化硫产生量为：

$$G_{SO_2^{产}} = 2\,857.14 \times 30\,000 \times 0.004\,8\% = 4\,114.28（g）$$

标准《天然气》（GB 17820—2012）、《液化石油气》（GB 11174—2011）、《车用压缩天然气》（GB 18047—2000）等标准中规定了气态燃料的含硫率限值，见表2-7。

表2-7　部分气态燃料含硫率限值

气态燃料		含硫率/（mg/m³）	
		含硫率（以硫计算）	硫化氢
天然气	一类（民用燃料）	60	6
	二类（工业原料）	200	20
	三类（工业用气）	350	350
	车用压缩天然气	200	15
液化石油气		343	10
车用压缩天然气		200	15
煤气（城镇燃气）		—	20
沼气		—	20

2.4.2　氮氧化物计算

2.4.2.1　燃煤过程中的氮氧化物产生机理

化石燃料燃烧产生的氮氧化物以一氧化氮（NO）为主，占氮氧化物总量的 90%，其余基本上为二氧化氮（NO_2），占比为 5%～10%，氮氧化物可写成 NO_x。

燃烧过程中氮氧化物的生成途径有三条：一是燃料中的含氮化合物，在高温下燃烧氧化产生氮氧化物，称为燃料型氮氧化物；二是空气中的氮气在高温条件下被氧化为氮氧化物，称为热力型氮氧化物；三是由于燃料挥发物中碳氢化合物高温分解生成的自由基 CH 与空气中氮气反应生成 HCN 和 N，再进一步与氧气作用以极快的速度生成氮氧化物，称为快速型氮氧化物。

（1）燃料型氮氧化物（NO_x）

燃料型氮氧化物由燃料中氮化合物［如喹啉（C_5H_5N）、吡啶（C_9H_7N）等］在燃烧中氧化而成。由于燃料中氮的热分解温度低于煤粉燃烧温度，在 600～800℃时就会生成燃料型氮氧化物，它在煤燃烧 NO_x 产物中占 60%～80%。

在生成燃料型 NO_x 过程中，首先是含有氮的有机化合物热裂解产生 N、CN、HCN 等中间产物基团，然后再氧化成 NO_x。由于煤的燃烧过程由挥发分燃烧和焦炭燃烧两个阶段组成，故燃料型氮氧化物的形成也由气相氮的氧化（挥发分）和焦炭中剩余氮的氧化（焦炭）两部分组成。燃料型氮氧化物产生速度快，是燃料燃烧氮氧化物的主要来源。

研究表明，燃料的粒径越小，燃烧过程中剩余空气量越大，对燃料型氮氧化物的产生都有促进作用。

1）挥发分氮中 HCN 被氧化的重要途径

随着挥发析出的挥发分氮，在燃烧过程中与氧气进行一系列反应，从图 2-3 中可以看出，挥发分氮中的 HCN 氧化成 NCO 后，可能有两条反应途径，取决于 NCO 进一步所遇到的反应条件，在氧化性环境里 NCO 会进一步氧化成 NO，如遇到还原性气氛，则 NCO 会反应生 NH，再按上述反应途径进行氧化。

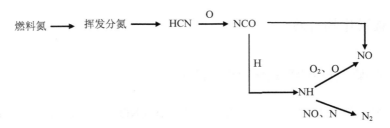

图 2-3　燃烧过程中挥发分氮燃烧转化规律

①在氧化性环境中，挥发分氮直接氧化为 NO：

$$HCN + O \longrightarrow NCO + H$$

$$NCO + O \longrightarrow NO + CO$$

$$NCO + OH \longrightarrow NO + CO + H$$

②在还原性环境中，NCO 生成 NH：

$$NCO + H \longrightarrow NH + CO$$

如 NH 在还原气氛中，则有下面的反应：

$$NH + H \longrightarrow N + H_2$$

$$NH + NO \longrightarrow N_2 + OH$$

如果 NH 在氧化气氛中，则会进一步氧化成 NO：

$$NH + O_2 \longrightarrow NO + OH$$

$$NH + O \longrightarrow NO + H$$

$$NH + OH \longrightarrow NO + H_2$$

2）挥发分氮中 NH_3 被氧化的主要反应途径

燃煤中挥发分氮的燃烧转化规律见图2-4。从图2-4中可以看出，挥发分氮也可以转化为 NO。

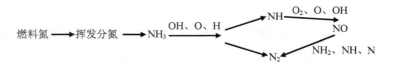

图 2-4　挥发分氮被氧化的反应途径

挥发分氮中 NH_3 的转化规律的化学方程式如下。

第一步，NH_3 氧化为 NH_2：

$$NH_3 + OH \longrightarrow NH_2 + H_2O$$

$$NH_3 + O \longrightarrow NH_2 + OH$$

$$NH_3 + H \longrightarrow NH_2 + H_2$$

第二步，NH_2 进一步反应生成 NH：

$$NH_2 + OH \longrightarrow NH + H_2O$$

$$NH_2 + O \longrightarrow NH + OH$$

$$NH_2 + H \longrightarrow NH + H_2$$

第三步，NH 进一步反应生成 NO：

$$NH + O_2 \longrightarrow NO + OH$$

$$NH + O \longrightarrow NO + H$$

$$NH + OH \longrightarrow NO + H_2$$

在通常的燃烧温度下，燃料型 NO_x 主要来自挥发分氮，煤燃烧时由挥发分生成的 NO_x 占燃料型 NO_x 的 60%～80%，由焦炭氮所生成的 NO_x 占到 20%～40%。

（2）热力型氮氧化物产生规律

热力型 NO_x 是空气中氮（N_2）和氧（O_2）在高温下生成的，通常可以用 Zeldovich 机理或改进的 Zeldovich 机理描述，化学反应方程式如下。

$$M^* + O_2 \longrightarrow 2O + M$$

$$N_2 + O \longrightarrow NO + N$$

$$N + O_2 \longrightarrow NO + O$$

有研究表明，热力型 NO_x 的生成量与火焰温度和燃烧/空气当量比关系密切，只有在燃料富氧燃烧且温度较高（超过 1 800 K）时，热力型 NO_x 的生成量才会急剧增加，当过量空气系数 $\alpha < 0.95$ 和 $T < 1\,800\,K$ 时，热力型 NO_x 可以忽略不计。

＊：M——催化物质，如燃料中的 CaO、N 等。

（3）快速型（瞬时反应型）氮氧化物产生规律

快速型 NO_x 是 1971 年 Fenimore 通过试验发现的。在碳氢化合物燃烧且燃料过浓时，在反应区附近会快速生成 NO_x。

由于燃料挥发物中碳氢化合物高温分解生成的 CH 自由基可以和空气中的氮气反应生成 HCN 和 N，再进一步与氧气作用以极快的速度生成 NO_x，其形成时间只需要 60 ms，所生成的与炉膛压力 0.5 次方成正比，与温度的关系不大。

根据 Fenimore 的反应机理，快速型 NO_x 的生成过程有 4 组反应构成：

①在碳氢化合物燃烧时，特别是富燃料燃烧时，会分解出大量的 CH、CH_2、CH_3 和 C_2 等离子团，它们会破坏燃烧空气中氮分子化学键而生成 HCN、CN 等，如以下化学反应式所示。

$$CH + N_2 \longrightarrow HCN + N$$
$$CH_2 + N_2 \longrightarrow HCN + NH$$
$$CH_3 + N_2 \longrightarrow HCN + NH_2$$
$$C_2 + N_2 \longrightarrow 2CN$$

②上述反应所生成的 HCN 和 CN，与在火焰中所产生的大量的 O、OH 等原子团反应生成的 NCO。

$$HCN + O \longrightarrow NCO + H$$
$$HCN + OH \longrightarrow NCO + H_2$$
$$CN + O_2 \longrightarrow NCO + O$$

③NCO 被进一步氧化为 NO。

$$NCO + O \longrightarrow NO + CO$$
$$NCO + OH \longrightarrow NO + CO + H$$

在研究中还发现，在火焰中 HCN 浓度达到最高点后会转入下降阶段时，存在大量的氨化物（NH_i），这些氨化物会和氧原子等快速反应而被氧化成 NO。

$$NH + O \longrightarrow N + OH$$
$$NH + O \longrightarrow NO + H$$
$$N + OH \longrightarrow NO + H$$

$$N + O_2 \longrightarrow NO + O$$

从上述氮氧化物的产生规律可以看出，燃烧过程中氮氧化物的产生受到以下因素的影响。

第一，燃料的特性。氮氧化物主要来自燃料中的氮，因此燃料中氮的含量越高，则氮氧化物的排放量也越高。燃料中氮的存在形式不同，氮氧化物的生成量也会随之改变。例如：以胺形态（如褐煤、页岩劣质燃料）存在于煤中，燃烧过程中主要生成 NO；以芳香环形态（如烟煤、无烟煤）存在于煤中的氮主要形成 N_2O。另外，S/N 等因素也会影响氮氧化物的产生规律。S 和 N 在燃烧过程中会造成对 O 的竞争，因此 SO_2 排放量较大时，NO_x 的排放量相对会下降。

第二，当空气不分级时，降低过量空气系数，在一定程度上会起到限制反应区内氧浓度的目的，因而对热力型 NO_x 和燃烧型 NO_x 的生成具有明显的控制作用，采用这种方法可以使 NO_x 生成量降低 15%～20%。但是 CO 浓度随之增加，燃烧效率下降，当空气分级时，可有效降低 NO_x 排放量，随着一次风量减少，二次风量增加，NO_x 的排放量会相应下降。

第三，燃烧温度对 NO_x 排放量的影响已取得共识，即随着炉内燃烧温度的升高，NO_x 排放量上升，含氮量越高，燃料中氮向气相释放的量越低。过量空气越大、火焰温度越高时，这种负效应越明显。

第四，负荷率影响。增大负荷率，增加给煤量，燃烧室及尾部受热面处的烟温随之增高，挥发分 N 生成的 NO_x 随之增加。

2.4.2.2　燃烧过程氮氧化物核算

根据物料衡算以及氮氧化物的转化规律，燃料燃烧氮氧化物产生量可以通过如下公式计算。

$$G_{NO_x\text{产}} = 1.63B \cdot (\beta \cdot N + 10^{-6} \times V_y \cdot C_{NO_x}) \tag{2-36}$$

式中，$G_{NO_x\text{产}}$——燃烧过程氮氧化物产生量，kg；

　　　B——燃料消耗量，kg；

β ——燃料中氮向 NO_x 的转变率,与燃烧设备有关(燃煤层燃炉 β 为 $25\%\sim$

50% ($N \geq 0.4\%$),燃油锅炉 β 为 $32\%\sim40\%$,煤粉炉 β 为 $20\%\sim25\%$);

N ——燃料中氮的含量,%,见表 2-8,使用过程中常取平均值;

$10^{-6} \times V_y \cdot C_{NO_x}$ ——热力型氮氧化物的核算系数;

V_y ——1 kg 燃料生成的烟气量,m^3;

C_{NO_x} ——燃烧时生成的热力型 NO 浓度,mg/m^3,常取 93.8 mg/m^3。

表 2-8　燃料含氮量

燃料名称	含氮质量百分比/%	
	范围	平均值
煤	0.5~2.5	1.5
劣质重油	0.2~0.4	0.2
一般重油	0.08~0.4	0.14
优质重油	0.005~0.08	0.02

设燃煤产生烟气量 V_y=10 m^3/kg,则式(2-36)可简化为:

$$G_{NO_x 产} = 1.63 B \cdot (\beta \cdot N + 0.000\,938) \qquad (2\text{-}37)$$

[例 2-6]:求耗煤量 4 000 t 的煤粉锅炉氮氧化物产生量为多少?

解:取 β=20%,N=1.5%,将数据代入式(2-37)得:

$$G_{NO_x 产} = 1.63 \times 4\,000 \times (20\% \times 1.5\% + 0.000\,938) = 25.68 \text{ (t)}$$

2.4.2.3　氮氧化物控制

目前国内的脱硫技术已经发展得较为成熟,但氮氧化物控制技术仍处于推广普及阶段。从环保要求而言,燃煤锅炉只进行脱硫是远远不能达到环境质量要求的,我国大气环境污染比较突出,NO_x 继 SO_2 之后已成为大气酸雨污染的主要因素,控制氮氧化物的重要性也日益凸显。

（1）分级燃烧方式

空气分级燃烧的基本原理即将燃烧过程分阶段来完成。在第一阶段将从主燃烧器供入炉膛的空气量减少到总燃烧空气量的 70%～75%（相当于理论空气量的 80%左右），使燃料先在缺氧的条件下燃烧，第一级燃烧区内过量空气系数 $\alpha<1$，因而降低了燃烧区内的燃烧速度和温度水平。在此较低温度和还原性气氛中不仅降低了 NO_x 的反应效率，同时也控制了 NO_x 在这一区的生成。

第二阶段中，为了完成全部燃烧过程，完全燃烧所需的其余空气通过喷口送入炉膛形成"火上风"（Over Fire Air，OFA），与第一阶段燃烧区在"贫氧燃烧"条件下所产生的烟气混合，在过量空气系数 $\alpha>1$ 的条件下完成全部燃烧过程。

空气分级燃烧是一种简单有效的低 NO_x 燃烧技术，采用空气分级燃烧，大型电站氮氧化物排放量可降低 40%～50%。

（2）低过量空气燃烧

低过量空气燃烧是使燃料过程尽可能在接近理论空气量的条件下进行，随着烟气中过量氧的减少，可以抑制 NO_x 的生成。这是一种最简单的降低 NO_x 排放的方法，一般可降低 NO_x 排放 15%～20%，但如炉内氧浓度过低（3%以下），会造成 CO 浓度急剧增加，增加不完全燃烧造成的热损失，同时还会引起烟尘含碳量增加、燃烧效率下降等，低浓度氧燃烧会使炉膛内某些区域形成还原性环境，从而降低灰熔点引起炉膛结渣和腐蚀，该方法具有一定的局限性，因此在锅炉设计和运行时，应选取最合理的过量空气系数。

（3）燃料分级燃烧

燃烧产生的 NO_x 在遇到烃根 CH_i 和未完全燃烧产物 H_2、C、C_nH_m 时，发生还原反应生成 N_2 的燃烧方式。利用这一原理，将 80%～85%的燃料送入一级燃烧区，在过量空气情况即 $\alpha>1$ 条件下，燃烧并生成 NO_x，送入一级燃烧区的为一次燃料。其余 15%～20%的燃料则在主燃烧器上部送入二级燃烧区，在 $\alpha<1$ 的环境中燃烧形成还原性环境，使 NO_x 还原。其化学方程式如下：

$$4NO + CH_4 \longrightarrow 2N_2 + CO_2 + 2H_2O$$

$$4NO + 2C_nH_m + (2n+m/2-2)\,O_2 \longrightarrow 2N_2 + 2nCO_2 + mH_2O$$

$$2NO + 2CO \longrightarrow N_2 + 2CO_2$$
$$2NO + 2C \longrightarrow N_2 + 2CO$$
$$2NO + 2H_2 \longrightarrow N_2 + 2H_2O$$

（4）烟气再循环

在空气预热器前的一部分烟气与燃烧用的空气混合，通过燃烧器送入炉内，由于温度较低的惰性烟气进入炉内，降低了炉内温度水平和氧气浓度，从而降低了氮氧化物的产生。经验数据显示当烟气再循环率为 15%～20% 时，煤粉锅炉的 NO_x 可以降低 25% 左右，这一方法比较适合辅助设备完善的大型锅炉机组。

（5）烟气脱硝

烟气中氮氧化物的控制技术通过改进燃烧技术来实现，还可以对冷却后的烟气进行处理，以降低 NO_x 的排放量，称为烟气脱硝。现有两类商业化的烟气脱硝技术，分别称为选择性催化还原（selective catalytic reduction，SCR）和选择性非催化还原（selective noncatalytic reduction，SNCR）。

1）选择性催化还原法（SCR）脱硝

SCR 过程是以氨作为还原剂，在空气预热器的上游注入，与含 NO_x 的烟气接触反应。此处烟气温度为 290～400℃，是催化还原的最佳温度。在含有催化剂反应器内的 NO_x 被还原成 N_2 和水，催化剂的活性材料通常由贵重金属、碱性金属化合物或沸石组成，NO_x 被选择性还原的化学式如下。

$$4NH_3 + 4NO + O_2 \longrightarrow 4N_2 + 6H_2O$$
$$8NH_3 + 6NO_2 \longrightarrow 7N_2 + 12H_2O$$

工业实践表明，SCR 系统对 NO_x 的转化率为 60%～90%，压力损失和催化转化空间气速的选择是 SCR 系统设计的关键。

催化剂中毒和烟气中残留的氨是 SCR 工艺操作的两个关键因素。长期操作过程中催化剂"毒物"的累积是催化剂中毒的主要原因，如烟气中的烟尘含有大量钙、镁等离子是造成催化剂中毒失活的重要原因，因此通过降低烟气的含尘量可以延长催化剂的使用寿命。

烟气中的二氧化硫与 NH_3 会形成硫酸铵或亚硫酸铵盐，随着运行时间的增加也会造成催化剂失去活性。

2）选择性非催化还原法（SNCR）脱硝

在选择性非催化还原法（SNCR）脱硝工艺中，尿素和氨基化合物作为还原剂将 NO_x 还原为 N_2。因为需要较高的反应温度（930～1 090℃），还原剂通常注进炉膛或紧靠炉膛出口的烟道。主要的化学反应为：

$$4NH_3 + 6NO \longrightarrow 5N_2 + 6H_2O$$

$$CO(NH_2)_2 + 2NO + 0.5O_2 \longrightarrow 2N_2 + CO_2 + 2H_2O$$

2.4.3 烟尘计算

燃料烟尘包括黑烟和飞灰两部分。黑烟是烟尘中未燃烧完全的燃料，以炭粒为主。黑烟的排放多少与燃烧方式、燃烧状况、燃烧设备类型有关，通常燃烧不完全时，烟气中会有黑烟产生，燃烧越不完全黑烟越多。一般来说，烟气中的黑烟通常是炭粒，烟越黑炭粒含量也就越高。

飞灰来源于燃料中不可燃烧的部分，即灰分，以矿物质为主。飞灰产生量的多少与燃烧设备类型、燃料灰分比例有关。通常悬浮型的燃烧方式飞灰的产生量比层燃要高；灰分高的燃料飞灰产生量要比灰分低的燃料高。

2.4.3.1 实测法计算烟尘排放量

通过监测可以测定烟气中的烟尘浓度，再通过废气排放量可以计算出烟尘的排放量，计算公式如下：

$$G_d = 10^{-6} Q_y \cdot C_i \cdot t \qquad (2\text{-}38)$$

式中，G_d——烟尘排放量，kg/h；

Q_y——烟气平均流量，m^3/h；

C_i——测定时间内烟气平均浓度，mg/m^3；

t——排放时间，h。

2.4.3.2 物料衡算法计算烟尘排放量

但对于无监测条件的单位，可以通过燃煤的消耗量、燃煤灰分含量等参数计算烟尘产生排放量，计算公式如下：

$$G_{d} = \frac{B \cdot A \cdot d_{fh}(1-\eta)}{1-C_{fh}} \qquad (2-39)$$

式中，G_d——烟尘排放量，t；

B——锅炉耗煤量，t；

A——煤中的灰分，%；

η——除尘设备除尘效率，%；

C_{fh}——烟尘中可燃物的百分比，%，与煤炭种类、燃烧设备类型因素有关。层燃炉，C_{fh} 为 15%~45%；抛煤炉，C_{fh} 为 5%~10%；沸腾炉，C_{fh} 为 15%~25%；煤粉炉，C_{fh} 为 8%~40%；

d_{fh}——转化为烟尘的灰分占总灰分的百分数，%。其值与燃烧方式有关，见表 2-9。

表 2-9 各种炉型 d_{fh} 值*

炉型	d_{fh} /%	炉型	d_{fh} /%
手烧炉	15~25	沸腾炉	40~60
链条炉	15~25	煤粉炉	70~80
往复推饲炉	15~20	天然气炉	0
振动炉排	20~40	油炉	0
抛煤机炉	25~40	化铁炉	25~35

* 参考《锅炉机组热力计算标准方法》《锅炉及锅炉房设备》等。

[例 2-7]：某煤粉锅炉耗煤量 20 000 t，其中灰分比例 35%，除尘设备效率 90%，问该锅炉烟尘排放量为多少？

解：d_{fh} 取 75%，C_{fh} 取 5%，利用式（2-39）计算如下：

$$G_{d} = \frac{B \cdot A \cdot d_{fh}(1-\eta)}{1-C_{fh}} = \frac{20\,000 \times 35\% \times 75\% \times (1-90\%)}{1-5\%} = 552.63\,（t）$$

2.4.3.3 产排污系数法

根据《燃煤锅炉烟尘和二氧化硫排放总量核定技术方法——物料衡算法》（HJ/T 69—2001），可通过燃煤量与烟尘产污系数计算烟尘产生量，见表 2-9。标准将设备的类型分为层燃炉、抛煤炉、沸腾炉 3 类，设置灰分含量为 10%、15%、20%、25%、30%、35%、40%、45%、50%共 9 个梯度。

上述灰分梯度以外的燃煤的烟尘产生系数可以通过内插法进行计算。

表 2-10　不同燃烧方式燃用不同灰分含量（A）燃煤时烟尘产污系数（K）　　　单位：kg/t

A/%	10	15	20	25	30	35	40	45	50
层燃炉	14.29	21.43	28.57	35.72	42.86	50			
抛煤炉		68.18	90.91	113.64	136.37	159.09	181.82	204.55	
沸腾炉				141.75	170.10	198.45	226.80	255.15	283.50

内插法，又称插值法，根据未知函数 $f(x)$ 在某区间内若干点的函数值，作出特定函数来近似原函数 $f(x)$，进而可用此特定函数算出该区间内其他各点的原函数 $f(x)$ 的近似值，这种方法称为内插法。函数 $f(x)$ 和 x 在该区间内具有一定单调性，所以可以利用这种近似的等比关系，通过一组已知的函数 $f(x)$ 自变量的值和与它对应的函数值来求未知函数其他值。

内插法在数据表查阅等方面被广泛利用。例如，《大气污染物综合排放标准》只规定了部分烟囱高度的污染物排放强度，介于这些高度之间的烟囱，其排放标准，可以通过内插法计算获得。

按照不同的分类方式内插法有不同的类型，如按因数的个数分，内插法可以分为单内插、双内插、三内插；按照按函数的性质分，可以分为线性内插、变率内插、高次内插。

鉴于环境保护行业实际情况，本教材只介绍比例内插（线性内插），其余内插法读者可以查阅相关教材。

设 x 与 y 有如下关系，见式（2-40）。

$$y=f(x) \tag{2-40}$$

因数 x	x_1	x_2	x_3	…	x_3
函数值 y	y_1	y_2	y_3	…	y_3

将 x、y 绘制在坐标系中，可以得到如图 2-5 所示的形式。

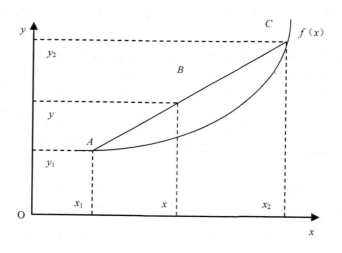

图 2-5　内插法示意图

通过内插法，x、y 有如下关系：

$$\frac{y_2-y}{y-y_1}=\frac{x_2-x}{x-x_1} \tag{2-41}$$

通过式（2-41）可以求出 y 或 x。

[例 2-8]：某企业锅炉为煤粉炉，2013 年上半年锅炉耗煤量 200 t，燃煤平均灰分为 27%，请参考表 2-10 计算该锅炉 2013 年上半年的烟尘产生量为多少？

$$\frac{x_2 - x}{x - x_1} = \frac{y_2 - y}{y - y_1} \qquad \frac{30 - 27}{27 - 25} = \frac{170.10 - y}{y - 141.75} \qquad 烟尘产污系数为 \; y = 153.09 \, kg/t \; 煤$$

烟尘产生量为：$153.09 \times 200 \times 10^{-3} = 30.62$（t）

2.4.4 烟气处理设备处理效率计算

污染治理设备的处理效率是评价企业环境保护工作落实情况的重要依据之一，因此污染治理设施（包括烟气处理设备）是否运行正常直接关系着企业污染治理的效果与排污的情况。作为环境保护工作者，学习如何计算烟气处理设备的处理效率是很有必要的。

2.4.4.1 除尘效率计算

（1）单级除尘效率计算

除尘设备主要功能是收集烟尘和粉尘，基本的除尘流程如图 2-6 所示。进入除尘设备的颗粒物绝大多数被收集去除，少部分排放，烟尘处理过程存在如下平衡。

$$G_0 = G_1 + G_2$$

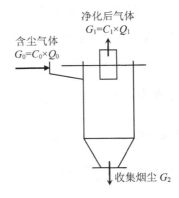

净化后气体
$G_1 = C_1 \times Q_1$

含尘气体
$G_0 = C_0 \times Q_0$

收集烟尘 G_2

图 2-6 除尘设备除尘示意图

除尘设备的除尘效率是指一定时间内除尘器收集的烟尘量占除尘前烟尘量的百分比。除尘效率的高低是评价除尘设备性能好坏的重要指标之一，也是环境保护工作中评价企业是否依法承担环境保护责任的重要依据。从上述烟尘的平衡关系里可以得出烟尘处理效率的计算公式如下：

$$\eta = \frac{G_2}{G_0} = \frac{G_2}{G_2 + G_1} = \frac{G_0 - G_1}{G_0} \times 100\% \qquad （2\text{-}42）$$

或

$$\eta = \frac{C_0 Q_0 - C_1 Q_1}{C_0 Q_0} \times 100\% \qquad （2\text{-}43）$$

式中，η ——除尘设备除尘效率，%；

G_0 ——处理烟尘量，kg 或 t（$G_0 = C_0 Q_0$，C_0 为烟气处理前烟尘浓度；Q_0 为烟气处理前气体流量；单位换算参考章节 1.3.1）；

G_1 ——排放烟尘量，kg 或 t（$G_1 = C_1 Q_1$，C_1 为烟气处理后烟尘浓度；Q_1 为烟气处理后气体流量）；

G_2 ——除尘设备收集去除的烟尘量，kg 或 t。

烟气处理设备在运行过程中有鼓风机送风、烟气输送管道漏风的现象，因此进、出烟气处理设备的废气流量即 Q_0、Q_1 不相等，式（2-43）不能简化为 $\eta = \frac{C_0 - C_1}{C_0}$。

[例 2-9]：某企业采用多级旋风除尘去除污染物，经处理后烟尘浓度为 80 mg/m³，废气排放量为 8 m³/s，该企业每天回收烟尘量为 2 400 kg，查阅台账得知污染治理设施全天运行 24 h，请计算烟尘去除率。

解：大气污染物削减率参考式（2-42）计算 $\eta = \frac{G_2}{G_2 + G_1} \times 100\%$

其中：本例中每小时污染物排放量 $G_1 = C_1 Q_1 = 80 \times 8 \times 3\,600 \times 10^{-6} = 2.304（\text{kg/h}）$

每小时收集排放的烟尘量 $G_2 = \dfrac{2\,400}{24} = 100（\text{kg/h}）$

烟尘削减率 $\eta = \dfrac{G_2}{G_2 + G_1} \times 100\% = \dfrac{100}{100 + 2.304} \times 100\% = 97.75\%$

（2）多级除尘效率计算

每种除尘设备只能去除一定粒径范围内的颗粒污染物，而颗粒污染物粒径分布通常较广，单一类型的除尘设备无法去除所有粒径范围的颗粒污染物，因此实际工作中常常串联多个不同类型的除尘器，以达到提高除尘效率的目的。

设某烟气有 n 级除尘，则 n 级除尘设备的总除尘效率可通过式（2-44）计算。

$$\eta = 1 - (1-\eta_1) \times (1-\eta_2) \times (1-\eta_3) \times \cdots \times (1-\eta_n) \qquad （2-44）$$

式中，η ——多级除尘设备，总除尘效率，%；

η_n ——n 级除尘设备除尘效率，%。

[例 2-10]：某企业烟尘处理工艺为"重力+静电"，请估算该企业的总除尘效率。

解：通过查阅资料，重力除尘的除尘效率为 40%~60%，静电除尘的除尘效率为 95%~99%，参考式（2-44），该企业的总除尘效率计算如下：

$$\eta = 1 - (1-\eta_1) \times (1-\eta_2) = 1 - (1-55\%) \times (1-95\%) = 97.75\%$$

2.4.4.2　脱硫效率计算

二氧化硫的控制通常有三种措施，即燃烧前脱硫、燃烧中脱硫和燃烧后脱硫。

燃烧前脱硫是通过降低燃料含硫率，从而降低燃烧二氧化硫的产生量的方法。这种方法与燃料前期的生产、制备关系密切。对燃料煤来说，通常通过洗煤等方法达到降低含硫率的目的。

燃烧中脱硫是在燃料燃烧过程中，向锅炉等燃烧设备投加碱性药剂，达到固定二氧化硫，减少二氧化硫排放的方法。

燃烧后脱硫，又称烟气脱硫（Flue gas desulfurization，FGD），是去除燃烧后烟气中二氧化硫方法的统称。烟气脱硫根据烟气中二氧化硫浓度的高低，通常可以有两大类：一类是烟气中二氧化硫的回收，主要针对二氧化硫浓度偏高的金属冶炼酸性烟气，这种方法一方面可以达到回收二氧化硫的目的，变废为宝，另一方面还能降低二氧化硫浓度。但烟气制酸后的二氧化硫浓度通常无法达到排放标准，还需进一步处理。

另一类是通过碱性试剂吸收烟气中的二氧化硫，主要针对二氧化硫浓度偏低的烟气，这种方法处理率最好时，可以达到95%左右。按脱硫剂的种类分，烟气脱硫可分为以下5种方法：以 $CaCO_3$（石灰石）为脱硫剂的钙法，以 MgO 为脱硫剂的镁法，以 Na_2SO_3 为脱硫剂的钠法，以 NH_3 为脱硫剂的氨法，以有机碱为脱硫剂的有机碱法。

世界上普遍使用的商业化脱硫技术是钙法，占各类烟气脱硫方法总量的90%以上，因此本教材以钙法为例，列举相关的计算。读者可通过学习本节中物料衡算方法的思路，扩展计算其他脱硫方法的污染物产生量。

（1）去除效率计算

脱硫效率的计算可以通过脱硫前后烟气中二氧化硫浓度与烟气流量进行计算，计算公式可参考式（2-43）。

（2）脱硫石膏产生量

石灰石脱硫法，即选择的脱硫剂为石灰石。石灰石脱硫法具有原料价廉易得，处理效果好，运行稳定等特点，脱硫的化学方程式如下：

$$2CaCO_3 + 2SO_2 \longrightarrow 2CaSO_3 \cdot \frac{1}{2}H_2O + 2CO_2$$

$$2CaSO_3 \cdot \frac{1}{2}H_2O + O_2 + 3H_2O \longrightarrow 2CaSO_4 \cdot 2H_2O$$

总化学方程式为：

$$2CaCO_3 + 2SO_2 + O_2 + 3H_2O \longrightarrow 2CaSO_4 \cdot 2H_2O + 2CO_2$$

运行稳定时，石灰石法对二氧化硫的去除率最高可达到95%左右。该方法在脱硫的同时会产生脱硫石膏，即上述化学方程式中的 $CaSO_4 \cdot 2H_2O$。脱硫石膏属于工业固废，在环保监察工作中，可以通过脱硫石膏的量判断企业的脱硫设备是否正常运行，也可以间接核定企业二氧化硫的排放量。

从上述化学方程式可以看出，理论上 1 mol 二氧化硫会消耗 1 mol 石灰石，同时产生 1 mol 脱硫石膏。根据二氧化硫、石灰石、石膏的分子量，通过物料衡算可以算出二氧化硫去除量与脱硫石膏的产生量的关系如下。

二氧化硫去除量：脱硫石膏产生量=1：2.7，即每去除 1 kg 二氧化硫就会产生 2.7 kg 的脱硫石膏。

而去除二氧化硫与消耗的石灰石之比为=1：1.54，即每去除 1 kg 二氧化硫，会消耗 1.54 kg 的石灰石。

上述参考系数是假设石灰石为纯碳酸钙（$CaCO_3$），实际应用中要考虑石灰石的纯度。如企业常使用的石灰石纯度为 85%，在调整比例的情况下，去除二氧化硫与石灰石消耗量之比为 1：（1.7~1.8）。

[例 2-11]：锅炉燃煤第一季度燃煤用量为 2 672 t，煤硫分平均含量为 0.8%，该企业若采用石灰石脱硫，脱硫效率为 95%，该企业的脱硫石膏产生量为多少？

解：二氧化硫产生量：$G_{SO_2产} = 2×80\%S×B = 2×80\%×0.8\%×2\,672 = 34.20（t）$

脱硫石膏产生量：$34.20×95\%×2.7 = 87.72$（t）

2.5 锅炉能耗计算

2.5.1 锅炉概述

锅炉是用燃烧或其他热源把介质加热到额定参数的动力设备，它是一种结构特殊、复杂的换热器，由锅与炉两大主体构成。

- 锅：包括水冷壁、过热器、再热器、省煤器等部分，统称受热面系统。其特点是接受热量，并将热量传给介质。

- 炉：包括炉膛、烟道，是燃料的化学能转变成热能的空间和烟气流通的通道。

锅炉作为加热与动力供给的设备，在工业、生活中具有广泛的用途，如电站锅炉、集中供暖设备，因此不少地区的主要大气污染物都来自锅炉。

2.5.1.1　锅炉的容量

锅炉容量是指额定出口蒸汽参数和进口给水温度以及在保证效率的条件下，连续运行时所必须保证的蒸发量（kg/s 或 t/h）。锅炉铭牌上标明的蒸发量是该锅炉的额定蒸汽参数，即设备运行时的最高蒸发量，实际运行时蒸发量小于此值。

蒸汽锅炉的容量大小按蒸汽蒸发量表示，单位为 t/h；热水锅炉容量为单位时间的产热量，单位为 MW 或 kcal/h。也可以这样表示，1 t/h 的蒸汽锅炉相当于 0.7 MW 的热水锅炉。

2.5.1.2　锅炉出口蒸汽压力

锅炉的压力是指锅炉内壁的压强。锅炉内的蒸汽受热达到沸点（压力越高沸点越高），汽化为蒸汽，体积急剧膨胀形成的压力（1 atm 下，1 kg 水蒸发为蒸汽，体积膨胀 1 725 倍），用 MPa 表示。锅炉压力也是指锅炉主汽阀出口处（或过热器出口集箱）的过热蒸汽压力。锅炉按蒸汽压力可分为以下几类：

低压锅炉 2.45 MPa 以下；中压锅炉 2.49～4.9 MPa；

高压锅炉 9～9.8 MPa；超高压锅炉 11.8～14.7 MPa；

亚临界压力锅炉 15.7～19.6 MPa；

超临界压力锅炉 22.0 MPa 以上。

2.5.1.3　锅炉出口温度

锅炉的出口温度与锅炉的能耗有很大的关系。蒸汽锅炉的出口温度为蒸汽温度，热水锅炉的出口温度为热水供给温度。

锅炉出口蒸汽温度指锅炉主汽阀出口处（或过热器出口集箱）的过热蒸汽温度。锅炉给水温度指省煤器进口集箱处的给水温度。

2.5.1.4　锅炉的热效率

锅炉的热效率是锅炉的总有效利用热量占锅炉输入热量的百分比。锅炉热效率越高，对燃料的利用率也就越高，锅炉热效率可以通过如下公式计算获得。

$$\eta = \frac{Q_1}{Q_r} \times 100\% = 100\% - (q_2 + q_3 + q_4 + q_5 + q_6)$$

式中，Q_1——有效利用热量，是指被工质（水或蒸汽）吸收，即将给水一直加热成过热蒸汽（或热水或饱和蒸汽）的热量，包括锅炉的省煤器、蒸发受热面、过热器、再热器吸收的热量。

q_2——排烟热损失，是指离开锅炉最后受热面的烟气拥有的热量，它是随烟气直接排放到大气中而不能得到利用所造成的热损失。这是锅炉热损失中最主要的一项。对大、中型锅炉占输入热量的 4%～8%，主要影响因素为排烟温度和烟气容积。

q_3——化学不完全燃烧热损失，由于 CO、H_2、CH_4 等可燃气体部分残留于烟气中，未完全燃烧放热就随烟气排入大气所造成的损失。

q_4——机械不完全燃烧热损失，是指部分固体颗粒燃料在炉内未能燃尽就被排放出炉外造成的热损失，通常仅次于排烟热损失。主要由以下 3 部分组成：①由灰渣中未燃烧或未燃尽炭粒引起的损失；②因未燃尽炭粒随烟气排出炉外而引起的损失；③部分燃料经炉排落入灰坑引起的损失，它只存在于层燃炉中。

q_5——锅炉的散热损失，是由于锅炉炉墙、锅筒、集箱、汽水管道、烟风管道等部件的温度高于周围大气而向四周环境所散失的热量。

q_6——其他热损失，包括灰渣的物理热损失及冷却水热损失。

2.5.2　锅炉的分类与型号

2.5.2.1　锅炉的分类

按照不同的分类方式，锅炉的种类也各不相同：

按用途可以分为动力锅炉（电站锅炉）、工业锅炉和生活锅炉；

按锅炉输出介质可以分为蒸汽锅炉、热水锅炉、水汽两用锅炉；

按燃料类型可分为燃煤锅炉、燃油锅炉和燃气锅炉，通常燃煤锅炉的污染相比燃油锅炉与燃气要大；

按蒸发量可以将锅炉分为小型锅炉（<20 t/h）、中型锅炉（20~75 t/h）和大型锅炉（蒸发量>75 t/h）；

按压力可以将锅炉分为低压锅炉（<2.5 MPa）、中压锅炉（2.5~6.0 MPa）和高压锅炉（>8 MPa）；

按锅筒放置方式可以分为立式锅炉和卧式锅炉。

各类煤（油）锅炉的分类见表 2-11。

表 2-11　煤（油）锅炉分类

分类方式	锅炉类型	备注	
按用途	电站锅炉	电站锅炉是高排放强度的大气污染源	
	工业锅炉	工业锅炉是我国主要热能动力设备，它包括压力≤2.45 MPa、容量≤65 t/h 的工业用蒸汽炉、采暖热水炉、特种用途锅炉等，以中小型锅炉为主	
	民用锅炉	以小锅炉为主，容量小	
按规模	大型锅炉	蒸发量>65 t/h	机组的蒸汽参数是决定机组热经济性的重要因素。一般压力是 16.6~31 MPa，温度在 535~600℃，压力煤提高 1 MPa，机组的热效率就上升 0.18%~0.29%；新蒸汽温度或再热真气温度每提高 10℃，机组的热效率就提高 0.25%~0.3%
	中型锅炉	蒸发量为 20~65 t/h	
	小型锅炉	蒸发量<2.5 t/h	
按压力	低压锅炉	$P \leqslant 2.5$ MPa	
	中压锅炉	2.5 MPa$<P \leqslant 6.0$ MPa	
	高压锅炉	6.0 MPa$<P \leqslant 10$ MPa	
	超高压锅炉	$P = 14$ MPa	
	亚临界锅炉	P 为 17~20 MPa	
	超临界锅炉	>25 MPa	
	超超临界锅炉	>31 MPa	

2.5.2.2　锅炉型号

工业锅炉的型号标识可通过锅炉铭牌获取。从锅炉铭牌可以获得锅炉燃烧方式、介质出口压力、燃料类别等信息。锅炉铭牌由三部分组成，分别是燃烧方式、介质出口压力、使用燃料类别，各部分之间用短线连接，见图2-7。

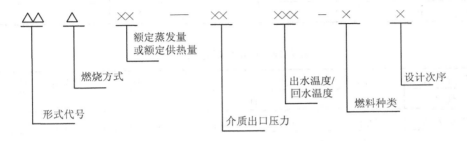

图 2-7　锅炉铭牌代号

铭牌中各项目代号见表2-12～表2-14。

表 2-12　锅炉形式代号

火管锅炉			
锅炉总体形式	立式水管	立式火管	卧式外燃	卧式内燃
代号	LS	LH	WW	WN

水管锅炉			
锅炉总体形式	单锅筒立式	单锅筒纵置式	单锅筒横置式	双锅筒纵置式
代号	DL	DZ	DH	SZ
锅炉总体形式	双锅横置式	纵横锅筒式	强制循环式	
代号	SH	ZH	QX	

表 2-13　锅炉燃料代号

燃烧种类	I 类石煤	II 类石煤	III 类石煤	I 类无烟煤	II 类无烟煤	III 类无烟煤	I 类烟煤	II 类烟煤	III 类烟煤	褐煤
代号	S I	S II	S III	W I	W II	W III	A I			
燃烧种类	贫煤	木柴	稻糠	甘蔗渣	油	气	油母页岩			
代号	P	M	D	F	Y	Q	YM			

表 2-14　锅炉燃烧方式代号

燃烧方式	固定炉排	活动手摇炉排	链条炉排	往复推动炉排
代号	G	H	L	W
燃烧方式	抛煤机	倒转炉排加抛煤机	振动炉排	下饲炉排
代号	P	D	Z	X
燃烧方式	沸腾炉	半沸腾炉	室燃炉	旋风炉
代号	A	F	S	X

2.5.3　锅炉能耗计算

锅炉能耗是指锅炉在实际工作中消耗的燃料量。锅炉燃料消耗与锅炉容量（蒸发量、热水供应量）、锅炉运行效率、锅炉出口压力、出口温度等因素有关。

2.5.3.1　热水锅炉能耗计算

热水锅炉耗煤量可按式（2-45）～式（2-47）计算：

$$B = QK_3 \tag{2-45}$$

$$Q = G \cdot (i_1 - i_2) \tag{2-46}$$

$$K_3 = \frac{1}{\eta \cdot Q_{net,ar}} \tag{2-47}$$

将式（2-46）、式（2-47）代入式（2-45）可得：

$$B = G \cdot \frac{(i_1 - i_2)}{\eta \cdot Q_{net,ar}}$$（2-48）

式中，B——热水锅炉燃料量耗煤量，kg 或 m³。

　　　Q——热水锅炉供热量，kJ。

　　　$Q_{net,ar}$——燃料的低位发热值，kJ/kg 或 kJ/m³。低位发热值可以企业实际用
　　　　　　　煤的检测报告为依据；若核算锅炉标煤消耗，则可用 29 270 kJ/kg
　　　　　　　进行折算。

　　　K_3——热水锅炉耗煤量核定系数，kg/kJ 或 m³/kJ。

　　　G——热水锅炉供水量，kg。

　　　i_1——热水锅炉给水焓，出水温度乘以系数 4.186 8。

　　　i_2——热水锅炉进水焓，进水温度乘以系数 4.186 8。

　　　4.186 8——水的比热，kJ/（kg·℃）。

　　　η——锅炉热效率，%。

各类燃料的低位发热值 $Q_{net,ar}$ 见表 2-15。

表 2-15　各类燃料的低位发热值 $Q_{net,ar}$ 及标准煤折算率

燃料名称		低位发热值	单位	标准煤折算率	单位
固体燃料	焦炭	25 120～29 308	kJ/kg	0.857～1.000	kg/kg
	无烟煤	25 120～32 650		0.857～1.114	
	烟煤	20 930～33 500		0.714～1.143	
	褐煤	8 380～16 760		0.286～0.572	
	泥煤	10 870～12 570		0.371～0.429	
	石煤	4 190～8 380		0.143～0.286	
	标准煤	29 308		1.000	
液体燃料	原油	41 030～45 220	kJ/kg	1.400～1.543	kg/kg
	重油	39 360～41 030		1.343～1.400	
	柴油	46 040		1.571	
	煤油	43 110		1.471	
	汽油	43 110		1.471	
	沥青	37 690		1.286	
	焦油	29 310～37 690		1.000～1.286	

燃料名称		低位发热值	单位	标准煤折算率	单位
气体燃料	天然气	36 220	kJ/m³	1.236	kg/m³
	油田伴生气	45 460		1.551	
	矿井气	18 850		0.643	
	焦炉煤气	18 260		0.623	
	直立炉煤气	16 150		0.551	
	油煤气（热裂）	42 170		1.439	
	油煤气（催裂）	18 850～27 230		0.643～0.929	
	发生炉煤气	5 010～6 070		0.171～0.207	
	水煤气	10 050～10 870		0.343～0.371	
	两段炉水煤气	11 720～12 570		0.400～0.429	
	混合煤气	13 390～15 060		0.457～0.514	
	高炉煤气	3 520～4 190		0.120～0.143	
	转炉煤气	8 380～8 790		0.286～0.300	
	沼气	18 850		0.643	
	液化石油气（气态）	87 920～100 500		3.000～3.429	
	液化石油气（液态）	45 220～50 230	kJ/kg	1.543～1.714	kg/kg
电能		3 600	kJ/（kW·h）	0.122 9	kg/（kW·h）

[例2-12]：某企业燃煤锅炉供水量 12 t/h，热水温度为 70℃，锅炉热效率约为 80%，若该锅炉进水温度为 20℃，请核算其天然气消耗量。

解：锅炉能耗量，参考公式 $B = G \cdot \dfrac{(i_1 - i_2)}{\eta \cdot Q_{net,ar}}$，

其中 G=12 t/h，η=80%，天然气低位发热值 $Q_{net,ar}$=36 220 kJ/m³，因此该锅炉能耗量，计算如下：

$$B = G \cdot \frac{(i_1 - i_2)}{\eta \cdot Q_{net,ar}} = 12\,000 \times \frac{(70 \times 4.186\,8 - 20 \times 4.186\,8)}{0.8 \times 36\,220} = 86.70 \ (\text{m}^3/\text{h})$$

2.5.3.2　蒸汽锅炉能耗估算

蒸汽锅炉能耗与热水锅炉能耗计算方法原理相同，都是通过进水焓值与输出蒸汽焓值之差确定能耗的。计算公式如式（2-49）所示。

$$B = \frac{D_g(i_g - i_w) + D_p(i_p - i_w)}{\eta \cdot Q_{net,ar}} \times 10^{-3} \qquad (2\text{-}49)$$

式中，B——蒸汽锅炉耗煤量，t。

D_g——蒸汽锅炉蒸汽供应量，kg/h。

D_p——蒸汽锅炉排污量，kg/h。

i_g——蒸汽锅炉蒸汽焓，与出水温度、压力有关，可参考附录二。

i_w——蒸汽锅炉给水焓，进水温度乘以系数 4.186 8。

i_p——蒸汽锅炉排污水焓，排水温度乘以系数 4.186 8。

η——锅炉热效率，%。

$Q_{net,ar}$——燃煤收到基（或燃料）的低位发热值，kJ/kg 或 kJ/m³。该低位发热值可参考企业实际用煤检测报告中的数值；若核算锅炉标煤消耗，则可用 29 270 kJ/kg 进行折算。

注：锅炉燃料是燃油或燃气，需注意根据实际情况选择相应燃料的低位发热值 $Q_{net,ar}$，单位是 kJ/kg 或 kJ/m³。

2.6　无组织排放污染核算

大气污染无组织排放源是指无固定排污口大气污染源。在工作中我们遇到的大气无组织排放源众多，如露天堆放的煤炭、黏土、石灰石、油漆件表面的散失物、汽车行驶时卷带的扬尘、散状物料、汽车装料卸料的扬尘都属于无组织排放源。本节将介绍几种常用的无组织排放源核算方法。

2.6.1 露天堆场粉尘排放量

原材料以及产品露天堆放，会因风力作用产生扬尘，这是大气粉尘污染无组织排放的主要来源之一。目前，常用的露天堆场粉尘量计算公式为部分企业的经验公式，广泛用于环境影响评价、区域污染物核算等方面。本教材主要介绍目前应用较多的经验公式，读者可根据自身工作需要选择合适的经验公式核算露天堆场的粉尘排放量。

2.6.1.1 秦皇岛码头煤堆起尘量经验公式

粉尘堆场的起尘量受到风速，粉尘堆场的几何性状、水分含量等因素的影响。秦皇岛码头煤堆起尘量计算的经验公式则充分考虑了上述影响因子，具体计算公式如下。

$$Q_\mathrm{p} = 2.1k\left(u-u_0\right)^3 \cdot \mathrm{e}^{-1.023w} \cdot P \qquad (2\text{-}50)$$

式中，Q_p——煤堆扬尘排放率，kg/年；

k——经验系数，是煤含水量的函数，见表2-16；

u——煤场平均风速，m/s；

u_0——起尘风速，m/s；

w——煤的含水率，%；

P——年堆煤量，t/年。

表2-16 不同含水率下的 k 值

含水率/%	1	2	3	4	5	6	7	8	9
k	1.019	1.010	1.002	0.995	0.986	0.979	0.971	0.963	0.96

2.6.1.2 霍州电厂试验煤堆起尘量经验公式

该经验公式是清华大学研究团队在霍州电厂现场试验测定获得的。

$$Q_p = 11.7 U^{2.45} S^{0.345} \cdot e^{-0.5w} \tag{2-51}$$

式中，Q_p——煤堆起尘量强度，mg/s；

    U——地面平均风速，m/s；

    S——煤堆表面积，m²；

    w——储煤含水率，%。

2.6.1.3 风洞试验经验公式

平朔露天矿风洞试验核算的起尘量经验公式如下：

$$Q_q = 1.23 \left(U - U_0 \right)^{2.5} \cdot e^{-0.82w} \tag{2-52}$$

$$Q_p = Q_q \cdot t$$

式中，Q_q——风洞模型起尘量强度，mg/s；

    U——煤场所在地平均风速，m/s；

    U_0——煤场起尘临界风速，1.5 m/s；

    w——含水率，%；

    Q_p——风洞模型起尘量，mg；

    t——核算起尘量时间，s。

2.6.1.4 灰场起尘量经验公式

国内外学者和工程技术人员对在风蚀作用下颗粒物的输送和扩散做过许多研究，并在实践中总结了一些推算的经验公式，如 R·A 拜格尔公式，西安冶金建筑学院部分学者推导的起尘量经验公式等。该公式适用于干灰场尘、不碾压的情况，见式（2-53）。

$$Q_p = 4.23 \times 10^{-4} \cdot U^{4.9} \cdot A_p \tag{2-53}$$

式中，Q_p——起尘量，mg/s；

$\quad\quad U$——灰场平均风速，m/s；

$\quad\quad A_p$——灰场的起尘面积，m²。

启动风速大于等于 4 m/s，启动风速 $U = 1.93w + 3.02$。

2.6.2 运输扬尘

2.6.2.1 建设工地起尘量

建设工地运输起尘量与建设工地地面情况、车辆载重、车辆运行速度等因素有关，具体计算公式见式（2-54）。

$$E = P \times 0.81 \times s \times \left(\frac{V}{30}\right) \times \left[\frac{(365-w)}{365}\right] \times \left(\frac{T}{4}\right) \quad\quad (2\text{-}54)$$

式中，E——单辆车引起的工地起尘量散发因子，kg/km；

$\quad\quad P$——可扬起尘粒（直径<30 μm）比例数；石子路面为 0.62，泥土路面为 0.32；

$\quad\quad s$——表面粉矿成分百分比，12%；

$\quad\quad V$——车辆驶过工地的平均车速，km/h；

$\quad\quad w$——年中降水量大于 0.254 mm 的天数；

$\quad\quad T$——每辆车的平均轮胎数，一般取 6。

2.6.2.2 汽车道路扬尘

汽车道路扬尘量核算经验公式见式（2-55）和式（2-56）。

$$Q_i = 0.007\,9 \times V \cdot W^{0.85} \cdot P^{0.72} \quad\quad (2\text{-}55)$$

$$Q = \sum_{i=1}^{n} Q_i \qu\quad (2\text{-}56)$$

式中，Q_i——每辆汽车行驶扬尘量，kg/（km·辆）；

$\quad\quad Q$——汽车运输总扬尘量，kg；

V ——汽车速度，km/h；

W ——汽车重量，t；

P ——道路表面粉尘量，kg/m²。

2.6.3 储液罐排放量

工业企业液态原辅材料与产品储存罐因为罐体呼吸、装卸物料等过程有少量物质排放。随着人们环保意识的提高和环境保护工作的日趋严格，储液罐排放的污染物也不容忽视，如某些储液罐排放的少量 VOCs 也属于环境保护工作监管的范围。因此准确核算储液罐无组织排放量是环保工作的基础。

现有储液罐的基本罐型有固定顶罐、浮顶罐、可变蒸气空间罐和压力罐几种。固定顶罐是最普通的储液罐种，在国内应用也最为广泛，常用于加油站和石油库储存汽油和柴油。鉴于此，本教材只介绍固定储液罐无组织排放，读者可根据本罐型排放公式推导其他罐型的排放量。

典型固定罐由带有永久性附加罐顶的圆筒钢壳组成，其罐顶有锥形、圆拱顶形、平顶等不同设计。固定顶罐内一般有压力装置和排气口（真空阀），它使储罐能在极低或真空下操作，压力装置和真空阀仅在温度、压力或液面变化微小的情况下阻止蒸气释放。固定顶罐的无组织排放主要有呼吸排放和工作排放两种形式。

2.6.3.1 呼吸排放量

储罐呼吸排放量是指因为温度与大气压力变化引起储存液体蒸气膨胀和收缩引起的蒸气排出，呼吸排放认为是无干扰的自然排放方式，出现在储罐内部液面无任何变化的情况下。通常固定顶罐的呼吸排放可用下式估算其污染物的排放量。

$$G_{\mathrm{B}} = 0.191 \times M \cdot \left(\frac{P}{100\,910 - P} \right)^{0.68} \cdot D^{1.73} \cdot H^{0.51} \cdot \Delta T^{0.45} \cdot F_{\mathrm{p}} \cdot C \cdot K_{\mathrm{c}} \quad (2\text{-}57)$$

式中，G_{B} ——固定顶罐的呼吸排放量，kg/年；

M ——储罐内蒸气的分子量；

P ——在大量液体状态下，真实的蒸气压力，Pa；

D ——罐的直径，m；

H ——平均蒸气空间高度，m；

ΔT ——一天之内的平均温度差，℃；

F_p ——涂层因子（量纲一），根据油漆状况取值为 1～1.5；

C ——用于小直径罐的调节因子（量纲一）；直径在 0～9 m 的罐体，
$C = 1 - 0.012\,3 \times (D - 9)^2$；罐径大于 9 m 的 $C = 1$；

K_c ——产品因子（石油原油 K_c 取 0.65，其他的有机液体取 1.0）。

2.6.3.2 工作排放

储液罐工作排放是指装卸料产生的液态物质损失。在装料期间，罐内压力超过释放压力时使储存液体蒸气从罐内溢出；在卸料期间，空气被抽入罐体内，因抽入的空气变成有机蒸气饱和的气体出现膨胀，超过蒸气空间容纳的能力，使液体蒸气排放储罐。

固定顶罐的工作排放可由如下经验公式估算。

$$G_w = 4.188 \times 10^{-7} \times M \cdot P \cdot K_N \cdot K_c \qquad (2\text{-}58)$$

式中， G_w ——固定顶罐的工作损失，kg/m^3 投入量。

K_N ——周转因子（量纲一），取值按年周转次数（K）确定，确定原则如下：

$K \leqslant 36$，$K_N = 1$；$36 < K \leqslant 220$，$K_N = 11.467K^{-0.702\,6}$；

$K > 220$，$K_N = 0.26$。

其他的同式（2-57）。

2.6.4 挥发性有机物无组织排放核算

挥发性有机物（Volatile Organic Compounds，VOCs）是指在室温下饱和蒸气压大于 70.91 Pa，常温下沸点小于 260℃的有机化合物。VOCs 成分复杂多样，大致成分有烃类、卤代烃、氧烃和氮烃，它包括苯系物、有机氯化物、氟利昂系列、有机酮、胺、醇、醚、酯、酸和石油烃化合物等。VOCs 来源多样，大致有以下几个方面：有机溶剂、建筑装饰材料、纤维材料、办公用品等。

VOCs 能参与大气光化学反应，是形成臭氧（O_3）和细颗粒物（$PM_{2.5}$）污染的重要前体物，我国对 VOCs 的管理与控制也日益严格。VOCs 无组织的排放形式居多，本教材将重点讲解挥发性有机物的无组织散发量核算。

2.6.4.1 敞露物料散发量的估算

$$G_S = (5.38 + 4.1u) \cdot P_H \cdot F \cdot \sqrt{M} \tag{2-59}$$

式中，G_S——有害物质散发量，g/h；

u——室内风速，m/s，取污染源当地年平均风速；

F——有害物质的散露面积，m^2；

M——有害物质的分子量，g/mol；

P_H——有害物质在室温时的饱和蒸气压：$\lg P_H = \dfrac{-0.5223A}{T} + B$，mm（毫米汞柱）；

T—— 绝对温度，K；

A, B ——计算各种有机物质饱和蒸气压的经验系数，常见有机物的经验系数见表 2-17。

表 2-17　常见有机物的分子量及 A、B 值

物质名称	分子式	M	A	B
苯	C_6H_6	78	34 172	7 962
甲烷	CH_4	16	8 516	6 863
甲醇	CH_3OH	32	38 324	8 802
乙酸甲酯	CH_3COOCH_3	74	46 150	8 715
四氯化碳	CCL_4	153.8	33 914	8 004
甲苯	$C_6H_5CH_3$	92	39 198	8 330
乙酸乙酯	$CH_3COOC_2H_3$	88	51 103	9 010
乙醇	C_2H_5OH	46	23 025	7 720
乙醚	$C_2H_5OC_2H_5$	74	46 774	9 136

2.6.4.2 油漆件表面的散发量估算

（1）经验公式法

$$G_S = \frac{\alpha \cdot m \cdot n}{100} \tag{2-60}$$

式中，G_S——油漆件表面污染物质的散发量，g/h；

　　　α——油漆耗量，g/m^2；

　　　m——油漆中有机溶剂的含量，%；

　　　n——单位时间完成的工作量，m^2/h。

（2）物料衡算法

油漆通常含有机溶剂（如汽油、苯、甲苯等），其用是作为溶剂或稀释料。油漆完后的物件在自然干燥过程中，有机溶剂将从物体表面挥发散出。通过物料衡算原理，可以核算有机物的挥发量，即挥发性有机物的无组织排放量，计算公式如下：

$$G = \sum M \cdot E \tag{2-61}$$

式中，G——油漆作业点的油漆挥发量，kg/年；

　　　M——全年油漆用量，t/年；

　　　E——油漆中有机溶剂挥发量经验数据，kg/t，见表 2-18。

表 2-18　各类油漆有机溶剂挥发量

油漆代号	油漆类别	有机溶剂挥发量	
		重量/（kg/t 油漆）	体积/（m^3/t 油漆）
Y	油脂漆类	71	11
T	天然树脂漆类	311	56
F	酚醛树脂漆类	341	56
L	沥青树脂漆类	420	76
C	醇酸树脂漆类	432	81
A	氨基树脂漆类	509	131
Q	硝基树脂漆类	537	131

油漆代号	油漆类别	有机溶剂挥发量	
		重量/（kg/t 油漆）	体积/（m³/t 油漆）
G	过氯乙烯漆类	668	166
X	乙烯树脂漆类	569	245
B	丙烯酸漆类	641	163
Z	聚酯漆类	408	113
H	环氧树脂漆类	246	64
S	聚氨酯漆类	340	77
W	有机硅类漆	370	88
T	各种橡胶漆类	502	114
	各大类油漆平均数	380	35
X	硝基漆稀料（香蕉水）	1 000	243
X	其他稀料	1 000	218
	其他辅料	369	221

【课后练习】

1. 某企业燃煤锅炉第一季度燃煤用量为 2 672 t，煤硫分平均含量为 0.8%，请问该锅炉第一季度的二氧化硫产生量为多少？

2. 某企业采用多级旋风除尘去除污染物，经处理后烟尘浓度为 60 mg/m³，废气排放量为 10 m³/s，该企业每天回收烟尘量为 2 000 kg，查阅台账得知污染治理设施全天运行 20 h，请计算烟尘去除率。

3. 某企业的粉炉锅炉日耗煤量 155 t，煤挥发分 23%，低位热值为 31 320 kJ/kg，炉膛过剩空气系数为 1.4，各段漏气系数为 0.15，请问该锅炉一天的烟气产生量为多少？

4. 某工业锅炉为煤粉炉，煤炭消耗量预计为 200 万 t/a，该企业煤炭来源主要为山西大同。锅炉将安装脱硫与除尘设备，不会安装脱硝设施。脱硫采用钙法，烟尘采用"重力+湿法"除尘，请问该锅炉的二氧化硫、烟尘、氮氧化物排放量各为多少？该企业脱硫石膏产生量为多少？

5. 某采石场砂石堆场面积 200 m²，根据调查，该企业为了抑尘洒水，堆砂含水率约为 36%，该地平均风速为 2.3 m/s，请计算该企业的堆砂场的起尘量。

6. 某企业有储油罐 1 个，储罐容积 20 m³，已知该储油罐储高 2 m，直径约 3 m，油罐上空约 30 cm，通过调查得知该企业的油料平均分子量为 231，储液罐压力为 1.12 atm。根据企业提供资料，该企业储油罐年补充次数为 3 次，请计算该企业储油罐污染物的无组织排放量。

3 废水污染核算

【学习目标】

☆ 掌握给水量、回用水量、循环用水的基本计算方法;

☆ 掌握废水流量的计算方法;

☆ 熟悉污水处理方法与处理效率的计算。

水是工业生产与居民生活的重要资源,不可或缺。在环境保护工作中,废水污染物也是以溶解或悬浮于废水中的形式排放到水环境的,因此掌握水污染物核算对于环境保护工作非常重要。

3.1 工业用水量核算

3.1.1 工业用水及取水源

工业用水按用途可分为生产用水与生活用水。生产用水是指直接用于工业生产的水,包括间接冷却水、工艺用水、锅炉用水。生活用水是指厂区和车间内职工生活用水及其他用途的杂用水。

工业生产过程所用全部淡水(或包括部分海水)的引取来源,称为工业用水水源。工业用水水源有地表水、地下水、自来水、城市污水回用水、海水等。

以上各类水之间的关系见图 3-1。

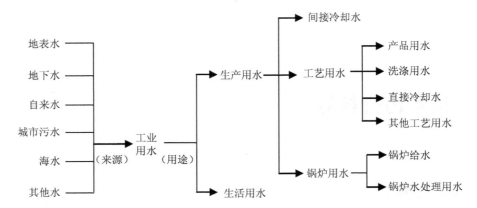

图 3-1　工业用水的水源分类与用途分类示意图

3.1.2　工业用水量

3.1.2.1　工业用水量

工业用水量是指工业企业完成全部生产过程所需要的各种水量的总和，包括间接冷却水用水量、工艺水用水量、锅炉用水量和生活用水量，用 Y 表示，可用式（3-1）计算。

$$Y = Y_{冷} + Y_{工} + Y_{锅} + Y_{生活} \tag{3-1}$$

式中，$Y_{冷}$——间接冷却水用水量，生产过程中用于间接冷却目的而进入各冷却设备的总水量；

$Y_{工}$——工艺水用水量，生产过程中用于生产工艺过程进入各工艺设备的总水量；

$Y_{锅}$——锅炉用水量，进入锅炉本身和锅炉水处理系统的总用水量；

$Y_{生活}$——生活用水量，是指厂区和车间职工生活用水（包括各种杂用水）的总水量。

3.1.2.2　工业取水量

工业取水量是指为了保证工业生产正常进行，实际从各种水源引取的新鲜水量，用符号 Q 表示。工业企业总取水量包括生产取水量与生活取水量两部分，其中生产取水量包括冷却用水取水量、工艺取水量、锅炉取水量，见式（3-2）。

$$Q = Q_{生活} + Q_{冷} + Q_{工} + Q_{锅} \qquad (3\text{-}2)$$

式中，$Q_{生活}$——厂区和车间职工生活用水（包括各种杂用水）的新鲜取水量；

$\quad\quad$ $Q_{冷}$——间接冷却水取水量，间接冷却循环系统（或设备）补充的新鲜水总量；

$\quad\quad$ $Q_{工}$——工艺水取水量，工艺过程（包括制造产品、洗涤处理、直接冷却及其他工艺过程）补充的新鲜水总水量；

$\quad\quad$ $Q_{锅}$——锅炉取水量，为锅炉给水和锅炉水处理补充的新鲜水总水量。

3.1.2.3　耗水量

耗水量为生产过程中，由蒸发、飞散、渗漏、风吹、污泥带走等途径直接消耗的各种水量和直接进入产品中的水量及职工生活饮用水水量的总和，用 H 表示，见式（3-3）。

$$H = H_{冷} + H_{工} + H_{锅} + H_{生活} \qquad (3\text{-}3)$$

式中，$H_{冷}$——间接冷却水耗水量，间接冷却水由蒸发、飞散、渗漏等途径消耗的水量；

$\quad\quad$ $H_{工}$——工艺水耗水量，工艺过程中，进入产品及蒸发、渗漏等途径消耗的水量；

$\quad\quad$ $H_{锅}$——锅炉耗水量，锅炉本身与锅炉水处理系统消耗的总水量；

$\quad\quad$ $H_{生活}$——生活耗水量，厂区和车间职工生活用水中饮用、消防、绿化等过程消耗的总水量。

3.1.2.4　重复用水量

工业企业重复用水量是指在企业内部，对生产和生活排放的废水直接或经过处理后回收再利用的水量，不包括企业从城市污水处理厂购买的中水或符合企业用水标准的水。重复用水量不包括河湖海冷却水用量，用符号 C 表示，见式（3-4）。

$$C = C_{冷} + C_{工} + C_{锅} + C_{生活} \tag{3-4}$$

式中，$C_{冷}$——间接冷却水循环量，从间接冷却设备中流出又返回冷却设备中使用的那部分循环利用水量；

$\qquad$ $C_{工}$—— 工艺水回用量，一个设备中流出被本设备或其他设备回收利用的那部分水量；

$\qquad$ $C_{锅}$——锅炉回用水量，锅炉本身和锅炉水处理用水的回收利用水量；

$\qquad$ $C_{生活}$—— 生活用水重复利用水量，生活用水中重复利用的那部分水量。

在确定重复用水量时，应注意以下三个原则：

第一，开放原则。即水的循环在开放系统进行（及最终有废水排放的系统），循环一次计算一次，封闭式循环系统的循环水不计算重复用水量。

第二，"源头"计算原则。对循环水来说，使用后的水，又回流到系统的取水源头，流经源头一次，计算一次，循环系统中的中间环节用水不用计算重复用水量。

第三，异地原则。对于非循环系统，根据不同工艺对不同水质的要求，在一个点（工艺段）使用过的水，在另一个点（工艺段）中又使用计作重复用水量，且使用一次计算一次。

经过净化处理后的水重复再用，在任何情况下都应计入重复量。

3.1.3　水量平衡

3.1.3.1　用水平衡

工业企业用水量平衡如图 3-2 所示。

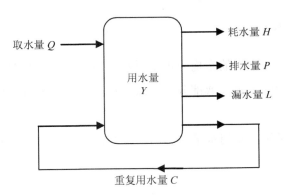

图 3-2　几种水量平衡示意图

从图 3-2 中可以总结出各类水量平衡见式（3-5）～式（3-7）。

$$Y = Q + C \qquad\qquad (3\text{-}5)$$

式中，Y——用水量，计算见式（3-1）；

　　　Q——取水量，取 $Q = H + P$；

　　　P——排水量，是指在完成全部生产过程（或为生活使用）之后最终排出生产（或生活）系统之外的总水量，读者可参考 3.2 节；

　　　C——重复用水量，见 3.1.1.4 部分。

式（3-5）可简化为式（3-6）：

$$Y = H + P + C \qquad\qquad (3\text{-}6)$$

如果生产系统中存在漏水量，则取水量 $Q = H + P + L$。

则用水量计算式（3-5）调整为式（3-7）。

$$Y = H + P + L + C \qquad (3-7)$$

式中，L——漏水量，是企业输水系统和用水设备（包括地上管道、设备、地下管道、阀门等）所漏流的水量之和，这部分水量包括在企业取水量之内。

3.1.3.2　重复用水率

循环使用和循序使用的水均为重复用水。循环给水系统中使用后的水经过处理后重新回用，因此不再（或部分）排放，在循环过程中所消耗水量可以通过新鲜水加以补充。

重复用水率是指重复用水量占总用水量的百分比，计算方法见式（3-8）和式（3-9）。

$$R = \frac{C}{Y} \times 100\% \qquad (3-8)$$

或

$$R = \frac{C}{Q + C} \times 100\% \qquad (3-9)$$

读者可根据实际情况将式（3-8）中的用水总量替换，本教材不再赘述。

［例 3-1］：某企业给水情况如图 3-3 所示，其中 A、B、C 3 个工序串联使用水，日耗新鲜用水 100 t；D 工序日耗新鲜用水 300 t；E 日用水量 1 400 t，每日补充新鲜用水 200 t，其余为循环用水。请核算该企业每日工业用水总量和重复用水量。

解：（1）重复用水量主要来自 B、C、E 3 个生产工序，重复用水水量为：

100+100+1 200=1 400（t/d）

（2）企业日耗水量为 A、B、C、D、E 5 个生产环节的用水总量，计算如下：

100+100+100+300+1 400=2 000（t/d）

（3）企业重复用水率为：

$$R = \frac{C}{Y} \times 100\% = \frac{1\,400}{2\,000} \times 100\% = 70\%$$

企业的重复用水率为 70%。

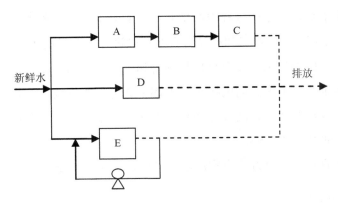

图 3-3　企业用水流程图

3.2　工业排水量计算

生产与生活过程部分水可以通过重复利用达到减少新鲜取水总量的目的，但是当水资源在使用过程中失去原有使用价值，则需要治理后排放，这部分水量称为废水排放量。

废水排放系统分合流制与分流制两类。合流与分流是指雨水、废水（工业废水与生活污水）排放是否混合。

目前多数企业与工厂采用分流制排放污水。厂区生活污水排放到市政管网中，并进入城市污水处理厂处理达标后再排放到地表水环境；而工业废水经过企业处理后排放到地表水或城市污水处理管网；雨水通常是直接排放到地表水中。

合流制通常是废水（生活污水、工业废水）与雨水合流，这种排水方式要求排水系统具有很好的抗水力负荷冲击的能力。某些工业废水的可生化性质较差，无法直接采用生物化学方法处理时，企业也会将生活污水与工业废水混合排放到污水处理设施，但这是为了提高水处理的效果。

3.2.1 工业废水排放量

工业废水是指在生产过程中产生并排放的废水，包括各类工艺生产废水、洗涤水、直接冷却水（与物料和产品有直接接触进行热交换的水）、矿井水等。值得注意的是，间接冷却水（没有直接与物料和产品接触的冷却水）不能算作工业废水，目前各企业对于多数的间接冷却水都不会再直接排放，而是作为循环用水重复使用。但少数企业会将间接冷却水与直接冷却水混合，若有这种情况间接冷却水也属于工业废水的范畴。

废水排放量的计算方法有实测法、经验法、水平衡法。

3.2.1.1 实测法

实测法是通过废水排放口的流速仪、流量仪、浮标、插板等设备对废水流量进行核算的方法，通过废水排放流速与排放时间，再根据废水排放沟渠管道横截面积可以测算出废水排放量。基本的计算公式见式（3-10）。

$$Q = v \cdot S \cdot t \qquad (3\text{-}10)$$

式中，Q——废水流量，m^3/s；

v——废水排放流速，m/s；

S——排放沟渠横截面积，m^2；

t——废水排放时间，s。

3.2.1.2 经验法

经验法根据用水量与排水量的对应关系来核算废水排放量，经过工艺过程消耗后，废水排放量会比新鲜用水量略有减少，计算公式见式（3-11）。

$$Q_P = K \cdot Q_X \qquad (3\text{-}11)$$

式中，Q_P——废水排放量，m^3/年；

$\quad\quad K$——排水系数，即排水量与用水量的比值，工业类型不同排水系数也不

$\quad\quad\quad$同，取值范围一般在 0.6～0.9，生活污水一般取 0.8；

$\quad\quad Q_X$——新鲜用水量，m^3/年。

另一类经验系数则是排污系数法，即经过大量实验与监测数据总结出来的单位产品的废水产生量与废水排放量，具体计算公式如下。

$$Q_P = K_c \cdot W_{cp} \tag{3-12}$$

式中，Q_P——废水排放量，m^3/年；

$\quad\quad K_c$——单位产品排放系数，即排水量与单位产品的比值，t/t 产品；

$\quad\quad W_{cp}$——产品产量，t/年。

从以上公式不难看出，经验公式计算方便简单，给环境保护工作带来了很大的便利，但对经验系数的准确性与权威性要求很高。随着工艺的不断发展，经验系数的更新与升级往往跟不上具体工业行业的发展，因此经验系数法具有一定的局限性。

3.2.1.3　水平衡法

水平衡法是通过产出与排放平衡的原理核算废水排放量的方法。其核算方法见式（3-13）。

$$Q_P = Q_X - Q_G - Q_C - Q_Z - Q_L \tag{3-13}$$

式中，Q_P——废水排放量，m^3/s；

$\quad\quad Q_X$——新鲜取水量，m^3/s；

$\quad\quad Q_C$——产品带走水量，m^3/s；

$\quad\quad Q_Z$——工艺流程蒸发水量，m^3/s；

$\quad\quad Q_L$——工艺过程水流失量，m^3/s。

水平衡法理论上可以准确地核算出废水排放量，但核算限制因素比较多：核算必须对具体工业的工艺条件、设备条件、具体企业的设备情况、运行管理情况

非常熟悉，因此在实际工作中，水平衡法在具体的工业工艺上应用并不广泛，该方法经常用于冷却水等较为简单的水平衡计算。

在实际工作中，读者可以根据对企业具体情况的把握选择合适的废水排放量核算方法。

3.2.2 废水流量核算

3.2.2.1 流速仪法

流速仪法是流速仪测定水流速度，并由流速与断面面积的乘积来计算流量的方法。其适用于水深不低于 10 cm，流速不小于 0.05 m/s 的排水渠，在观察流速仪数据时，要注意避免废水中纤维对流速仪桨叶缠绕造成数据失实。

$$Q_p = v \cdot S \tag{3-14}$$

式中，Q_p——废水排放量，m^3/s；

v——废水流速，m/s；

S——过水断面面积，m^2。

若过水断面不规范，或者排水渠道断面面积有多处变化，可以测定排水沟渠若干断面排水面积，通过加权平均求得平均过水面积，再通过上述公式核算废水流量。

3.2.2.2 容量法

废水流量较小的情况下，流量计测定数据可能不准确或根本无法测定，可选用容量法进行测定。容量法是指在规定时间内，通过容器接受废水流量，然后核算废水单位时间排放量的方法。在测算废水流量较小的情况，该方法具有很好的实用性，具体计算公式如下。

$$Q_p = 3\,600 \times \frac{V}{t} \tag{3-15}$$

式中，Q_p——废水排放量，m^3/h；

　　　V——测定时间内，容积截留的废水量，m^3；

　　　t——测定时间，s；

　　　3 600——单位换算，1 h=3 600 s。

不少企业因为产品或原料的局限性有淡季和旺季，在环境监察工作中应结合其他凭证，仔细考核企业排放废水量是否真实可靠，因为若企业存在偷排的情况，排污口测定的数据往往也不准确。

3.2.2.3　明渠与无压管道流量测定

无压管道是指废水在沟渠或管道中常压流动，同时所有的过水断面面积、管道与沟渠各处的平均流速、管道水深等不变化的排水管道。在不受下游跌水、管道弯直、用水等影响下，无压排水管道过水面积示意图见图3-4。

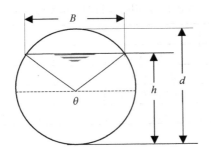

图3-4　无压均匀流的过水断面

规范的企业废水排放沟渠可近似为无压管道，计算公式如下。

$$Q_p = k \cdot S \cdot \sqrt{r \cdot i} \quad (3\text{-}16)$$

式中，Q_p——废水流量，m^3/s；

　　　k——系数，可由式（3-17）计算获得：

$$k = \frac{1}{n} r^y \quad (3\text{-}17)$$

n——粗糙系数，与排水管渠的类别与壁面性质有关，见表3-1；

y——指数，与粗糙系数 n 与水力半径 r 有关，一般 $y = \dfrac{1}{6}$，也可以通过式

（3-18）计算：

$$y = 2.5\sqrt{n} - 0.13 - 0.75\sqrt{r}\left(\sqrt{n} - 0.1\right) \qquad (3\text{-}18)$$

式中，S——管渠断面面积，m^2；

i——水力坡度；

r——排水管渠水力半径，m；水力半径可通过式（3-19）计算获得：

$$r = \frac{d}{4}\left(1 - \frac{\sin\theta}{\theta}\right) \qquad (3\text{-}19)$$

表3-1　常用管渠材料粗糙系数 n 值

管渠材料	n	管渠材料	n
铸铁管、陶土管	0.013	浆砌砖渠道	0.015
混凝土管、钢筋混凝土管	0.013～0.014	浆砌块石渠道	0.017
水泥砂浆抹面渠道	0.013～0.014	干砌块石渠道	0.020～0.025
石棉水泥管、钢管	0.012	土明渠（带或不带草皮）	0.025～0.030

无压管渠内的水流通常不是规则的圆形，计算排水流量需了解充满度以及相对流量。

充满度计算如式（3-20）所示：

$$\alpha = \frac{h}{d} \qquad (3\text{-}20)$$

式中，α——管道充满度，即排放废水充满管道的比例；

h——管道水深，m，见图3-4；

d——管道直径，m。

相对流量是指管道没有被废水填满，管道水深为 h 时的流量 Q 与管道被废水

填满时的流量 Q_0 的比值，可用 β 表示。

$$\beta = \frac{Q}{Q_0} \qquad (3\text{-}21)$$

因此对于任意水深为 h 时的废水流量 Q 可用式（3-22）和式（3-23）计算：

$$Q = \beta \cdot Q_0 = \beta \cdot K_0 \cdot S_0 \cdot \sqrt{r_0 \cdot i} \qquad (3\text{-}22)$$

$$Q = \beta \cdot K_0 \cdot \sqrt{i} \qquad (3\text{-}23)$$

式中，Q——任意水深 h 时的废水流量，m^3/s。

$$Q_0 = \beta \cdot K_0 \cdot S_0 \cdot \sqrt{r_0 \cdot i} \qquad (3\text{-}24)$$

式中，K_0——管道完全充水时的特性流量，$K_0 = C_0 \cdot S_0 \cdot \sqrt{R_0}$；

β——相对流量，与管道的充满度有关，见式（3-21）。

3.2.2.4　量水堰测定流量法

量水堰测定流量是利用一定几何形状的插板，拦住水流形成溢流堰，测量插板前后的水头和水位，从而计算流量。常用的量水堰法主要为薄壁板法，如薄壁三角堰法、薄壁梯形堰法、薄壁矩形堰法。

（1）薄壁三角堰法

薄壁三角堰法是最比较实用的测流设备，其堰口形状为等腰三角形，如图 3-5 所示。当上游液位 H 变化时，堰口液流的宽度 b 也同时随着变化，计算公式为式（3-25）。

$$Q = \frac{8}{15}\mu \cdot \mathrm{tg}\frac{\theta}{2} \cdot \sqrt{2g} \cdot H^{\frac{5}{2}} \qquad (3\text{-}25)$$

式中，Q——过堰废水流量，m^3/s；

μ——流量系数，约为 0.6；

θ——堰口夹角，（°）；

g——重力加速度，$9.8\ m/s^2$；

H ——堰口几何水头，m，见图 3-5。

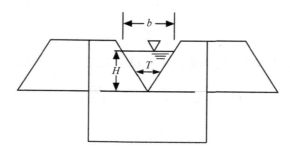

图 3-5　薄壁三角堰示意图

薄壁三角堰适用于水头 $0.05 \leqslant H \leqslant 0.35$，流量 $Q \leqslant 0.1$ m³/s 的废水测定，使用方法简单，因此应用较为广泛。

①薄壁三角堰的夹角 θ 为 90°称为直角三角堰。

水头高度 H 为 0.02～0.2 m 时，直角三角堰的流量计算可以简化为：

$$Q = 1.42H^{\frac{5}{2}} \tag{3-26}$$

水头高度 H 为 0.201～0.30 m 时，直角三角堰的流量计算可以简化为：

$$Q = \frac{1}{2}\left(1.41H^{\frac{5}{2}} + 1.343H^{2.47}\right) \tag{3-27}$$

水头高度 H 为 0.301～0.35 m 时，直角三角堰的流量计算可以简化为：

$$Q = 1.343H^{2.47} \tag{3-28}$$

②夹角 θ =120°时，薄壁三角堰流量核算公式可以简化为：

$$Q = 2.44H^{\frac{5}{2}} \tag{3-29}$$

③夹角 θ =60°时，薄壁三角堰流量核算公式可以简化为：

$$Q = 0.814H^{\frac{5}{2}} \tag{3-30}$$

直角三角堰目前应用最为广泛，流量结果已有计算列表供查询，见附录三。

（2）薄壁梯形堰法

堰溢流口形状为梯形称为梯形堰，如图 3-6 所示。它适用于明渠流流量的测定。通常用于过堰水头 $0.02 \leqslant H \leqslant 0.4$ m、流量 $5.28 \leqslant Q \leqslant 496.33$ m³/s 的明渠。

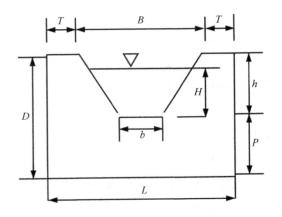

图 3-6 薄壁梯形堰示意图

梯形堰梯形尺寸不同，适宜测定的水流流量也有差异，常用的梯形堰结构尺寸见表 3-2。

表 3-2 常用薄壁梯形堰尺寸及其流量测定范围 单位：cm

堰口宽 b	B	H_{max}	h	T	P	D	L	测流范围/（L/s）
25	31.6	8.3	13.3	8.3	8.3	26.6	64.2	2～12
50	60.8	16.6	21.0	16.6	16.6	43.2	110.0	10～63
75	90.0	25.0	30.0	25.0	25.0	60.0	156.0	30～178
100	119.1	33.3	38.3	33.3	33.3	76.6	201.7	61～365
125	148.3	41.6	46.6	41.6	41.6	93.2	247.5	102～640
150	177.3	50.0	55.0	50.0	50.0	110.0	293.5	165～1 009

薄壁梯形堰流量计算公式见式（3-31）。

$$Q = 1.86 \cdot B \cdot H^{\frac{2}{3}} \tag{3-31}$$

式中，Q——过堰流量，m^3/s；

$\quad\quad B$——堰口宽度，m；

$\quad\quad H$——过堰水头，m；

$\quad\quad$ 1.86——堰流量系数，水流速度大于 0.3 m/s，取 1.90。

梯形堰与三角堰一样也属于一种常用的测流堰，表 3-2 是常用梯形堰尺寸及其流量测定范围表。

（3）薄壁矩形堰法

测流溢流口呈现矩形的堰称为矩形堰。矩形堰堰流情况相对三角堰与梯形堰复杂，矩形堰上游行近流速、水头损失等因素都会影响测定准确性，因此在实际的应用中，矩形堰并不如三角堰与梯形堰广泛。矩形堰流量计算公式如下。

$$Q = M_d \cdot b \cdot \sqrt{2g} \cdot H^{\frac{3}{2}} \tag{3-32}$$

式中，Q——过堰废水流量，m^3/s；

$\quad\quad b$——堰口宽度，m；

$\quad\quad H$——堰的几何水头，m；

$\quad\quad g$——重力加速度，9.8 m/s^2；

$\quad\quad M_d$——水流收缩、水头损失、行近流速的堰流流量系数，经验公式如下：

$$M_d = \left[1 + 0.55\left(\frac{b}{B}\right)^2 \cdot \left(\frac{H}{H+P}\right)^2\right] \cdot \left(0.405 + \frac{0.002\,7}{H} - 0.03\frac{B-b}{B}\right) \tag{3-33}$$

式中，B——堰道宽度，m；

$\quad\quad P$——堰上游的堰槛宽度，m。

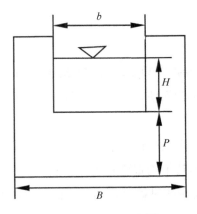

图 3-7　矩形堰示意图

应用薄壁堰测量废水流量应注意以下事项：

①测水堰应在渠道平整、水流呈直线流动的直段内，直段渠道的长度应大于堰上最大水头的 5 倍。堰板应垂直设置，保证堰口中心与上流水流尽可能一致，周围没有渗漏，若有渗漏，堰板周围最好用麻丝堵死，但不能用砖头或土石，避免影响水流，影响精度。

②水舌下保证空气的自由通路，堰下游水位应低于堰上游水位，无雍水现象。

③测量过堰水深 H 时，应在堰口上游大于 3H 外测量。

④在土明渠里不应设置量水堰，废水流量大于 150 L/s，也不宜在排水渠内安置堰板。

[例 3-2]：某地区环保局检查化工厂，用直角三角堰测定废水流量，测得过堰水头 H=0.30 m，请估算该化工厂的废水流量。

解：H=0.30，选用式（3-27），将过堰水头 H=0.3 代入公式得到：

$$Q = \frac{1}{2} \times \left(1.41 \times 0.3^{\frac{5}{2}} + 1.343 \times 0.3^{2.47} \right) \times 3\,600 = 248.66\,(\text{m}^3/\text{h})$$

答：该企业的废水排放量为 248.66 m³/h。

3.2.2.5 浮标法

浮标法是根据观测浮标漂移速度、测量水道横断面，以此来推估断面流量的测算方法。浮标测流法比较简便，但精确度较差，一般在无其他测量条件的情况下才采用。

测定流速时，首先选择一段底壁平滑、长度不小于 10 m，并有一定液面高度的无弯曲段，经疏通后测其平均宽度和水深。然后取一漂浮物放入流动废水中，在无外力影响下，使漂流物流过被测距离，并记录流过时间（以 s 计）。这样重复测定 10 次，取平均值即得平均流速。测算公式为式（3-34）。

$$\overline{V} = \frac{V_1 + V_2 + \cdots + V_{10}}{10} \tag{3-34}$$

通过平均流速计算废水流量废水流量，见式（3-35）。

$$Q = 0.7\overline{V} \cdot S \tag{3-35}$$

式中，Q——废水流量，m^3/s；

$\overline{V}$——中泓线平均流速，m/s；

S——过水断面面积，m^2。

3.3 废水处理指标计算

3.3.1 废水污染物计算

《污水综合排放标准》（GB 8978—1996）中按污染物的性质及控制要求将污染物分为两类：第一类污染物、第二类污染物。

第一类污染物，不分行业和污水排放方式，也不分受纳水体的功能类别，一律在车间口或车间处理设施排放口采样，其最高允许排放浓度必须达到标准要求（采矿行业尾矿坝出口水不得视为车间排放口）。第一类污染物的允许排放限值见表 3-3。

表 3-3 第一类污染物最高允许排放浓度

序号	污染物	最高允许排放浓度/（mg/L）
1	总汞	0.05
2	烷基汞	不得检出
3	总镉	0.1
4	总铬	1.5
5	六价铬	0.5
6	总砷	0.5
7	总铅	1.0
8	总镍	1.0
9	苯并[a]芘	0.000 03
10	总铍	0.005
11	总银	0.5
12	总α放射性	1 Bq/L
13	总β放射性	10 Bq/L

第二类污染物，在单位排放口采样，其最高允许排放浓度必须达到本标准要求。

水污染物核算方法包括实测法、物料衡算法、系数法。

实测法基本计算公式在第 1 章中已经作了详细介绍，读者可查阅 1.3 节。

产排污系数法需通过不同的污染源行业确定，居民生活以及第三产业、工业生产废水污染物的产生规律是不同的。一般而言，生活污染源产生的污染物以有机物为主，而工业企业需要根据工业行业类别才能确定具体污染物类型。不同类型污染源的污染物产排系数使用方法，读者可以参考本教材第 5 章、第 7 章、第 8 章、第 9 章，本章不再赘述。

3.3.2 废水净化措施简介

根据废水净化原理，可以将废水净化分为物理方法、化学方法、生物方法三大类。污废水处理中常根据具体废水性质选择不同的废水处理方法和工艺，达到降低污染水平的目的。

3.3.2.1　物理法

物理法主要去除水中的不溶性污染物，如颗粒物、油脂类污染。处理原理以过滤、沉淀、上浮等为主，主要的设备与工艺有格栅、筛网、沉淀（沉砂）池、过滤、微滤、气浮、离心（旋流）分离等。物理方法通常运行简单，价格低廉，广泛应用于工业废水、生活污水的处理。

（1）格栅（筛网）

它是由一组平行排列的金属栅条制成的框架，斜置成 60°～70°于废水流经的渠道内，当废水流过时，废水中较大的漂浮物被格栅栅条截留而从废水中去除。格栅去除较大的悬浮物可以起到保护后续水处理设备（如污水提升泵）的作用。因此格栅经常放置于水处理设备的最前端。筛网亦属于这一性质的设备，但筛网的网格相对细密，通常用来拦截细小纤维类的污染物。

（2）沉淀（沉砂）

通过重力作用使废水中悬浮颗粒物与水分离的方法，称为沉淀，这种方法简单易行，应用广泛。沉淀法主要去除的是水中比重较大的固体颗粒，可以用在水处理的前段，也可以用于水处理的后段。

（3）气浮

气浮是通过各种方法产生的大量密集细微气泡，使其与微小悬浮物互相黏附，形成密度小于水的浮体，依靠浮力上升至水面，以完成固、液分离的处理方法。气浮方法广泛应用于乳化油脂、悬浮物分离等污染物处理过程中。

3.3.2.2　化学法

化学法是通过化学反应，使水中溶解性或胶体状态的污染物性状改变，再通过沉淀、过滤等方法去除的过程。化学方法对水中的溶解性污染物有很好的处理作用，在工业废水的处理中被广泛应用，同时也广泛应用于给水处理。经常用到的化学方法有中和、混凝、沉淀、氧化还原、吸附、离子交换、膜分离等。

（1）中和法

用化学方法中和废水中过量的酸或碱，使其 pH 达到中性左右的过程称为中和。中和法是处理酸碱废水的重要方法，碱性废水采用酸性试剂进行中和，酸性废水采用碱性试剂进行中和。

（2）混凝处理法

混凝法是向废水中投加一定量的药剂，经过脱稳、架桥等反应过程，使废水呈胶体状态的污染物质形成絮凝体（矾花），再经过沉淀或气浮，使污染物从废水中分离出来的水处理工艺。混凝能够降低废水的浊度、色度，去除高分子物质、呈胶体的有机污染物、某些重金属毒物（汞、镉）和放射性物质等，也可去除磷等可溶性有机物，应用十分广泛。它可以作为独立处理方法，也可以和其他处理方法配合，用于预处理、中间处理，甚至深度处理工艺。

（3）化学沉淀法

向废水中投加化学物质，与废水中污染物发生反应并生成难溶沉淀，从而去除污染的方法称为化学沉淀法，它常用于处理含重金属离子的工业废水。根据所投加的沉淀剂，化学沉淀法又可分为氢氧化物沉淀法、硫化物沉淀法、钡盐沉淀法等。

（4）氧化还原法

氧化还原法是指向污废水中投加氧化剂和还原剂，氧化或还原废水中的某些污染物，使这些污染物分解为无毒、无害物质或从水中分离出来的方法。在废水处理中使用的氧化剂有氧、纯氧、臭氧、氯气、次氯酸钠、三氯化铁等，使用的还原剂有铁、锌、锡、锰、亚硫酸氢钠、焦亚硫酸盐等。

（5）吸附法

吸附法是指用多孔性吸附剂吸附废水中污染物质，使其与水分离的水处理方法。吸附可分为物理吸附、化学吸附和生物吸附等。物理吸附剂和吸附质之间吸附力为分子间力，不产生化学变化。而化学吸附则是吸附剂和吸附质之间发生化学反应，生成化学键引起的吸附，因此化学吸附选择性较强。在废水处理中常用的吸附剂有活性炭、磺化煤、沸石、硅藻土、焦炭、木屑等。

（6）离子交换法

离子交换法在废水处理中应用较广，主要用于去除废水中的金属离子，其原理是不溶性离子化合物（离子交换剂）上的可交换离子与废水中的其他同性离子的交换反应，是一种特殊的吸附过程。使用的离子交换剂可分为无机离子交换剂（天然沸石和合成沸石）、有机离子交换树脂（强酸阳离子树脂、弱酸阳离子树脂、强碱阴离子树脂、螯合树脂等）。采用离子交换法处理废水时，必须考虑树脂的选择性，因为树脂对各种离子的交换能力是不同的，这主要取决于各种离子对该种树脂亲和力的大小，又称选择性的大小，另外还要考虑到树脂的再生等因素。

（7）膜分离法

渗析、电渗析、超滤、反渗透等技术都是通过一种特殊的半渗透膜来分离废水中离子和分子的技术，统称为膜分离法。电渗析法、反渗透法主要用于废水脱盐、回收金属离子等，反渗透与超滤均属于膜分离法，但其本质又有所不同。反渗透主要是膜表面化学本性所起的作用，它分离的物质粒径小，除盐率高，所需工作压力大，超滤所用材质和反渗透可以相同，但超滤是筛滤作用，分离物质粒径大，透水率高，除盐率低，工作压力小。

（8）萃取法

利用废水中污染物在水和萃取剂中溶解度不同来分离污染物的方法称为萃取法。萃取法一般有三步：一是把萃取剂加入废水中，使废水中的污染物转移到萃取剂中；二是把萃取剂和废水分开，使废水得到净化；三是把污染物与萃取剂分开，使萃取剂循环回用。

3.3.2.3　生物法

利用微生物或生态系统的新陈代谢过程处理水中污染物的方法称为生物法，生物处理法主要用于去除废水中呈溶解状态和胶体状态的有机污染物。通常削减的污染物指标为 COD_{Cr}、BOD_5、氨氮、总磷等。

根据作用微生物的类型，生物处理法可分为好氧处理法和厌氧处理法两大类。

好氧生物处理法是利用好氧微生物在有溶解氧的条件下，通过自身新陈代谢降解水中污染物的过程。好氧生物处理效率高，使用广泛，是生物处理的主要方法，广泛应用于生活污水，有机工业废水的处理。好氧生物处理法根据微生物在水中的生长状态不同可分为活性污泥法与生物膜法两类。活性污泥法的微生物呈悬浮生长状态，生物膜法中微生物呈附着生长状态。

（1）活性污泥法

活性污泥是一种由无数细菌和其他微生物组成的絮凝体，其表面有一多糖类黏质层。活性污泥法就是利用这种活性污泥的吸附和氧化作用去除废水中的有机污染物，是当前应用最为广泛的一种生物处理技术。

（2）生物膜法

废水连续流经固体填料（碎石、塑料填料等），在填料上就会生成污泥状的生物膜，生物膜中繁殖着大量的微生物，起到与活性污泥同样的净化废水的作用。

生物膜法有多种处理构筑物，如生物滤池、生物转盘、生物接触氧化床和生物流化床等。

（3）自然生物处理法

自然生物处理法是利用在自然条件下生长、繁殖的微生物与植物（不加以人工强化或略加强化）处理废水的技术。其主要特征是工艺简单，建设与运行费用较低，但易受自然条件的制约，常用的自然生物处理法有人工湿地、生物塘、土地处理等。

（4）厌氧生物处理法

厌氧生物处理是利用兼性厌氧菌和专性厌氧菌在无氧条件下降解有机污染物的水处理技术。常用于处理有机污泥、含高浓度有机污染物废水、有机物浓度较高但可生化性较低的废水，如屠宰场、造纸厂等行业的工业废水。常见的厌氧生物处理构筑物有厌氧滤池、上流式厌氧污泥床、厌氧转盘、挡板式厌氧反应器以及复合厌氧反应器等。

3.3.3　废水净化指标计算

3.3.3.1　废水处理率

工业企业中并不是所有废水都需要进行处理，如间接冷却水和雨水可以直接排放或者循环再用。因此工业废水处理率计算可参考式（3-36）。

$$工业废水处理率 = \frac{工业企业处理废水量}{需处理的工业废水量} \times 100\% \tag{3-36}$$

工业废水处理率可以总结为式（3-37）：

$$K = \frac{W_{处理}}{W_{需要处理}} \times 100\% \tag{3-37}$$

式中，K——工业废水处理率，%；

　　　$W_{处理}$——工业废水处理量，t；

　　　$W_{需要处理}$——需要处理的工业废水量，t。

3.3.3.2　废水达标排放率

废水达标排放率是指工业废水处理达标排放的量占工业废水排放总量的百分比，即

$$工业废水达标排放率 = \frac{工业废水达标排放量}{工业废水处理量} \times 100\% \tag{3-38}$$

3.3.3.3　废水污染物去除率

经过废水处理设施后，废水中污染物的含量会有一定程度的下降。废水中去除的污染物占污染物总量的百分比即为废水污染物去除率（削减率），它是废水处理中非常重要的指标。

污染物去除率（削减率）是评价企业末端治理设备运行效果的重要依据，也是评价企业是否执行环境保护制度与法规的重要参考。污染物去除率的计算可以

参考式（3-39）。

$$\eta = \frac{C_{进} \cdot Q_{进} - C_{排} \cdot Q_{排}}{C_{进} \cdot Q_{进}} \times 100\% \qquad （3\text{-}39）$$

式中，η——废水污染物处理率，%；

$C_{进}$、$C_{排}$——进出口的污染物浓度，mg/L；

$Q_{进}$、$Q_{排}$——废水处理设备进出口的废水流量，m^3/s。

废水处理设备与废气处理设备不同，进出口的废水流量变化不大，通常不会超过5%，因此为了便于计算，进出口的废水流量可以近似认为相等，即 $Q_{进} = Q_{排}$，上述式（3-39）可简化为式（3-40）。

$$\eta = \frac{C_{进} - C_{排}}{C_{进}} \times 100\% \qquad （3\text{-}40）$$

3.3.3.4　污染物的削减量

污染物削减量是指经废水处理设施（处理厂）处理后，废水中污染物被去除的量，见式（3-41）。

$$G_{削减} = G_{处理前} - G_{处理后} \qquad （3\text{-}41）$$

式中，$G_{削减}$——污染物削减量，t；

$G_{处理前}$——处理前污染物的量，t；

$G_{处理后}$——处理后污染物的量，t。

污染物量可通过根据式（1-3）$G = C_i \times Q_i \times 10^{-6}$ 计算，将式（1-3）、式（3-40）代入式（3-41），因此污染物削减量也可通过式（3-42）计算。

$$G_{削减} = G_{处理前} \times \eta \qquad （3\text{-}42）$$

[例3-3]：污水处理厂日处理废水量20万t，在线监测污水处理厂进口 COD_{Cr} 平均浓度为 220 mg/L，出口 COD_{Cr} 为 50 mg/L，请核算该企业的 COD_{Cr} 削减率以及 COD_{Cr} 削减量。

解：削减率：

$$\eta = \frac{C_{进} - C_{排}}{C_{进}} \times 100\% = \frac{220 - 50}{220} \times 100\% = 77.27\%$$

COD_{Cr} 削减量：

$$G_{削减} = G_{处理前} \times \eta = C_{进} \cdot Q \times 10^{-6} \times \eta = 220 \times 200\,000 \times 10^{-6} \times 77.27\% = 34(t/d)$$

【课后练习】

1. 某企业用水量总量 300 t，新鲜取水 200 t，重复 100 t。新鲜取水中 160 t 用于工艺用水、40 t 用于冷却水补充，重复用水 80 t 为冷却循环，20 t 为工艺用水。请问该企业总用水量重复用水率为多少？冷却水重复用水率为多少？

2. 某企业总用水量 3 400 t，该企业无排水监测，请通过系数法计算该企业废水产生量。

3. 某企业采用明渠排放废水，现用直角三角堰插板测流，测得堰水头为 0.25 m，COD_{Cr} 与氨氮的浓度分别为 90 mg/L、8 mg/L；该企业全年稳定运行 8 760 h，求该企业一年的 COD 与氨氮排放量分别为多少？

4 环境噪声污染核算

【学习目标】

☆ 理解噪声物理基础;

☆ 掌握噪声基本计算;

☆ 掌握噪声衰减以及控制的相关计算。

从物理学来看,噪声是声强和声频变化没有规律、杂乱无章的声音。从广义来看,噪声具有很大的主观性,只要是人们不需要的声音都属于噪声,它不仅包括杂乱无章的声音,还包括影响人们生产、生活、休息、睡眠的各类声音,如音乐声、脚步声。《中华人民共和国环境噪声污染防治法》中规定噪声是指在工业生产、建筑施工、交通运输和社会生活中产生的干扰周围生活的声音。通常把噪声分为以下几类。

● 工业噪声:工矿企业在生产活动中产生的噪声。

● 交通噪声:机动车辆、火车、船舶、飞机等交通工具在运行过程中发出的噪声。

● 施工噪声:建筑施工机械运转时以及施工过程中产生的噪声。

● 生活噪声:商业、娱乐、体育、宣传等生活以及家用电器产生的噪声。

● 环境噪声:户外各种噪声的总称。

噪声的危害是多方面的,如影响交谈、思考、睡眠,重者会影响工作效率、引起事故。从 20 世纪 50 年代以后,噪声已被公认为是一种严重的污染。

80 dB 以下的噪声不会引起耳聋,80~85 dB 的噪声会造成轻微的听力损伤,

85～100 dB 的噪声会造成一定数量的噪声性耳聋，100 dB 的噪声会造成相当数量的耳聋。在没有心理准备的情况下，强度极高的噪声会造成永久性失聪。

4.1 噪声基本运算

4.1.1 噪声物理基础

从单纯的物理学角度描述噪声，称为噪声的客观量度，一般用声压、声强和声功率等物理量来表示，度量指标包括声压、声强、声功率、声强级、声功率级、分贝、响度、响度级等。

4.1.1.1 声波、声速、波长、频率

（1）声波

声音是因物体物理振动而产生的。物体振动引起周围媒质的质点位移，使媒质密度产生疏、密变化，这种变化的传播就是声波。它是弹性介质中传播的一种机械波。

（2）声速

声波在弹性媒质中的传播速度，即振动在媒质中的传播速度称为声速，单位为 m/s。在任何媒质中，声速的大小只取决于媒质的弹性和密度而与声源无关。例如在常温下，声波在空气中的声速 340 m/s，在钢板中的传播速度为 5 000 m/s。在空气中声速（C）与温度（t）间的关系为：

$$C = 331.4 + 0.607\,t \qquad -30\text{℃} \leqslant t \leqslant 30\text{℃}$$

（3）波长 λ

一声波相邻的两个压缩层（或稀疏层）之间的距离称为波长，单位为 m。

（4）频率（f）、倍频带和周期（T）

1）频率（f）

每秒钟媒质质点振动的次数称为频率，单位为赫兹（Hz）。人耳能感觉到的

声波频率为 20～20 000 Hz，低于 20 Hz 的称为次声，高于 20 000 Hz 的称为超声。环境保护工作中探讨的声波一般为可听声波。

可听声波的频率范围比较宽，可以按下列公式划分为 10 个频率带，见式（4-1）。

$$\frac{f_2}{f_1} = 2^n \tag{4-1}$$

式中，f_1——下限频率，Hz；

f_2——上限频率，Hz。

$n = 1$ 时就是倍频带。

倍频带中心频率 f_0 可按照式（4-2）进行计算：

$$f_0 = \sqrt{f_1 \cdot f_2} \tag{4-2}$$

在实际工作中，通常用 10 个频带进行分析，倍频带的划分范围和中心频率见表 4-1。

表 4-1 倍频带中心频率及上下限频率   单位：Hz

下限频率 f_1	中心频率 f_0	上限频率 f_2
22.3	31.5	44.5
44.6	63	89
89	125	177
177	250	354
354	500	707
707	1 000	1 414
1 414	2 000	2 828
2 828	4 000	5 656
5 656	8 000	11 312
11 312	16 000	22 624

2）周期（T）

声波经过一个波长的距离所需要的时间为周期，即质点每重复一次振动所需要的时间，单位为 s。

对正弦波来说，频率和周期互为倒数，即

$$T = \frac{1}{f} \text{ 或 } f = \frac{1}{T}$$

频率（周期）、声速和波长三者之间的关系为：

$$C = f\lambda \text{ 或 } C = \frac{f}{T}$$

4.1.1.2　声压、声强、声功率

（1）声压（P）

当声波存在时，媒质中的压强超过静止压强，两个压强的差值称为声压。单位为 Pa，1 Pa=1 N/m^2。

声压有瞬时声压和有效声压。瞬时声压是指瞬时媒质中内部压强受到声波作用后的改变量，即单位面积的压力变化。瞬时声压对时间取均方根称为有效声压，用 P_e 表示，见式（4-3）。

$$P_e = \sqrt{\frac{1}{T} \int_0^T P^2(t)\mathrm{d}t} \tag{4-3}$$

式中，P_e——某时段的有效声压，Pa；

　　　　T——取平均的时间间隔，s；

　　　　$P(t)$——某时刻的瞬时声压强，Pa。

人耳能听见的最微弱声压为 2×10^{-5} Pa，称为听阈，使人耳朵产生痛感的声压为 20 Pa，称为人耳的痛域。

（2）声强（I）

单位时间内声波通过垂直于声波传播方向单位面积的声能量称为声强，单位为 W/m^2。声压与声强有密切关系，在自然声场中的平面波，某处的声强与该处声

压的平方成正比，见式（4-4）。

$$I = \frac{p^2}{\rho \cdot c}$$ （4-4）

式中，p——有效声压，Pa；

ρ——介质密度，kg/m^3；

c——声速，m/s，常温时，$\rho \cdot c$ 为 $408\ N \cdot s/m^3$。

（3）声功率（W）

声源在单位时间内辐射的声能量为声功率，单位为 W 或 μW，声功率与声强之间的关系如下。

$$W = IS$$ （4-5）

式中，S——声波垂直通过的面积，m^2。

4.1.1.3 声压级、声强级、声功率级

（1）声压级

声音有三个要素，即声源、声传播介质、声音接收点。声源是指物体的振动产生声音的根源；有声波传播的空间叫声场，声音接收点即接受声音的人。声音在空气或介质中传播是通过空气或介质振动产生的声波实现的，因此声音传播的实质是指以物体振动形式传播的压力。

1）压级

正常人耳能听到的最弱声压为 2×10^{-5} Pa，称为"听阈"，当声压达到 20 Pa 时，人耳会产生疼痛感，20 Pa 称为"痛阈"，"听阈"和"痛阈"之比为 100 万。

用声压来表示声音的强弱并不方便，因此可采用声压级来表示。声压级的计算见式（4-6）。

$$L_p = 20 \lg \frac{P}{P_0}$$ （4-6）

式中，L_p——声压级，dB；

P_0——基准声压，采用 $P_0 = 2 \times 10^{-5}$ Pa。

听阈声压级为 0 dB，痛阈声压级为 120 dB。

2）等效连续 A 声级

在实际应用中，噪声很少会稳定保持在某一个声级上，而是呈现起伏不断或不连续的变化，评价这种随时间的变化而呈现起伏变化的噪声，用等效声级。等效声级是连续等效 A 声级的简称，是指在规定测量时间 T 内 A 声级的能量平均值，用 L_{Aeq} 或 L_{eq} 表示，单位为分贝，记作 dB（A）。它以 A 声级的稳态噪声代替变动噪声，在相同的暴露时间内能给人等数量的声能，这个声级就是该变动噪声的等效声级。即

$$L_{Aeq} = 10 \lg \frac{1}{T} \int_0^T 10^{\frac{L_A}{10}} \, dt \qquad (4\text{-}7)$$

式中，L_{Aeq}——连续等效 A 声级；

   T——测量时间间隔；

   L_A——A 声级。

自动化测量仪器，如积分式声级计，可以直接测量出一段时间内的 L_{Aeq} 值。一般的测量方法是在一段足够长的时间内等间隔（如 5 s）的取样读取 A 声级，再求它的平均值。如在该段时间内一共有 n 个离散的 A 声级读数，则等效连续 A 声级的计算公式可为：

$$L_{Aeq} = 10 \lg \left(\frac{1}{n} \sum_{i=1}^{n} 10^{\frac{L_i}{10}} \right) \qquad (4\text{-}8)$$

式中，L_i——第 i 个 A 声级值。

（2）声强级

$$L_I = 10 \lg \frac{I}{I_0} \qquad (4\text{-}9)$$

式中，L_I——声强级，dB；

   I——声强，W/m²；

   I_0——基准声强，$I_0 = 10^{-12}$ W/m²，$\rho \cdot c = 400$ N·s/m³。

根据公式 $I = \dfrac{p^2}{\rho \cdot c}$ ，声强级与声压级的关系见式（4-10）。

$$L_{\mathrm{I}} = 10\lg \dfrac{I}{I_0} = 10\lg \dfrac{\dfrac{p^2}{\rho \cdot c}}{\dfrac{p_0^2}{\rho_0 \cdot c_0}} = L_{\mathrm{p}} + \lg \dfrac{400}{\rho \cdot c} = L_{\mathrm{p}} + \Delta L \qquad (4\text{-}10)$$

一般情况下， $\Delta L = \lg \dfrac{400}{\rho \cdot c}$ 很小，因此声压级可近似于声强级。

（3）声功率级

$$L_{\mathrm{W}} = 10\lg \dfrac{W}{W_0} \qquad (4\text{-}11)$$

式中， L_{W} ——声功率级，dB；

W ——声功率，W；

W_0 ——基准声功率， $W_0 = 10^{-2}W$ 。

根据 $I = \dfrac{W}{S}$ ，有：

$$L_{\mathrm{W}} = 10\lg \dfrac{W}{S} \cdot \dfrac{1}{I_0} = 10\lg \left(\dfrac{W}{W_0} \cdot \dfrac{W_0}{I_0} \cdot \dfrac{1}{S} \right) = L_{\mathrm{W}} - 10\lg S \qquad (4\text{-}12)$$

上述公式适用于自由声场与半自由声场，声源无指向性时，其他声源声音可以小到忽略的情况。

4.1.2 噪声级计算

4.1.2.1 噪声叠加

若自由声场中，多个声源同时出现，能进行叠加计算的只有声音的能量，不能对声压级做简单的算术相加，因此需要利用声能相加后再转换为声压级。n 个不同声压级声源叠加，总声压级 L_{p} 计算公式如下：

$$L_p = 10\lg(10^{\frac{L_{p_1}}{10}} + 10^{\frac{L_{p_2}}{10}} + \cdots + 10^{\frac{L_{p_n}}{10}}) = 10\lg(\sum_{i=1}^{n} 10^{\frac{L_{p_i}}{10}}) \qquad (4\text{-}13)$$

式中，L_p——总声压级，dB（A）；

　　　　$L_{p_1}, L_{p_2}, \cdots, L_{p_n}$——分别为声源 1，2，$\cdots$，$n$ 的声压级，dB（A）；

　　　　n——声源个数。

n 个声压级均为 L_{p_1} 的声源叠加在一起，总声压可以表示为：

$$L_p = L_{p_1} + 10\lg n \qquad (4\text{-}14)$$

式中，L_p——总声压级，dB（A）；

　　　　L_{p_1}——单个声音声压级，dB（A）；

　　　　n——声源个数。

[例 4-1]：3 个声源各自在空间某点的声压级为 70 dB、75 dB 和 65 dB，求该点的总声压级。

　　解：$L_{p_T} = 10\lg(\sum_{i=1}^{n} 10^{0.1L_i}) = 10\lg(10^{0.1\times70} + 10^{0.1\times75} + 10^{0.1\times65}) = 76.5（dB）$

声压叠加计算可以简化为查表方式，具体计算如下。设有两个声源，声压级分别是 L_1、L_2，$L_1 - L_2 = m$，则两个声源的合成声压可以利用式（4-15）计算。

$$L = L_1 + \Delta L \qquad (4\text{-}15)$$

式中，ΔL——声压级的增量，dB，计算公式为 $\Delta L = 10\lg(1 + 10^{-\frac{m}{10}})$，可查表 4-2。

表 4-2　ΔL 与 m 值关系表

m/dB	0	1	2	3	4	5	6	7	8	9	10	11	12
ΔL/dB	3.0	2.5	2.1	1.8	1.5	1.2	1.0	0.8	0.6	0.5	0.4	0.33	0.27

[例 4-2]：求声压 100 dB、98 dB、86 dB 的合成声压级。

解：（1）先求 100 dB 与 98 dB 的合成声压级；m=100–98=2（dB），则查表得 ΔL=2.1（dB）；

则 L_1=100+2.1=102.1（dB）

（2）再求 86 dB 与 102.1 dB 的合成声压级；m=102.1–86=6.2（dB），查表用内插法，可得到 ΔL=0.96（dB）；

则声源合成声压为 L=102.1+0.96=103.06（dB）；

若有多个声源也可以用作图法进行合成声压级的计算。

[例 4-3]：作图计算 88 dB、86 dB、90 dB、93 dB、95 dB、89 dB、90 dB、91 dB 几个声压级的合成声压级。

解：

88　　86　　90　　93　　95　　89　　90　　91

m=2，ΔL=2.1　　m=3，ΔL=1.8　　m=6，ΔL=1　　m=1，ΔL=2.5
L=88+2.1=90.1　　L=93+1.8=94.8　　L=95+1=96　　L=91+2.5=93.5

m=4.7，ΔL=1.38　　　　　　m=2.5，ΔL=1.95
L=94.8+1.38=96.18　　　　　　L=96+1.95=97.95

m=1.77，ΔL=2.192
L=97.95+2.192=100.142（dB）

4.1.2.2　噪声级相减

已知合成声压级 L 是由声压 L_1、L_2、L_3 合成，L_2、L_3 以及 L 是已知的，声压级 L_1 可以用式（4-16）求得：

$$L_1 = 10\lg(10^{\frac{L}{10}} - 10^{\frac{L_2}{10}} - 10^{\frac{L_3}{10}}) \qquad (4\text{-}16)$$

[例 4-4]：3 个声压级合成的声压为 95 dB，其中已知两个声压分别为 90 dB、85 dB，求另一个声压级是多少。

解：根据式（4-16）计算声压，L=95 dB、L_2=90 dB、L_3=85 dB，代入式（4-16）：

$$L_1 = 10\lg(10^{\frac{L}{10}} - 10^{\frac{L_2}{10}} - 10^{\frac{L_3}{10}}) = 10\lg(10^{\frac{95}{10}} - 10^{\frac{90}{10}} - 10^{\frac{85}{10}}) = 92.7 \text{（dB）}$$

已知两个声压合成声压级 L 和其中一个声压级 L_2，求另一个声压级 L_1 可用以下简便方法计算。

$$\alpha = L - L_2 \qquad 则 \qquad L_1 = L - \beta$$

β 值为修正值，见表4-3。

表4-3　α 与 β 对应数值　　　　　　单位：dB

α	β	α	β
1	6.9	6	1.3
2	4.3	7	1.0
3	3.0	8	0.8
4	2.2	9	0.6
5	1.7	10	0.5

[例4-5]：已知两个声压级的合成声压级为90 dB，其中一个声压为88 dB，另一声压为多少？

解：$\alpha = L - L_2 = 90 - 88 = 2$（dB）；查表4-3可得到 $\beta = 4.3$ dB，则：

$$L_1 = L - \beta = 90 - 4.3 = 85.7 \text{（dB）}$$

4.2　环境噪声相关标准及评价量

4.2.1　声压级评价量

4.2.1.1　A声级（L_A）

相同强度的纯音，如果频率不同，人的主观感受是不同的，而且不同响度的等响曲线也是不平行的，即在不同声强的水平上，不同频率的响度差别也有不同。因此在评价不同声音的大小时，为了考虑人的主观感受，将 300 Hz、40 dB 左右的响度降低 10 dB，从而使仪器反应的读数与人的主观感觉相接近。其他频率也根据人的主观感受进行一定的修正。这种对不同频率给以适当增减的方法称为频数计权。经频数计权后测量得到的分贝数称为计权声级。常用的有 A、B、C、D 4 种计权网络。

A 声级是模拟人耳对 55 dB 以下低强度噪声的频率特性而设计的，以 L_A 表示，单位为 dB。由于 A 声级能较好地反映人对噪声的主观感受，因此噪声的评价与测量基本上都用 A 声级。

设可听范围内各倍频带声压级为 L_{pi}，则 A 声级为：

$$L_A = 10\lg\left[\sum_{i=1}^{n} 10^{0.1(L_{pi}+\Delta L_i)}\right] \tag{4-17}$$

式中，　ΔL_i——i 个倍频带的 A 计权网络修正值，dB；

　　　　n——总倍频带数。

4.2.1.2　连续等效 A 声级（$L_{Aeq,T}$）

A 声级用来评价稳态噪声具有明显的优势，对非稳态的噪声评价，则用等效连续 A 声级（简称"等效声级"），即将某一段时间内连续暴露的不同 A 声级变化，用能量平均的方法以 A 声级表示该段时间内的噪声大小，记作 $L_{Aeq,T}$，单位为 dB（A），简写为 L_{eq}。

连续等效 A 声级的数学表达式为：

$$L_{eq} = 10\lg\left(\frac{1}{T}\int_0^T 10^{0.1L_A(t)}\mathrm{d}t\right) \tag{4-18}$$

式中，　L_{eq}——在 T 段时间内的连续等效 A 声级，dB（A）；

　　　　$L_A(t)$——t 时刻的瞬时 A 声级，dB（A）；

　　　　T——连续取样的总时间，min。

噪声测量实际上是间隔取样的，因此式（4-18）可以按照式（4-19）计算。

$$L_{eq} = 10 \lg \left(\frac{1}{N} \sum_{i=1}^{N} 10^{0.1 L_i} \right) \qquad (4\text{-}19)$$

式中，L_i——第 i 次读取的 A 声级，dB；

N——取样总数。

4.2.1.3 昼夜等效声级（L_{dn}）

昼夜等效声级是考虑了噪声在夜间对人影响更为严重，将夜间噪声另增加 10 dB 加权处理后，用能量平均的方法得出 24 h A 声级的平均值，单位 dB，即为 L_{dn}，计算公式为式（4-20）。

$$L_{dn} = 10 \lg \left[\frac{T_d \times 10^{0.1 L_d} + T_n \times 10^{0.1(L_n + 10)}}{24} \right] \qquad (4\text{-}20)$$

式中，L_d——昼间 T_d 个小时（一般昼小时数取 16）的等效声级，dB；

L_n——夜间 T_n 个小时（一般夜间小时数取 8）的等效声级，dB。

4.2.1.4 计权有效连续感觉噪声级（LWECPN 或 WECPNL）

计权有效连续感觉噪声级是在有效感觉噪声级的基础上发展起来的，用于评价航空噪声的一种声压级，其特点在于既考虑了 24 h 内飞行通过某固定点所产生的总噪声级，同时也考虑了不同时间内飞机对周围环境的影响。

一日计权有效连续感觉噪声级的计算公式为式（4-21）。

$$L_{WENCPN} = L_{EPNL} + 10 \lg(N_1 + 3N_2 + 10N_3) - 39.4 \qquad (4\text{-}21)$$

式中，L_{EPNL}——N 次飞行的有效感觉噪声级的能量平均值，dB；

N_1——7:00—19:00 的飞行次数；

N_2——19:00—22:00 的飞行次数；

N_3——22:00—次日 7:00 的飞行次数。

4.2.2　噪声评价常用标准

4.2.2.1　声环境质量标准

（1）《声环境质量标准》（GB 3096—2008）

该标准规定了五类声环境功能区的环境噪声限值及测量方法，适用于声环境质量的评价与管理，按区域的使用功能特点和环境质量要求，声环境功能区分为以下 5 种类型。

机场周围区域不适用于该标准。

0 类声环境功能区：指康复疗养区等特别需要安静的区域。

1 类声环境功能区：指以居民住宅、医疗卫生、文化教育、科研设计、行政办公为主要功能，需要保护安静的区域。

2 类声环境功能区：指以商业金融，集市贸易为主要功能，或者居住、商业、工业混杂，需要保持住宅安静的区域。

3 类声环境功能区：指以工业生产、仓储物流为主要功能，需要防止工业噪声对周围环境产生严重影响的区域。

4 类声环境功能区：指交通干线两侧一定距离内的区域。

各类功能区的环境噪声限值见表4-4。

表4-4　各类环境功能区噪声限值　　　　单位：dB（A）

声环境功能区		时段	
		昼间	夜间
0 类		50	40
1 类		55	45
2 类		60	50
3 类		65	55
4 类	4a 类	70	55
	4b 类	70	60

（2）《机场周围飞机噪声环境标准》（GB 9660—88）

该标准适用于机场周围受飞机通过所产生噪声影响的区域。该标准评价噪声用昼夜的计权等效连续噪声级作为评价量，即 L_{WENCPN} 表示，单位为 dB。该标准是户外允许噪声级。其噪声限值见表 4-5。

表 4-5　机场周围飞机噪声环境噪声值及适用范围　　　　　单位：dB

适用区域	标准值
一类区域	≤70
二类区域	≤75

一类区域：特殊住宅区、居住区、文教区；二类区域：除一类区域外的其他区域。

4.2.2.2　噪声污染排放标准

（1）《工业企业厂界噪声排放标准》（GB 12348—2008）

该标准规定了工业企业和固定设备厂界环境噪声排放限值及其测量方法，适用于工业企业噪声排放的管理、评价及控制。机关、事业单位、团体等对外环境排放噪声的单位也按该标准执行。

1）工业企业厂界噪声

工业企业厂界环境噪声排放限值见表 4-6。

表 4-6　工业企业厂界环境噪声排放限值　　　　　单位：dB（A）

厂界外声环境功能区类别	时段	
	昼间	夜间
0	50	40
1	55	45
2	60	50
3	65	55
4	70	55

夜间频发噪声的最大声级不得超过限值幅度 10 dB（A）。

夜间偶发噪声最大的声级不得超过限制幅度 15 dB（A）。

2）结构传播固定设备室内噪声排放限值

当固定设备排放的噪声通过建筑物结构传播至噪声敏感建筑物室内时，噪声敏感建筑物室内等效声级不得超过表 4-7 和表 4-8 规定的限值。

表 4-7　结构传播固定设备室内噪声排放限值（等效声级）　　　单位：dB（A）

房间类型 时段 噪声敏感建筑 所处声环境功能区类别	A 类房间		B 类房间	
	昼间	夜间	昼间	夜间
0	40	30	40	30
1	40	30	45	35
2、3、4	45	35	50	40

说明：A 类房间——以睡眠为主要目的，需要保证夜间安静的房间，包括住宅卧室、医院病房、宾馆客房等。
B 类房间——主要在昼间使用，需要保证思考与精神集中、正常讲话不被干扰的房间，包括学校教室、会议室、办公室、住宅中卧室以外的其他房间等。

表 4-8　结构传播固定设备室内噪声排放限值（倍频带声压级）　　　单位：dB（A）

噪声敏感建筑所处声环境功能区	时段	倍频带中心频率/Hz 房间类型	室内噪声倍频带声压级限值				
			31.5	63	125	250	500
0	昼间	A、B 类房间	76	59	48	39	34
	夜间	A、B 类房间	69	51	39	30	24
1	昼间	A 类房间	76	59	48	39	34
		B 类房间	79	63	52	44	38
	夜间	A 类房间	69	51	39	30	24
		B 类房间	72	55	43	35	29
2、3、4	昼间	A 类房间	79	63	52	44	38
		B 类房间	82	67	56	49	43
	夜间	A 类房间	72	55	43	35	29
		B 类房间	76	59	48	39	34

（2）《建筑施工场界环境噪声排放标准》（GB 12523—2011）

本标准规定了建筑施工场界环境噪声排放限值及测量方法，适用于周围有噪声敏感建筑物的建筑施工噪声排放的管理、评价及控制。市政、通信、交通、水利等其他类型的施工噪声排放可参照本标准执行。该标准不适用于抢修、抢险施工过程中产生噪声的排放监管。

标准中规定的建筑施工是指工程建设实施阶段的生产活动，是各类建筑物的建造过程，包括基础工程施工、主体结构施工、屋面工程施工、装饰工程施工（已竣工交付使用的住宅楼进行室内装修活动除外）等。

标准规定建筑施工过程中场界环境噪声不得超过表 4-9 规定的排放限值。

表 4-9　建筑施工场界环境噪声排放限值　　　　　　　　　　　　　　单位：dB

昼间	夜间
70	55

（3）《社会生活环境噪声排放标准》（GB 22337—2008）

本标准根据现行法律对社会生活噪声污染源达标排放义务做了规定，对营业性文化娱乐场所和商业经营活动中可能产生环境噪声污染的设备、设施规定了边界噪声排放限值和测量方法。适用于对营业性文化娱乐场所、商业经营活动中使用的向环境排放噪声的设备、设施的管理、评价与控制。

标准中规定的社会生活环境噪声是指营业性文化娱乐场所和商业经营活动中使用的设备、设施产生的噪声。社会生活噪声排放源边界噪声不得超过表 4-10 规定的排放限值。

在社会生活噪声排放源边界处无法进行噪声测量或测量的结果不能如实反映其对噪声敏感建筑物的影响程度的情况下，噪声测量应在可能受影响的敏感建筑物窗外 1 m 处进行。当社会生活噪声排放源边界与噪声敏感建筑物距离小于 1 m 时，应在噪声敏感建筑物的室内测量，并将表 4-10 中相应的限值减 10 dB（A）作为评价依据。

表4-10　社会生活噪声排放源边界噪声排放限值　　　　单位：dB（A）

边界声环境功能区类别*	时段	
	昼间	夜间
0	50	40
1	55	45
2	60	50
3	65	55
4	70	55

*边界是指由法律文书（如土地使用证、房产证、租赁合同等）中确定的业主所拥有使用权（或所有权）的场所或建筑物边界。各种产生噪声的固定设备、设施的边界为其实际占地的边界。

4.3　噪声衰减计算

噪声在传播过程中其强度随着距离的增加而逐渐减弱的现象称为声音的衰减。引起衰减的原因如下：第一，声波不是平面波，其波阵面面积随距离增加而增大，致使通过单位面积的声功率减小；第二，由于媒质的不均匀性引起声波的折射和散射，使部分声能偏离传播方向；第三，由于媒质具有耗散特性，使一部分声能转化为热能，即产生所谓的声的吸收；第四，由于媒质的非线性使一部分声能转移到高次谐波上，即所谓非线性损失。上述四方面的因素是造成声波衰减的主要原因。

声的吸收是指声波传播经过媒质或遇到表面弹性或多孔物体时声能量减少的现象，吸声的机制是由于黏滞性、热传导和分子弛豫吸收把入射声能量最终转化为热能。利用吸声机制可以用来设计生产各种吸声材料。

声音是由物体振动产生，物体振动产生的能量，通过周围介质（可以是气体、液体或者固体）向外界传播，并被接受体感受。在声学中，把声源、介质、接受体称为声音的三要素。

噪声在传播过程中会衰减，噪声控制中常通过设计较远噪声传播距离来达到控制噪声的目的。除了增加传播距离之外，也可以依靠大气条件和一些障碍物的遮挡作用实现控制噪声的目的。噪声在传播过程中的衰减量 $\Delta L_{总}$ 由大气发散、大气吸收、温度影响与地面效应、障碍物等几个因素决定，公式如下：

$$\Delta L_{总} = \Delta L_{散} + \Delta L_{吸} + \Delta L_{额外} + \Delta L_{屏} \tag{4-22}$$

式中，$\Delta L_{总}$——噪声在传播过程中的总衰减，dB；

　　　$\Delta L_{散}$——由声波发散导致的噪声衰减，dB；

　　　$\Delta L_{吸}$——由大气吸收导致的噪声衰减，dB；

　　　$\Delta L_{额外}$——由地面效应、空气温度等原因导致的噪声衰减，dB；

　　　$\Delta L_{屏}$——由障碍物导致的噪声衰减，dB。

4.3.1　几何发散衰减

4.3.1.1　点声源的几何发散衰减

点声源（point sound source）是以球面波形式辐射声波的声源，辐射声波的声压幅值与声波传播距离（r）成反比。任何形状的声源，只要声波波长远远大于声源几何尺寸，该声源可视为点声源。通常认为声源中心到预测点之间的距离超过声源最大几何尺寸 2 倍时，可将该声源近似为点声源。点声源的衰减公式如下：

$$\Delta L = 10\lg(\frac{1}{4}\pi r^2) \tag{4-23}$$

式中，ΔL——噪声衰减值，dB；

　　　r——点声源至受声点的距离，m。

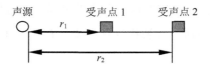

图 4-1　点声源衰减示意图

距离噪声点不同距离 r_1、r_2，噪声衰减公式如下：

$$\Delta L = 20 \lg \frac{r_1}{r_2} \tag{4-24}$$

式中，r_1——点声源至受声点 1 的距离，m；

　　　r_2——点声源至受声点 2 的距离，m。

从式（4-24）中可以看出，当声源衰减距离增加 1 倍时，点声源衰减 6 dB（A）。点声源各距离衰减值见表 4-11。

表 4-11 不同距离点声源衰减值表

距离/m	声音衰减值 ΔL/dB	距离/m	声音衰减值 ΔL/dB	距离/m	声音衰减值 ΔL/dB
5	14	40	32	100	40
10	20	50	34	200	46
15	23.5	60	35	300	49.5
20	26	70	37	400	52
25	28	80	38	500	54
30	29.5	90	39		

4.3.1.2 线声源衰减

线声源（line sound source）是以柱面波形式辐射声波的声源，辐射声波的声压幅值与声波传播距离的平方根（r）成反比。线声源衰减计算公式如下：

$$\Delta L = 10 \lg \left(\frac{1}{2} \pi r l \right) \tag{4-25}$$

式中，ΔL——线声源衰减分贝数，dB；

　　　r——受声点距离线声源的垂直距离，m；

　　　l——线声源的长度，m。

当 $\frac{r}{l} < 0.1$ 时，如公路等，可视为无限长线声源，此时在距离线声源 $r_1 \sim r_2$ 处的衰减值为：

$$\Delta L = 10 \lg \frac{r_1}{r_2} \qquad\qquad (4\text{-}26)$$

式中，ΔL——线声源衰减分贝数，dB；

　　　r_1——接受点 1 距离线声源的垂直距离 r_1，m；

　　　r_2——接受点 2 距离线声源的垂直距离 r_2，m。

当 $r_2 = 2r_1$ 时，即线声源传播距离增加 1 倍，衰减值为 3 dB（A）。

4.3.1.3　面声源

面声源（area sound source）是以平面波形式辐射声波的声源，辐射声波的声压幅值不随传播距离改变（不考虑空气吸收）。面声源随传播距离的增加引起的衰减值与面源形状有关。

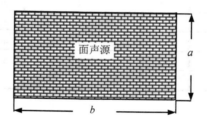

图 4-2　面声源示意图

例如，设面声源短边是 a，长边是 b，随着距离的增加，引起其衰减值与距离 r 的关系为：

①当 $r < a/\pi$，$A_{\text{div}} = 0$ dB；

②当 $a/\pi < r < \pi$，距离 r 每增加 1 倍，$A_{\text{div}} = -（0\sim3）$ dB；

③当 $\pi < r < a/\pi$，距离 r 每增加 1 倍，$A_{\text{div}} = -（3\sim6）$ dB；

④当 $b < r$，距离 r 每增加 1 倍，$A_{\text{div}} = -6$ dB。

（A_{div} 为几何衰减系数，即随着距离增加声音不断衰减的过程。）

4.3.2　空气吸收引起的衰减

大气吸收也会引起噪声衰减，其衰减量可通过式（4-27）计算。

$$A_{\text{atm}} = \frac{\alpha\left(r - r_0\right)}{1\,000} \tag{4-27}$$

式中，α——每 1 000 m 空气吸收系数，dB；

r——预测点距离声源的距离，m；

r_0——参考点距离声源的距离，m。

α 为温度、湿度和声波频率的函数，预测计算中一般根据项目所处区域的常年平均气温和湿度选择相应的空气吸收系数，如表 4-12 所示。

表 4-12　各倍频带噪声的大气吸收衰减系数 α

温度/℃	相对湿度/%	倍频带中心频率/Hz							
		63	125	250	500	1 000	2 000	4 000	8 000
10	70	0.1	0.4	1.0	1.9	3.7	9.7	32.8	117.0
20	70	0.1	0.3	1.1	2.8	5.0	9.0	22.9	76.0
30	40	0.1	0.3	1.0	3.1	7.4	12.7	23.1	59.3
15	20	0.3	0.6	1.2	2.7	8.2	28.2	28.8	202.0
15	50	0.1	0.5	1.2	2.2	4.2	10.8	36.2	129.0
15	80	0.1	0.3	1.1	2.4	4.1	8.3	23.7	82.8

4.3.3　遮挡物引起的噪声衰减

位于声源与影响目标之间的实体障碍物，如围墙、建筑物、土坡、地堑等，都能起到声屏作用。声屏障的存在使得声波不能直达影响目标，从而导致噪声的衰减。在噪声的衰减预测里可以将各类型的屏障简化为具有一定高度的薄屏障。

如图 4-3 所示，*S*、*O*、*P* 3 点在同一平面且垂直于地面。

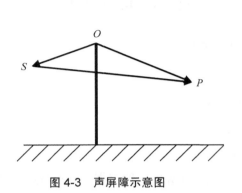

图 4-3　声屏障示意图

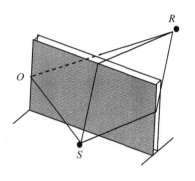

图 4-4　声屏障不同的声传播途径

定义 $\delta = SO + OP - SP$ 为声程差，$N = 2\delta / \lambda$ 为菲涅尔系数，其中 λ 为声波波长。

声屏障插入损失的计算方法很多，大多数是半理论半经验，有一定的局限性。在实际预测或工作中通常会做一定的简化处理。

（1）薄屏障在点声源声场中引起的声衰减计算

薄屏障声场衰减示意，如图 4-3 和图 4-4 所示，推荐的计算方法见式（4-28）。

$$A_{\text{bar}} = -10\lg\left[\frac{1}{3 + 20N_1} + \frac{1}{3 + 20N_2} + \frac{1}{3 + 20N_3}\right] \tag{4-28}$$

当屏障很长（做无限长处理）时，则：

$$A_{\text{bar}} = -10\lg\left[\frac{1}{3 + 20N_1}\right] \tag{4-29}$$

式中，δ_1、δ_2、δ_3——3 个传播途径的声程差；

　　　N_1、N_2、N_3——3 个传播途径声程差对应的菲涅尔系数。

（2）薄屏障在无限长线声源声场中引起的声衰减计算

$$
A_{\text{bar}} = \begin{cases} 10\lg\left[\dfrac{3\pi\sqrt{(1-t^2)}}{4\text{arctg}\sqrt{\dfrac{(1-t)}{(1+t)}}}\right] & t = \dfrac{40f\delta}{3c} > 1 \\[4mm] 10\lg\left[\dfrac{3\pi\sqrt{t^2-1}}{2\ln\left(t+\sqrt{t^2-1}\right)}\right] & t = \dfrac{40f\delta}{3c} < 1 \end{cases}
\tag{4-30}
$$

式中，f——声波频率，Hz；

δ——声程差，m；

c——声速，m/s。

4.3.4 地面效应引起的衰减

声波传播过程中，地面的类型也会对声波的传播带来影响，通常将地面分为三类：一为坚实地面，包括铺筑过的路面、水面、冰面以及夯实地面；二为疏松地面，包括被草或其他植物覆盖的地面，以及农田等适合植物生长的地面；三为混合地面，由疏松地面和坚实地面组成。

声波越过疏松地面传播时，或大部分为疏松地面的混合地面，在预测点仅计算 A 声级前提下，如图 4-5 所示，地面效应衰减可用式（4-31）核算。

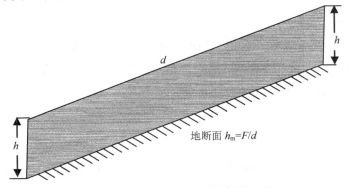

图 4-5 地面效应估计平均高度的方法

$$A_{\mathrm{gr}} = 4.8 - (2h_{\mathrm{m}} / d)[17 + (300 / d)] \tag{4-31}$$

式中，A_{gr}——地面效应引起的衰减值，dB；

d——声源到预测点的距离，m；

h_{m}——传播路径的平均离地高度，m，$h_{\mathrm{m}} = F / d$，如图 4-5 所示，F 为面积。

若 A_{gr} 计算出来是负值，则 A_{gr} 可以用 "0" 代替。其他情况可以参照 GB/T 17247.2 进行计算。

4.4 噪声污染控制计算

噪声污染须有噪声源、传播介质、接受者三要素同时存在，因此噪声的控制也主要从这三要素入手。

控制噪声是综合性的工作，需要综合考虑，如通过合理布局声源，闹静分开，利用地形和声源指向性等因素降低噪声的影响；通过改革工艺和操作方法降低声源噪声；通过声学控制方法来控制噪声，如建设吸声、消声、隔声等降噪工程，本教材噪声污染控制计算主要介绍声学控制方法起到的降噪作用。

4.4.1 隔声

应用各声构建将噪声源和接受者分开，隔离噪声在介质中的传播，从而降低噪声污染程度的技术称为隔声技术。

采用适当的隔声措施，如隔声屏障、隔声罩、隔声间，一般能降低噪声 20～50 dB。现有的隔声罩、隔声间、隔声屏是隔声控制噪声的主要构筑，本教材主要介绍上述三类隔声控制方法的降噪计算。

4.4.1.1 隔声罩

将噪声源封闭在一个相对小的空间内，以降低噪声源向周围环境辐射噪声的罩形结构称为隔声罩。隔声罩通常用于车间内机械设备除噪，如风机、空压机、柴油机、鼓风机、球磨机等强噪声机械设备的降噪，其降噪量一般在 10～40 dB。

由于声源被密封在隔声罩内，声源发出的噪声在罩内多次反射，大大增加了罩内的声能密度，因此隔声罩的实际隔声量比罩体本身的隔声能力要略低。

隔声罩的实际隔声量计算见式（4-32）。

$$R_s = \frac{R}{10 \lg \overline{\alpha}} \tag{4-32}$$

式中，R_s——隔声罩的隔声量，dB；

R——隔声材料本身固有的隔声量或传声损失，dB；

$\overline{\alpha}$——罩内表面平均吸声系数，见式（4-34）。

4.4.1.2 隔声屏

用于阻挡噪声源与接受者之间直达声的障板或帘幕称为隔声屏（帘）。

一般对于人员多，强噪声源比较分散的大车间，在某些情况下，由于操作、维护、散热或厂房内有吊车作业等原因，不宜采用全封闭式的隔声措施，或者对隔声要求不高的情况下，可根据需要设置隔声屏。如采用隔声屏障减少交通车辆噪声干扰，一般沿路设置 5～6 m 高的隔声屏，可达 10～20 dB（A）的减噪效果。

隔声屏一般用各类板材制成并在一面或两面衬有吸声材料。隔声屏对高频噪声有显著的阻隔能力，因为高频噪声波长短，绕射能力差，容易被降噪，而低频噪声波长较长，绕射能力强，隔声屏的降噪效果不好。

如果隔声屏本身不透声（理想隔声屏），且安放在空旷的自由声场中，屏障无限长，接收点 R 处的声压级降噪量见式（4-33）。

$$\Delta L = 10 \lg N + 13 \tag{4-33}$$

式中，ΔL——声屏障隔声衰减量，dB；

N——涅菲尔函数，$N = \frac{2}{\lambda}(A + B - D)$，如图 4-6 所示；

λ——声波波长，m；

A ——声源至屏障顶端的距离，m；

B ——接收点至屏障顶端的距离，m；

D ——声源至接收点的直线距离，m。

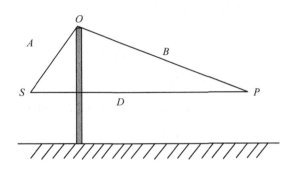

图 4-6 隔声屏声波传播途径

4.4.2 吸声

声波在传播过程中遇到各种固体材料时，一部分声能被反射，一部分声能进入材料内部被吸收，还有很少一部分声能投射到另一侧。通常将入射声能 E_i 和反射声能 E_r 的差值与入射声 E_i 之比值称为吸声系数，记作 α ，如式（4-34）所示：

$$\alpha = \frac{E_i - E_r}{E_i} \qquad (4\text{-}34)$$

吸声系数 α 的取值在 0~1，当 $\alpha = 0$，表示声能全部反射，材料不吸声；$\alpha = 1$ 时表示材料吸收全部声能，没有反射。吸声系数 α 越大，表示材料的吸声性能越好，一般来说，α 在 0.2 以上的材料就称为吸声材料，α 在 0.5 以上的材料是理想的吸声材料。

吸声系数 α 与入射声波的频率有关,同一材料对不同频率声波的吸收系数有不同的值,在污染控制工程中,常采用 125 Hz、250 Hz、500 Hz、1 000 Hz、2 000 Hz、4 000 Hz 6 个倍频程的中心频率吸声系数的算数平均值来表示某一个材料（或结构）的平均吸声系数。

在吸声降噪过程中，常采用多孔吸声材料、板状共振吸声结构，穿孔板共振吸声结构和微穿孔板共振吸声结构来实现减噪目的。部分材料的吸声系数见表4-13～表4-15。

表4-13 部分纤维多孔材料的吸声系数

序号	材料名称	厚度/cm	密度/（kg/m³）	腔厚/cm	各频率的吸声系数α_0					
					125	250	500	1 000	2 000	4 000
1	超细玻璃棉（棉径4 μm）	2	20	—	0.04	0.08	0.29	0.66	0.66	0.66
		4	20	—	0.05	0.12	0.48	0.88	0.72	0.66
		2.5	15	—	0.02	0.07	0.22	0.59	0.94	0.94
		5	15	—	0.05	0.24	0.72	0.97	0.90	0.98
		10	15	—	0.11	0.85	0.88	0.83	0.93	0.97
2	沥青玻璃棉毡	3	80	—	—	0.10	0.27	0.61	0.94	0.99
3	酚醛玻璃棉毡	3	80	—	—	0.12	0.26	0.57	0.85	0.94
4	防水超细玻璃棉毡	10	20	—	0.25	0.94	0.93	0.90	0.96	—
5	矿棉渣	5	175		0.25	0.35	0.70	0.76	0.89	0.91
6	甘蔗纤维板	1.5	220	—	0.06	0.19	0.42	0.42	0.47	0.58
		2	220	—	0.09	0.19	0.26	0.37	0.23	0.21
		2	220	5	0.30	0.47	0.20	0.18	0.22	0.31
		2	220	10	0.25	0.42	0.53	0.21	0.26	0.29
7	海草	1	100	—	0.10	0.10	0.14	0.25	0.77	0.86
		3	100	—	0.10	0.14	0.17	0.65	0.80	0.98
		5	100	—	0.10	0.19	0.50	0.94	0.85	0.86
8	工业毛毡	1	370	—	0.04	0.07	0.21	0.50	0.52	0.57
		3	370	—	0.10	0.28	0.55	0.60	0.60	0.59
		5	370	—	0.11	0.30	0.50	0.50	0.50	0.52
9	水泥木丝板	1.5	470	—	0.05	0.17	0.31	0.49	0.37	0.68
		1.5	470	3	0.08	0.11	0.19	0.56	0.59	0.74
		2.5	470	—	0.06	0.13	0.28	0.49	072	0.85

表 4-14 泡沫和颗粒类吸声材料吸声系数

序号	材料名称	厚度/cm	密度/(kg/m³)	腔厚/cm	各频率的吸声系数 α_0					
					125	250	500	1 000	2 000	4 000
1	聚氨酯泡沫塑料	3	45	—	0.07	0.14	0.47	0.88	0.70	0.77
		5	45	—	0.15	0.33	0.84	0.68	0.82	0.82
		8	45	—	0.20	0.40	0.95	0.90	0.98	0.85
2	氨基甲酸泡沫塑料	2.5	25	—	0.05	0.07	0.26	0.87	0.69	0.87
		5	36	—	0.21	0.31	0.86	0.71	0.86	0.82
3	泡沫玻璃	6.5	159	—	0.10	0.33	0.29	0.41	0.39	0.48
4	泡沫水泥	5	—		0.32	0.39	0.48	0.49	0.47	0.54
		5	—	5	0.42	0.40	0.43	0.48	0.47	0.55
5	加气微孔砖	3.5	370	—	0.08	0.22	0.38	0.45	0.65	0.66
		3.3	620	—	0.20	0.40	0.60	0.52	0.65	0.62
6	膨胀珍珠岩（自然堆放）	4	106	—	0.12	0.13	0.67	0.68	0.82	0.92
7	水玻璃膨胀珍珠岩制品	10	250	—	0.44	0.73	0.50	0.56	0.53	—
		10	350～450	—	0.45	0.65	0.59	0.62	0.68	—
8	石英砂吸声砖	6.5	1 500	—	0.08	0.24	0.78	0.43	0.40	0.40
9	水泥石至石粉制砖	3	—	—	0.07	0.07	0.16	0.47	0.43	—
10	石棉石至石板	3.4	420	—	0.22	0.30	0.39	0.41	0.50	0.50
		3.8	240	—	0.12	0.14	0.35	0.39	0.55	0.54

表 4-15　常用建筑材料吸声系数

序号	材料名称		厚度/cm	腔厚/cm	各频率的吸声系数 α_0					
					125	250	500	1 000	2 000	4 000
1	砖墙	清水面	—	—	0.02	0.03	0.04	0.04	0.05	0.07
		普通抹灰面	—	—	0.02	0.02	0.02	0.03	0.04	0.04
		拉毛水泥面	—	—	0.04	0.04	0.05	0.06	0.07	0.05
2	混凝土	未油漆毛面	—	—	0.01	0.01	0.02	0.02	0.02	0.03
		油漆面	—	—	0.01	0.01	0.01	0.02	0.02	0.02
3	水磨石		—	—	0.01	0.01	0.01	0.02	0.02	0.02
4	石棉水泥板		0.4	10	0.19	0.04	0.07	0.05	0.04	0.04
			0.6	10	0.08	0.02	0.03	0.05	0.03	0.03
5	板条抹灰、刚板条抹灰		—	—	0.15	0.10	0.06	0.06	0.04	0.04
6	木格栅		—	—	0.15	0.10	0.10	0.07	0.06	0.07
7	铺实木地板、沥青黏性混凝土		—	—	0.04	0.04	0.07	0.06	0.06	0.07
8	玻璃		—	—	0.35	0.25	0.18	0.12	0.07	0.04
9	木板		1.3	2.5	0.30	0.30	0.15	0.10	0.10	0.10
10	硬质纤维板		0.4	10	0.25	0.20	0.14	0.08	0.06	0.04
11	胶合板		0.3	5	0.20	0.7	0.15	0.09	0.04	0.04
			0.3	10	0.29	0.43	0.17	0.10	0.15	0.05
			0.5	5	0.11	0.26	0.15	0.14	0.04	0.04
			0.5	10	0.36	0.24	0.10	0.05	0.04	0.04

4.4.2.1　房间平均吸声系数及吸声量

如果一个房间墙面上布置了不同材质的吸声材料,它们对应的吸声系数和面积分别为 α_1、α_2、α_3…和 S_1、S_2、S_3…,则房间平均吸声系数按式(4-35)计算。

$$\overline{\alpha} = \frac{\sum S_i \cdot \alpha_i}{\sum S_i} \qquad (4\text{-}35)$$

吸声量又称等效吸声面积，为吸声面积与吸声系数的乘积，按式（4-36）计算。

$$A = \alpha \cdot S \qquad (4\text{-}36)$$

式中，A——吸声量，m^2；

$\quad\quad \alpha$——吸声系数；

$\quad\quad S$——使用材料的面积，m^2。

若某房间的墙面上布置几种不同材质的材料，则房间的吸声量按式（4-37）计算。

$$A = \sum A_i = \sum \alpha_i \cdot S_i \qquad (4\text{-}37)$$

式中，A_i——第 i 种材料组成壁面的吸声量，m^2；

$\quad\quad \alpha_i$——第 i 种材料的吸声系数，m^2；

$\quad\quad S_i$——第 i 种材料的使用面积，m^2。

4.4.2.2　室内声压级计算

（1）室内声压级计算

房间内噪声的大小和分布取决于房间的形状、墙壁、天花板、地面等室内器具的吸声特性，以及噪声源的位置和性质，室内声压级通常用式（4-38）计算。

$$L_p = L_w + 10\lg\left(\frac{Q}{4\pi r^2} + \frac{4}{R_r}\right) \qquad (4\text{-}38)$$

式中，L_p——接受点的倍频带声压级，dB。

$\quad\quad L_w$——声源各倍频带声压级，dB。

$\quad\quad Q$——声源指向性因子；当声源位于室内空间、自由声场，$Q=1$；当声源位于室内地面、半自由声场时，$Q=2$；当声源位于室内地面与墙面的交界处，$Q=4$；当声源位于室内某一角落，$Q=8$。

r ——声源至接收点的距离，m。

R_r ——房间常数，m^2，按式（4-39）计算。

$$R_r = \frac{S \cdot \overline{\alpha}}{1 - \overline{\alpha}} = \frac{A}{1 - \overline{\alpha}} \qquad (4-39)$$

（2）混响时间计算

在总体积为 V 的扩散声场中，当声源停止发声后声能密度下降为原有数值的百万分之一所需的时间或房间内声压级下降到 60 dB 所需要的时间，叫作混响时间，用 T 表示，如式（4-40）所示。

$$T = \frac{0.161V}{S \cdot \overline{\alpha}} \qquad (4-40)$$

4.4.2.3 吸声降噪量计算

处理前房间的平均吸声系数为 $\overline{\alpha}_1$，声压级为 L_{p1}；吸声处理后吸声系数为 $\overline{\alpha}_2$，声压级为 L_{p2}，见式（4-41）。

$$\Delta L = L_{p1} - L_{p2} = 10 \lg \frac{\dfrac{Q}{4\pi r^2} + \dfrac{4}{R_{r1}}}{\dfrac{Q}{4\pi r^2} + \dfrac{4}{R_{r2}}} \qquad (4-41)$$

在噪声源附近时，直达声占主要地位，即 $\dfrac{Q}{4\pi r^2} \gg \dfrac{4}{R_r}$，省略 $\dfrac{4}{R_r}$，式（4-41）

可简化为 $\Delta L = L_{p1} - L_{p2} = 10 \lg 1 = 0$。

因此可以认为在噪声源附近，吸声几乎没有效果。

在离噪声足够远处，混响声占主要地位，即 $\dfrac{Q}{4\pi r^2} \ll \dfrac{4}{R_r}$，省略 $\dfrac{Q}{4\pi r^2}$ 项，式

（4-41）可简化为式（4-42）：

$$\Delta L = 10\lg\frac{R_{r2}}{R_{r1}} = 10\lg\left[\frac{\overline{\alpha_2}\left(1-\overline{\alpha_1}\right)}{\overline{\alpha_1}\left(1-\overline{\alpha_2}\right)}\right] \tag{4-42}$$

式（4-41）简化后，房间吸声处理后的噪声降低流量式（4-43）～式（4-45）为：

$$\Delta L = 10\lg\frac{\overline{\alpha_2}}{\overline{\alpha_1}} \tag{4-43}$$

由公式 $A = \alpha \cdot S$ 以及混响核算塞宾公式可以推导式（4-44）：

$$\Delta L = 10\lg\left(\frac{A_2}{A_1}\right) \tag{4-44}$$

$$\Delta L = 10\lg\left(\frac{T_1}{T_2}\right) \tag{4-45}$$

式中， A_1、 A_2——吸声处理前、后室内总吸声量，m^2；

T_1、 T_2——吸声处理前、后室内混响时间，s。

4.4.3 消声

消声器是一种在允许气流通过的同时，又能有效地阻止或减弱声能向外传播的设备。它是通风管道，排气管道等噪声源控制时常采用的消声技术，一个性能良好的消声器，可使气流噪声降低 20～40 dB。

常用的消声器根据其原理通常可以分为六类，即阻性消声器、抗性消声器、阻抗复合式消声器、微穿孔板消声器、小孔消声器和有源消声器。

本教材着重介绍阻性消声器、抗性消声器的消声量计算，其他消声器的降噪计算读者可参考相关噪声污染控制教材与资料。

4.4.3.1 阻性消声器

阻性消声器是用吸声材料安装在气流通道内制作而成的消声设备。当噪声沿着吸声管道传播时，声波便"分散"到多空的吸声材料里，激发材料中无数小孔内的空气分子振动，由于摩擦和黏滞阻力，使声能变成热能，从而达到消声的目的。

当噪声为中高频带特征，可采用阻性形式，其消声量可用式（4-46）计算。

$$\Delta L = \varphi(\alpha)\frac{Pl}{S} \qquad (4\text{-}46)$$

式中，ΔL——消声量，dB；

$\quad \varphi(\alpha)$——消声系数，见表 4-16；

$\quad l$——消声器的有效部分长度，m；

$\quad P$——消声器通道的断面周长，m；

$\quad S$——消声器的通道有效横断面积，m^2。

从式（4-46）和表 4-16 可以看出，材料的吸收性能越好，管道越长，消声量也就越大。

表 4-16 不同吸声系数材料的消声系数

α	0.1	0.2	0.3	0.4	0.5	0.6	0.7	0.8	0.9	1.0
$\varphi(\alpha)$	0.1	0.25	0.40	0.55	0.7	0.9	1.0	1.2	1.5	1.5

4.4.3.2 抗性消声器

抗性消声器的消声量可用式（4-47）近似计算。

$$\Delta L = 10\lg\left[1 + \left(\frac{\frac{\sqrt{GV}}{2S}}{\frac{f_0}{f} - \frac{f}{f_0}}\right)^2\right] \qquad (4\text{-}47)$$

式中，S——气流通道的截面积，m^2；

$\quad V$——共振腔体积，m^3；

$\quad G$——通导率，m，见式（4-48）。

$$G = \frac{S}{t + \frac{\pi}{4}d_0} \tag{4-48}$$

式中，t——小孔颈长，m；

$\quad\quad d_0$——小孔孔径，m；

$\quad\quad f$——声波频率，Hz；

$\quad\quad f_0$——消声器固有频率，Hz，见式（4-49）。

$$f_0 = \frac{c}{2\pi}\sqrt{\frac{S_0}{Vl}} \tag{4-49}$$

式中，c——声速，m/s；

$\quad\quad S_0$——孔径的截面积，m^2；

$\quad\quad l$——径长，对穿孔板即为板厚，m。

【课后练习】

1．3 个声音各自在空间某点的声压级为 70 dB、75 dB、65 dB，求该点总声压级。

2．在车间内测量某机器的噪声，在机器运转时测得噪声为 87 dB，该机器停止运转时背景噪声为 79 dB，请计算被测机器的声压级。

5 生活污染核算

【学习目标】

☆ 熟悉生活污染主要来源与主要污染物特征;

☆ 掌握各类生活污染源的估算方法。

5.1 生活污染源

5.1.1 生活污染源概述

生活污染包含城镇居民生活产生的污染、第三产业产生的污染。作为环保工作人员,除了对工业企业的监督管理之外,住宿、酒店、餐饮也是我们监管的对象。因此掌握生活污染的核算方法对于环境保护工作有显著的指导意义。

生活污染源指城市或其他人口密集的居住地区如农村地区,人类活动产生废水、废气和废渣形成的污染源。其污染环境的途径有三个方面:

第一,居民生活、机关与院校、娱乐场所人们日常生活排出的污水和垃圾。

第二,居民生活做饭取暖、公共交通、休闲娱乐等第三产业环节消耗能源排出的废气,造成大气的污染。

第三,居民生活、第三产业、建筑施工产生的厨房垃圾、煤灰、渣土、废纸和废塑料等城市垃圾。

上述情况是生活源的一般性污染。由于各地区的差异、人民生活水平、生活习惯的不同，生活污染源的类型、表现形式各不相同，对环境污染的程度也不同。为了减少生产与生活产生的污染物对环境的影响，我国已经采取了一些有效的措施，如大、中型城市居民生活能源逐步改用煤气、天然气和石油液化气等清洁能源，在北方地区采取集中供热形式供暖；设立各种废旧有用物资的回收网点、对城市垃圾的分类处理等。这些措施会减少生活源产生的"废水、废气、废渣"对环境带来的不利影响。

5.1.2　生活污染源主要污染物

生活源污染有废水污染、废气污染、生活垃圾污染。水污染物主要以有机类耗氧性污染物与营养性污染物为主，污染物指标为 BOD_5、动植物油、氨氮、总磷等。大气污染物为生活取暖、餐饮、锅炉等产生的烟尘、二氧化硫、氮氧化物；固体废物主要是生活过程产生的生活垃圾，如厨余垃圾、炉渣等。

不同类型生活污染源的污染物略有不同，见表 5-1。

表 5-1　生活污染源主要污染指标

污染源类型			主要污染指标
住宿业、餐饮行业		污水	污水量、COD_{Cr}、BOD_5、总磷、动植物油、氨氮、总氮
		废气	废气量、烟尘、二氧化硫、氮氧化物
		固体废物	生活垃圾、粉煤灰、炉渣
居民服务和其他服务业	洗染服务业	污水	污水量、COD_{Cr}、总磷、总氮、BOD_5
	理发及美容保健服务业	污水	COD_{Cr}、总磷、总氮、BOD_5
	洗浴服务业	污水	废水量、COD_{Cr}、总磷、总氮、BOD_5
		废气	废气量、烟尘、二氧化硫、氮氧化物
		固体废物	粉煤灰、炉渣、生活垃圾
	摄影扩印服务业	污水	污水量、COD_{Cr}、氰化物、六价铬、总铬
	汽车修理与保养行业	污水	污水量、COD_{Cr}、石油类、总磷
医院		污水	污水量、COD_{Cr}、BOD_5、总磷、动植物油、氨氮、总氮、汞
		废气	废气量、烟尘、二氧化硫、氮氧化物
		固体废物	粉煤灰、炉渣
城镇居民生活		污水	污水量、COD_{Cr}、BOD_5、总磷、动植物油、氨氮、总氮
		废气	废气量、烟尘、二氧化硫、氮氧化物
		固体废物	生活垃圾、粉煤灰、炉渣

5.2 生活源污染核算

5.2.1 生活污水及其污染物产生量

5.2.1.1 生活用水量

居民生活污水产生量与居民用水量有关，生活污水产生量可以根据地区用水定额，结合建筑内部给排水设施水平和排水系统普及程度等因素确定。通常可按当地相关用水定额的 80%~90% 进行核算。

由于经济发展水平以及生活习惯的不同，我国各地区生活用水量不尽相同。为促进全国用水定额的编制，水利部 1999 年就发布了《关于加强用水定额编制和管理的通知》，目前我国已经有 22 个省、直辖市、自治区编制了用水定额标准，见表 5-2。

表 5-2   不同省、直辖市、自治区用水定额标准

序号	省、直辖市、自治区	定额名称	发布时间
1	北京市	北京市主要行业用水定额	2001-11-13
2	天津市	城市生活用水定额（DB12/T 158—2003） 农业用水定额（DB12/T 159—2003） 工业产品取水定额（DB12/T 101—2003）	2003-09-03
3	上海市	上海市用水定额（试行）	2001-03-08
4	重庆市	重庆市部分工业产品用水定额（试行）	2002-03-13
5	河北省	河北省用水定额	2002-05-01
6	山西省	山西省用水定额	2003-02-08
7	内蒙古自治区	内蒙古自治区行业用水定额标准（DB15/T 385—2003）	2003-07-18
8	黑龙江省	黑龙江省行业用水定额	2000-07-11
9	辽宁省	辽宁省行业用水定额（DB21/T 1237—2003）	2003-07-20
10	吉林省	吉林省用水定额（DB22/T 389—2004）	2004-12-01
11	山东省	山东省农业灌溉用水定额与工业用水定额	2004-10-01
12	河南省	河南省用水定额	2004-10

序号	省、直辖市、自治区	定额名称	发布时间
13	湖北省	湖北省用水定额（试行）	2003-10-28
14	四川省	四川省用水定额（试行）	2002-07
15	广西壮族自治区	广西用水定额（试行）	2003-12
16	江西省	江西省城市生活用水定额（DB36/T 419—2003） 江西省工业企业主要产品用水定额（DB36/T 420—2003）	2003-03-27
17	江苏省	江苏省工业及城市生活用水定额	2002-03-06
18	浙江省	浙江省用水定额（试行）（浙水政〔2004〕46 号）	2004-08-10
19	青海省	青海省用水定额（试行）	2004-03
20	陕西省	陕西省行业用水定额	2004-04-23
21	宁夏回族自治区	宁夏回族自治区工业产品取水定额	2005-07
22	甘肃省	甘肃省行业用水定额（甘政发〔2004〕80 号）	2004-10-08

用水定额标准文件中规定了各行业、各建筑类型日用水量参考值，通过住宅日用水量乘以排水系数可以获得具体生活污水排放量。各地区的生活用水量不同，在实际的应用中除可参考用水定额标准外，也可以参考地方的相关规定，本教材参考《建筑给水排水设计规范》（GB 50015—2009），以全国平均水平为依据计算住宅区以及各类生活源用水量，具体计算参数见表 5-3。

5.2.1.2 生活污水产生量

生活污水一般不会安装排水计量装置，因此生活污染源排水量可以用给水量乘以城市污水排放系数来计算，排水系数见表 5-4。

通常生活污水排水系数可以按 0.85 计算，洗车废水和车库冲洗水按 0.9 计算，餐饮废水可按 0.8 计算。

5.2.1.3 生活污水水质

生活污水主要污染物包括化学需氧量（COD_{Cr}）、氨氮、悬浮物、动植物油等。生活污水中污染物浓度与地区发展水平、生活习惯、生活源类型有关。本教材选取全国平均水平，列出了不同类型生活污染源主要污染物的浓度，见表 5-5。将污染物浓度与排水量相乘即可计算主要污染物的排放量。

表 5-3 各类住宅生活用水定额

序号	住宅类别		用水定额	单位
1	普通住宅*	Ⅰ	85~150	L/（人·d）
		Ⅱ	130~300	
		Ⅲ	180~320	
	别墅		200~350	
2	宿舍	Ⅰ类、Ⅲ类	150~200	
		Ⅱ类、Ⅳ类	100~200	
3	招待所、培训中心、普通宾馆		120~200	
4	酒店式公寓		200~300	L/（人·d）
5	宾馆客房	顾客	250~400	L/（床位·d）
		员工	150~250	
6	医院住院部	设单独盥洗室	100~200	L/（床位·d）
		设公用盥洗室、淋浴室	150~250	
		设单独卫生间	250~400	
		医务人员	150~250	L/（人·班）
7	养老院（全托、含食堂用水）		100~150	L/（人·d）
8	幼儿园（无住宿、含食堂用水）		30~50	
9	洗衣房		40~80	L/kg 干衣物
10	餐饮业	中餐酒楼	40~60	L/（位顾客·次）
		快餐、职工及学生食堂	20~25	
		酒吧、咖啡馆、茶座、卡拉OK房子	5~15	
11	商场员工及顾客		5~8	L/（m²·d）
12	办公楼		30~50	L/（人·班）
13	教学实验楼	中小学	20~40	L/（学生·d）
		高等院校	40~50	
14	停车库地面冲洗水		2~3	L/（m²·次）
15	轿车冲洗水、高压水枪冲洗		40~60	L/（辆·次）
	循环用水冲洗补水		20~30	
	抹车、微水冲洗		10~15	
16	绿化水		1~3	L/（m²·次）
17	锅炉补充水		热水管网每小时最大用水量的2%	

*Ⅰ类、Ⅱ类、Ⅲ类住宅的卫生器具设置标准如下：
Ⅰ类住宅：有大便器、洗涤盆。
Ⅱ类住宅：有大便器、洗脸盆、洗涤盆、洗衣盆、热水器和沐浴设备器。
Ⅲ类住宅：有大便器、洗脸盆、洗涤盆、洗衣机、集中热水供应（或家用热水机组）和沐浴设备。

表5-4 生活污水排放系数

城市污水分类	污水排放系数范围
城市综合生活污水	0.8～0.9
城市工业废水	0.7～0.9
城市其他污水	0.7～0.8

表5-5 生活污水中污染物排放浓度

污水种类	主要污染物及浓度范围/（mg/L）	
生活污水	化学需氧量	250～350
	悬浮物	100～200
	氨氮	20～40
	动植物油	30～50
餐饮废水	化学需氧量	350～450
	悬浮物	250～350
	氨氮	70～110
	动植物油	20～40
医疗废水	化学需氧量	150～300
	悬浮物	150～300
	氨氮	10～50
	粪大肠杆菌	1×10^6～3×10^8
洗车废水	石油类	10～30
	悬浮物	100～400

根据《污水排入城市下水道水质标准》（CJ 343—2010）以及《污水综合排放标准》（GB 8978—1996）的要求，城镇居民居住场所以及其他生活污染源的污水通常都要经化粪池处理后才能排入市政下水管网。全国有少部分城市取消了要求单纯以居住为目的的居民小区修建化粪池的规定，但以经营为目的生活污染源废水是一定要经过化粪池处理才能排放的。

现在城镇居民居住场所，生活污水多数经由化粪池及其他处理工艺后排入下水道，进入城镇生活污水处理厂，化粪池等初级处理设施对污染物具有一定去除作用，对不同污染物的处理率可参考表5-6。

表 5-6 一级污水处理设施污染物处理效率

设施名称	污染物名称	处理效率/%
化粪池	化学需氧量（COD$_{Cr}$）	20
	悬浮物（SS）	50
	动植物油类	15
	氨氮	—
隔油池、化粪池	化学需氧量（COD$_{Cr}$）	30
	悬浮物	70
	动植物油	60
	氨氮	—
隔油、沉淀	石油类	70
	悬浮物（SS）	80

5.2.1.4 污染物产生量

污染物的量可通过浓度与污水排放量相乘计算，计算公式如式（5-1）所示。

$$G_i = C_i \times Q \times K \tag{5-1}$$

式中，G_i——生活污水污染物 i 的产生量；

C_i——生活污水污染物 i 的浓度，mg/L；

Q——污水排放量，t；

K——单位换算系数，取 $K = 10^{-6}$。

[例 5-1]：某拟建居民小区预计住户 630 户，入住人数为 2 500 人，请估算该小区建成后年生活污水的产生量以及 COD$_{Cr}$、氨氮产生量。该小区属于Ⅱ类小区。

解：参考表 5-3 和表 5-5 的基本信息，该小区生活源污水及污染物产生量计算如下：

污水产生量：2 500×180×365×10^{-3}×0.8 = 131 400（t）

污染物产生量：

CODₐ: $G_i = C_i \times Q \times K = 250 \times 131\,400 \times 10^{-6} = 32.85$（t）

氨氮： $G_i = C_i \times Q \times K = 30 \times 131\,400 \times 10^{-6} = 3.94$（t）

答：该小区建成后，污水产生量为 131 400 t/年，化学需氧量 32.85 t/年，氨氮 3.94 t/年。

污染物排放量与选择的排放浓度有关，在选择污染物排放浓度时，可综合考虑地区排放因素，通过多方面资料综合分析再确定合适的浓度，这将提高污染物核算的准确性。

生活污水中污染物产生量也可通过系数计算，常用简便计算系数见表 5-7，通过与人口数相乘即可计算污染物产生量。

表 5-7 生活污染产生系数

序号	污染物	污染物产生系数/[g/（人·d）]
1	五日生化需氧量（BOD₅）	25～50
2	悬浮固体量（SS）	40～65
3	总磷	5～11
4	总氮	0.7～1.4

上述污染物产生系数可以计算城镇居民生活产生污染物的量，例如，某地区城镇居民生活源水污染物产生量，可通过人口数量与系数相乘获得，但对特定的第三产业，如医院、酒店、餐馆等，上述污染物产生系数并不适用。

5.2.2 生活污染源废气产生量

生活废气及其污染物产生与生活燃料类型及使用量有关。生活燃料主要用于取暖、炉灶餐饮。目前常用的生活燃料有煤、燃料油、天然气、石油液化气等，主要的污染物以二氧化硫、氮氧化物、颗粒物为主。不同燃料污染物的产生规律不同，燃煤产生污染物最为严重。

居民生活能源消耗量与地区发展情况、居民生活方式有关，读者在核算过程中可以通过区域实际情况来确定居民能耗情况。

燃料燃烧产生污染物计算方法，可参考第 2 章大气污染核算。

5.2.3 生活垃圾产生量

5.2.3.1 生活垃圾分类

生活垃圾主要来自居民家庭、政府事业单位办公机构、工业企业单位、清扫保洁、园林绿化等场所。根据《城市生活垃圾分类及其评价标准》（CJ/T 102—2004）的规定，生活垃圾包括可回收物、大件垃圾、可堆肥垃圾、可燃垃圾、有害垃圾、其他垃圾，如表 5-8 所示。

表 5-8　生活垃圾分类

分类	分类类别	内　容
一	可回收物	包括下列适宜回收循环使用和资源利用的废物： 1.纸类：未严重玷污的文字用纸、包装用纸和其他纸制品等 2.塑料：废容器塑料、包装塑料等塑料制品 3.金属：各种类别的废金属物品 4.玻璃：有色和无色废玻璃制品 5.织物：旧纺织衣物和纺织制品
二	大件垃圾	体积较大、整体性强，需要拆分再处理的废弃物品 包括废家用电器和家具等
三	可堆肥垃圾	垃圾中适宜于利用微生物发酵处理并制成肥料的物质 包括剩余饭菜等易腐食物类厨余垃圾，树枝花草等可堆沤的植物类垃圾等
四	可燃垃圾	可以燃烧的垃圾 包括植物类垃圾，不适宜回收的废纸类、废塑料橡胶、旧织物用品、废木等
五	有害垃圾	垃圾中对人体健康或自然环境造成直接或潜在危害的物质 包括废日用小电子产品、废油漆、废灯管、废日用化学品和过期药品等
六	其他垃圾	在垃圾分类中，按要求进行分类以外的所有垃圾

生活垃圾产生量与区域经济发展水平、居民生活习惯有着很大的关系。

我国不少学者对生活垃圾产生规律做了大量研究。有文献指出生活垃圾产生

量与城市规模、人均可支配收入、家庭结构、城市化率、地域、区域气候条件
（主要是指气温）等有很大关系，部分城市因为旅游业开发，旅游人次也是生活垃
圾产生量的影响因素。

5.2.3.2 生活垃圾产生系数

生活垃圾人均日产生量系数按当地实际资料来确定，若无资料时，可使用
0.8～1.8 kg/（人·d）。也可参考《城市环境卫生设施规划规范》中提出的生活垃
圾人均产生量，具体见表 5-9。

表 5-9 生活垃圾产生系数

生活垃圾种类	垃圾产生系数
城镇居民生活垃圾	1 kg/（人·d）
农村居民生活垃圾	0.8 kg/（人·d）
办公室、商场生活垃圾产生量	0.5 kg/（人·d）
	1 kg/（100 m²·d）
餐饮垃圾产生量	10 kg/（m²·d）

近年来，我国农村环境综合整治工作日益完善，农村生活垃圾产生量也有大
量的研究报道。岳波等在《我国农村生活垃圾的产生特征研究》中详细介绍了农
村生活垃圾产生的规律。通过大量调研数据获得全国农村生活垃圾平均产生系数
为 0.76 kg/（人·d），各区域农村生活垃圾产生量见表 5-10。

表 5-10 不同区域农村生活垃圾产生系数

地域	垃圾产生系数/[kg/（人·d）]
东部	0.77
中部	0.98
西部	0.51
南方	0.66
北方	1.01

5.2.3.3　建筑垃圾产生量核算

建筑垃圾是指在拆迁、建设、装修、修缮等生产活动中产生的渣土、废旧混凝土、废旧砖石及其他废物的统称。按产生源分类，建筑垃圾可分为工程渣土、装修垃圾、拆迁垃圾、工程泥浆等；按组成成分分类，建筑垃圾可分为渣土、混凝土块、碎石块、砖瓦碎块、废砂浆、泥浆、沥青块、废塑料、废金属、废竹木等。

建筑垃圾的产生量与施工类别、施工面积有关，我国不少城市均出台了相关的建筑垃圾计算规范，在建筑垃圾量的核算过程中可以参考相关标准以及文件。本教材参考我国部分城市出台的相关文件，总结归纳了不同建设过程的建筑垃圾产生量的核算系数与方法。

建筑垃圾计算可分为建筑物拆除工程、新建房屋工程、绿化建设工程、装饰装修工程几个方面。

（1）拆除工程

拆除工程包括房屋拆除工程和构筑物拆除工程，垃圾产生量可通过如下经验公式进行计算。

$$房屋拆除工程建筑垃圾量＝建筑面积×单位面积垃圾量$$

①建筑面积可通过两种方式来确定，一是尚未拆除的建筑，二是已经拆除的建筑。

尚未拆除房屋的建筑面积按照房产证或拆迁许可证等证载面积计算；没有证件的房屋按实测面积计算；低于 2.2 m 的棚户房按照房屋面积的 60%计算。

②已拆除的房屋建筑面积按照测绘管理部门提供或确认的 1/500 地形图计算。

拆除房屋建筑垃圾产生系数见表 5-11。

表 5-11   拆除房屋建筑垃圾产生系数

拆除建筑		建筑垃圾核算系数/（t/m²）	备注
民用房屋建筑	民用房屋建筑	1.3	
	砖木结构	0.8	
	砖混结构	0.9	
	钢筋混凝土结构	1	
	钢结构	0.2	
厂房、仓储类房屋	钢结构	0.2	跨度 9 m 以上
	其他	按民用房 40%～60%计算	
建筑物拆除		1.9 t/m³	
规模性拆除		1.3 t/m² 或 0.81 m³/m²	建筑垃圾 1.6 t/m³

（2）新建工程

本教材中新建工程分为新建房屋、道路、管沟建设、绿化建设、装饰装修等几类。

1）弃土量计算

新建工程的弃土量如果已经有招标工程以及相关的施工预算，可以参考招标施工图中的预算相关子项目进行计算。具体计算公式如式（5-2）所示。

$$G = (W - W_T) \cdot K \qquad (5\text{-}2)$$

式中，G——弃土量，t；

W——施工开挖量，m³；

W_T——回填量，m³；

K——单位弃土量，t/m³，通常按黏土计算，取 1.6 t/m³。

绿化工程建设主要建筑垃圾也为弃土，可参考式（5-2）其相关子项目（如开挖量）或施工图纸。

新建房屋若提前介入的基础弃土量可以通过式（5-3）计算。

$$G = 1.3S \cdot H \qquad (5\text{-}3)$$

式中，G——新建房屋若提前介入的基础弃土量；

      S——建筑占地面积；

      H——开挖深度，m；

      1.3——工程挖土周边放坡和周边占地系数。

  2）主体施工建筑垃圾

本教材中主体施工建筑垃圾主要介绍房屋建筑以及装修两类工程的垃圾产生量为主。装饰装修工程包括公共建筑类装饰装修工程和居民住宅装饰装修工程。公共建筑类包括办公楼（写字楼）、商店、餐饮、旅馆、夜总会等。

居民住宅装修按单位面积垃圾产生量核算，其他装修则按照投入情况来核算。具体计算见式（5-4）和式（5-5）。

$$G_{\mathrm{h}} = S \cdot K \qquad\qquad (5\text{-}4)$$

式中，G_{h}——新建房屋建筑垃圾，t；

      S——新建房屋建筑施工面积，居民装修面积；

      K——砖混结构取 0.05 t/m³，钢筋混凝土结构取 0.03 t/m³，160 m² 以下的居民住宅按每平方米 0.1 t，161 m² 以上的居民住宅按每平方米 0.15 t。

$$G_{\mathrm{p}} = C \cdot K \qquad\qquad (5\text{-}5)$$

式中，G_{p}——公共建筑装修工程建筑垃圾产生量，公共建筑包括办公楼（写字楼）、商店、餐饮、旅馆、夜总会等；

      C——公共建筑装修造价，只包含装修工程造价，无设备费用，万元；

      K——按装修造价取值，办公楼（写字楼）为 2 t/万元，商店、餐饮、旅馆、夜总会为 3 t/万元。

5.3 系数法核算生活污染

目前生活污染源系数以第一次全国污染源普查期间编制的生活污染源产排污

系数最为权威，其列举了城镇居民生活、餐饮、酒店住宿、理发洗浴、洗车修理、医院等诸多生活污染源的污染物产生排放系数。该系数根据生活习惯、气候条件等不同，将全国（港、澳、台地区除外）分为不同的区域，根据各区域经济发展差异将区域内城市划分为若干类，以此分别制定污染物产排污系数。本教材根据工作需要以及方便阅读，摘取了部分系数内容，读者若要参考完整版本，可查阅中国环境科学出版社出版的《第一次全国污染源普查资料文集——污染源普查产排污系数手册（下）》。

5.3.1 城镇居民生活源核算

5.3.1.1 城镇居民生活源分区

城镇居民污染是指城镇居民日常居家生活产生的污染，不包含以服务为主的第三产业产生的污染。城镇居民生活污染物核算除了监测数据核算和 5.2.3.2 介绍的系数外，使用较为普遍和权威的系数就是第一次全国污染源普查期间编制的生活污染源产排污系数。该系数将全国分划分为五个区域（港、澳、台地区除外），具体如下。

一区：黑龙江、吉林、辽宁、内蒙古、山西、山东、河北、北京、天津。
二区：江苏、上海、浙江、福建、广东、广西、海南。
三区：河南、湖北、湖南、江西、安徽。
四区：重庆、四川、贵州、云南。
五区：陕西、宁夏、甘肃、青海、新疆、西藏。
各区根据城镇居民人均消费水平将同一区域按城市划分为五个类别，见表 5-12。

5.3.1.2 居民生活污水及水污染物核算

系数中列出了生活污水量、化学需氧量、五日生化需氧量、氨氮、总氮、总磷、动植物油、生活垃圾量几类污染物指标的产生系数以及排放系数。根据排放构筑物的不同，又可以将排放系数分为直排系数和化粪池处理后排放系数，见表 5-13。

表5-12 城镇居民生活污染源系数城市分区表*

城市类别	一区	二区	三区	四区	五区
1类	北京：北京市区 天津：天津市区 辽宁：沈阳市、大连市 山西：太原市 山东：济南市、青岛市	江苏：南京市、无锡市、常州市、苏州市 上海：上海市 浙江：杭州市、宁波市 福建：厦门市 广东：广州市、深圳市、珠海市、佛山市、东莞市、中山市	湖南：长沙市 湖北：武汉市 江西：南昌市 安徽：合肥市 河南：郑州市	重庆：重庆市区① 四川：成都市	陕西：西安市
2类	黑龙江：哈尔滨市、大庆市 吉林：长春市 辽宁：鞍山市、盘锦市、本溪市 内蒙古：呼和浩特市 河北：石家庄市、唐山市 山西：阳泉市、晋城市、朔州市 北京、天津：市辖县 山东：淄博市、东营市、烟台市、威海市	江苏：南通市、镇江市、扬州市 浙江：嘉兴市、湖州市、绍兴市、金华市、舟山市、温州市、台州市 福建：福州市、泉州市 广东：佛山市、惠州市、江门市、汕头市 广西：南宁市、柳州市	湖南：株洲市、湘潭市 湖北：宜昌市、黄石市、鄂州市 江西：新余市、鹰潭市 安徽：芜湖市、马鞍山市、铜陵市 河南：洛阳市、焦作市、三门峡市	四川：攀枝花市 贵州：贵阳市 云南：昆明市、玉溪市	陕西：延安市 宁夏：银川市 甘肃：兰州市、嘉峪关市、金昌市 青海：西宁市 新疆：乌鲁木齐市、克拉玛依市、依市 西藏：拉萨市

* 本表城市分类以2007年各城市人均GDP和居民人均消费水平为依据，摘录自《第一次全国污染源普查资料文集——污染源普查产排污系数手册（下）》（中国环境科学出版社）。

城市类别	一区	二区	三区	四区	五区
3类	黑龙江：双鸭山市、七台河市、牡丹江市 吉林：吉林市、辽源市、松原市、白山市、四平市 辽宁：抚顺市、辽阳市、营口市 内蒙古：乌海市、鄂尔多斯市、阿拉善盟 河北：秦皇岛市、邯郸市、廊坊市、沧州市 山西：大同市、晋中市、吕梁市、长治市、临汾市 山东：泰安市、济宁市、德州市、日照市、滨州市、莱芜市、枣庄市	江苏：徐州市、泰州市 浙江：衢州市 福建：莆田市、三明市、漳州市、龙岩市 广东：韶关市、潮州市、揭阳市、肇庆市、茂名市、清远市、阳江市、湛江市 海南：海口市、三亚市 广西：桂林市、北海市、防城港市	湖南：常德市、岳阳市、郴州市 湖北：襄阳市、荆门市 江西：景德镇市、萍乡市、九江市 河南：平顶山市、新乡市、安阳市、许昌市、濮阳市、漯河市、鹤壁市、南阳市、宣城市 安徽：蚌埠市、淮南市、淮北市、黄山市	四川：自贡市、德阳市、绵阳市、乐山市 云南：曲靖市	陕西：铜川市、咸阳市、宝鸡市 甘肃：酒泉市 新疆：吐鲁番地区、昌吉州、巴音郭楞蒙古自治州 西藏：阿里地区、林芝地区
4类	黑龙江：齐齐哈尔市、鹤岗市、伊春市、佳木斯市、大兴安岭地区 吉林：通化市、白城市、延边自治州 辽宁：锦州市、丹东市、铁岭市、朝阳市、葫芦岛市 内蒙古：呼伦贝尔市、赤峰市、通辽市、乌兰察布市、巴彦淖尔市、锡林郭勒盟 河北：邢台市、承德市、张家口市、保定市、衡水市 山西：运城市、忻州市 山东：聊城市、菏泽市、临沂市	江苏：连云港市、淮安市、宿迁市 浙江：丽水市 福建：南平市、宁德市 广东：汕尾市、云浮市、梅州市、河源市 广西：梧州市、钦州市、来宾市、玉林市、百色、贺州市、崇左市	湖南：衡阳市、益阳市、娄底市、永州市、怀化市 湖北：孝感市、十堰市、随州市、荆州市 江西：赣州市、吉安市、上饶市、宜春市 河南：开封市、商丘市、信阳市 安徽：滁州市、宿州市、六安市、安庆市、池州市、巢湖市	四川：泸州市、资阳市、南充市、眉山市、雅安市、广安市、达州市、遂宁市、内江市、凉山州 贵州：六盘水市、遵义市、安顺市 云南：楚雄州、大理州、怒江州、西双版纳州、红河州、迪庆州	陕西：渭南市、汉中市、康市 宁夏：石嘴山市、吴忠市、中卫市 甘肃：白银市、张掖市、庆阳市、武威市 青海：海西州、海北州 新疆：哈密地区、阿克苏地区、塔城地区、博尔塔拉蒙古自治州、伊犁哈萨克、阿勒泰地区 西藏：山南地区

城市类别	一区	二区	三区	四区	五区
5类	黑龙江：黑河市、绥化市 内蒙古：兴安盟 其他省或地区直管县、自治州等	江苏：盐城市 广西：贵港市、河池市 其他省直辖行政单位	湖南：邵阳市、湘西州 湖北：黄冈市、恩施州 河南：周口市、驻马店市 江西：抚州市 安徽：阜阳市、亳州市 其他省或地区直辖县级市	四川：巴中市、广元市 贵州：黔东南州、铜仁、毕节、黔西南州、黔南州 云南：普洱市、昭通市、丽江市、临沧市、德宏州、保山市、文山州 其他省或地区直辖县级市	陕西：商洛市 宁夏：固原市 甘肃：天水市、平凉市、陇南市、临夏州、定西市、甘南州 青海：海东、黄南洲、海南州、果洛洲、玉树州 西藏：昌都、日喀则、那曲 新疆：和田地区、喀什地区、克孜州 其他省或地区直辖县级市

①重庆市共辖19个区、21各县（自治县），分类如下：

一类：渝中区、大渡口区、九龙坡区。

二类：江北区、沙坪坝区、南岸区、双桥区、渝北区、涪陵区。

三类：北碚区、巴南区、万盛区、江津区、长寿区、城口县、合川区、永川区、江津区、綦江县、武隆区、南川区、万州区、黔江区、石柱土家族自治县、丰都县、忠县、秀山土家族苗族自治县、彭水苗族土家族自治县。

四类：梁平县、奉节县、巫山县、巫溪县、云阳县、酉阳土家族苗族自治县。

五类：铜梁县、大足县、昌荣县、璧山县。

表5-13　各区生活污染废水污染物与生活垃圾产生、排放系数

城市类别	污染物指标	单位	产生系数					建筑物排污系统	排放系数				
			一区	二区	三区	四区	五区		一区	二区	三区	四区	五区
一类	生活污水量	L/(人·d)	145	185	180	150	125	—	145	185	180	150	125
	化学需氧量	g/(人·d)	77	79	81	82	76	直排	77	79	81	82	76
								化粪池	61	63	65	66	61
	五日生化需氧量		32	33	36	34	31	直排	32	33	36	34	31
								化粪池	25	26	29	27	25
	氨氮		9.5	9.7	8.8	9.6	8.3	直排	9.5	9.7	8.8	9.6	8.3
								化粪池	9.2	9.4	8.6	9.3	8
	总氮		13.6	13.9	12.6	13.7	11.8	直排	13.6	13.9	12.6	13.7	11.8
								化粪池	11.5	11.8	10.7	11.6	10
	总磷		0.95	1.16	0.91	1.3	1.05	直排	0.95	1.16	0.91	1.26	1.05
								化粪池	0.81	0.98	0.77	1.07	0.89
	动植物油		2.21	2	2.15	2.21	1.89	直排	2.21	2	2.15	2.21	1.89
								化粪池	1.88	1.7	1.83	1.88	1.61
	生活垃圾量	kg/(人·d)	0.91	0.88	0.92	0.83	0.72	直排	0.91	0.88	0.92	0.83	0.72

城市类别	污染物指标	单位	产生系数					建筑物排污系统	排放系数				
			一区	二区	三区	四区	五区		一区	二区	三区	四区	五区
三类	生活污水量	L/(人·d)	135	175	170	140	118	—	135	175	170	140	118
	化学需氧量	g/(人·d)	69	73	74	72	68	直排	69	73	74	72	68
								化粪池	56	58	59	57	55
	五日生化需氧量		27	31	32	29	28	直排	27	31	32	29	28
								化粪池	22	25	26	24	23
	氨氮		8.8	9.1	8.3	9	8	直排	8.8	9.1	8.3	9	8
								化粪池	8.5	8.8	8	8.7	7.7
	总氮		12.5	12.9	11.8	12.8	11.4	直排	12.5	12.9	11.8	12.8	11.4
								化粪池	10.6	11	10	10.9	9.7
	总磷		0.92	1.05	0.84	1.14	0.95	直排	0.92	1.05	0.84	1.14	0.95
								化粪池	0.78	0.89	0.72	0.97	0.81
	动植物油		1.79	1.47	1.79	1.77	1.77	直排	1.79	1.47	1.79	1.77	1.77
								化粪池	1.52	1.25	1.52	1.5	1.5
	生活垃圾量	kg/(人·d)	0.81	0.78	0.78	0.73	0.65	直排	0.81	0.78	0.78	0.73	0.65

城市类别	污染物指标	单位	产生系数 一区	二区	三区	四区	五区	建筑物排污系统	排放系数 一区	二区	三区	四区	五区
三类	生活污水量	L/（人·d）	125	164	160	130	110	—	125	164	160	130	110
	化学需氧量	g/（人·d）	66	69	67	65	64	直排	66	69	67	65	64
								化粪池	54	57	55	54	53
	五日生化需氧量		25	29	31	26	25	直排	25	29	31	26	25
								化粪池	21	24	25	22	21
	氨氮		8.1	8.2	7.6	8.3	7.7	直排	8.1	8.2	7.6	8.3	7.7
								化粪池	7.9	8.0	7.4	8.1	7.5
	总氮		11.6	11.7	10.9	11.9	11.1	直排	11.6	11.7	10.9	11.9	11.1
								化粪池	9.9	9.9	9.3	10.1	9.4
	总磷		0.84	0.95	0.78	1.02	0.84	直排	0.84	0.95	0.78	1.02	0.84
								化粪池	0.72	0.81	0.66	0.87	0.72
	动植物油		1.58	1.26	1.53	1.66	1.66	直排	1.58	1.26	1.53	1.66	1.66
								化粪池	1.34	1.07	1.30	1.41	1.41
	生活垃圾量	kg/（人·d）	0.70	0.66	0.70	0.62	0.57	直排	0.70	0.66	0.70	0.62	0.57

城市类别	污染物指标	单位	产生系数					建筑物排污系统	排放系数				
			一区	二区	三区	四区	五区		一区	二区	三区	四区	五区
四类	生活污水量	L/(人·d)	115	153	150	125	103	—	115	153	150	125	103
	化学需氧量	g/(人·d)	63	64	64	59	58	直排	63	64	64	59	58
								化粪池	52	53	53	49	48
	五日生化需氧量		24	28	29	24	22	直排	24	28	29	24	22
								化粪池	24	23	24	20	18
	氨氮		7.7	7.9	7.4	8	7.6	直排	7.7	7.9	7.4	8	7.6
								化粪池	7.5	7.7	7.3	7.8	7.3
	总氮		10.6	11	10.3	11.1	10.6	直排	10.6	11	10.3	11.1	10.6
								化粪池	9.4	9.7	9.1	9.7	9.4
	总磷		0.74	0.84	0.72	0.91	0.74	直排	0.74	0.84	0.72	0.91	0.74
								化粪池	0.65	0.74	0.63	0.8	0.65
	动植物油		1.47	1.16	1.35	1.37	1.58	直排	1.47	1.16	1.35	1.37	1.58
								化粪池	1.3	1.02	1.19	1.2	1.39
	生活垃圾量	kg/(人·d)	0.58	0.53	0.56	0.5	0.49	直排	0.58	0.53	0.56	0.5	0.49

城市类别	污染物指标	单位	产生系数 一区	二区	三区	四区	五区	建筑物排污系统	排放系数 一区	二区	三区	四区	五区
五类	生活污水量	L/（人·d）	105	145	140	120	95	—	105	145	140	120	95
	化学需氧量	g/（人·d）	60	58	59	53	53	直排	60	58	59	53	53
								化粪池	51	49	50	45	45
	五日生化需氧量		22	26	27	21	19	直排	22	26	27	21	19
								化粪池	19	22	23	18	16
	氨氮		7.2	7.4	7.2	7.5	7.3	直排	7.2	7.4	7.2	7.5	7.3
								化粪池	7	7.3	7	7.3	7.1
	总氮		10	10.3	10	10.4	10.1	直排	10	10.3	10	10.4	10.1
								化粪池	8.8	9.1	8.8	9.2	8.9
	总磷		0.63	0.74	0.63	0.81	0.64	直排	0.63	0.74	0.63	0.81	0.64
								化粪池	0.56	0.65	0.56	0.71	0.56
	动植物油		1.16	0.95	1.04	1.05	1.47	直排	1.16	0.95	1.04	1.05	1.47
								化粪池	1.02	0.83	0.92	0.93	1.3
	生活垃圾量	kg/（人·d）	0.44	0.46	0.48	0.44	0.43	直排	0.44	0.46	0.48	0.44	0.43

该系数表单列出了每人每天的污染物产生量，根据核算项目所在的区域、城市类别、选择相应的系数，通过与人数相乘可以获得核算项目的污染物产生量。

5.3.1.3 城镇居民废气及废气污染物核算

城镇居民废气与废气污染物主要来自居民生活能耗，如居民取暖。城镇居民生活污染源能耗主要以燃气、燃油为主，且污染排放较分散。

生活污染源产排污系数（收录于中国环境出版社出版的《第一次全国污染源普查资料文集——污染源普查产排污系数手册（下）》）给出了城镇居民生活源不同燃料污染物产生系数，见表5-14。通过居民生活消耗的具体能源与该系数相乘，即可获得相关的污染物产生量。

表5-14　燃气排污系数

能源类型	污染物指标	单位	产污系数
石油液化气	烟气量	m^3/t 气	17 000
	烟尘	g/t 气	4.7
	二氧化硫	kg/t 气	0.006 8
	氮氧化物	kg/t 气	1.2
		kg/万 m^3 气	29.9
管道煤气	烟气量	m^3/万 m^3 气	54 800
	烟尘	g/万 m^3 气	15
	二氧化硫	kg/万 m^3 气	0.7
	氮氧化物	kg/万 m^3 气	7.68
管道天然气	烟气量	m^3/万 m^3 气	128 000
	烟尘	g/万 m^3 气	10
	二氧化硫	kg/万 m^3 气	0.09
	氮氧化物	kg/万 m^3 气	8
燃料油*	烟气量	m^3/t 油	11 000
	烟尘	kg/t	1.18
	氮氧化物	kg/t	10.65
	二氧化硫	kg/t	16

注：*生活能源中燃料油主要用于机动车燃油，由于机动车污染物排放有独立核算方法，此处仅供参考。

5.3.2 其他生活源核算

生活污染源除了居民生活产生的污染物之外，还包括第三产业产生的污染，如住宿餐饮、酒店、洗浴等服务行业，不同行业具有不同污染物产生特点。第一次全国污染源产排污系数囊括了全国各地区的各类第三产业的污染物产排污系数。本节重点介绍住宿业、餐饮行业污染物系数，其余行业系数只作简单的介绍，读者可查阅参考中国环境科学出版社出版的《第一次全国污染源普查资料文集——污染源普查产排污系数手册（下）》。

5.3.2.1　住宿业污染物核算

本系数中的住宿业是指以住宿服务为主或包含饮食、美容美发、洗浴等附属经济活动的住宿酒店。除规模以外，住宿业产排污系数还综合考虑了各地经济发展水平、酒店入住率、气候特点和生活习惯等因素，系数将全国（港、澳、台地区除外）分为三区，如表 5-15 所示。

表 5-15　住宿业区域的划分

序号	区域分类	包括的省（直辖市、自治区）
1	一区	广东、海南、上海、北京、江苏、浙江、山东、天津、福建
2	二区	湖南、湖北、安徽、江西、河南、四川、重庆、广西、云南、贵州
3	三区	吉林、辽宁、黑龙江、陕西、甘肃、青海、西藏、宁夏、山西、河北、内蒙古、新疆

系数根据床位数量，将住宿业规模分为大型、中型、小型 3 类，床位数≥200 张的为大型，50~200 张的为中型，≤50 张的为小型。

系数列出了各类水污染物和生活垃圾产排系数。住宿业若使用锅炉，污染物核算可参考本教材关于锅炉废气排放计算方法（2.3 节，2.4 节），也可参考生活源废气计算系数（5.3.1.3 节）。

系数同时考虑了污水处理对污染物的削减，根据各类水处理方式的平均去除效率确定了污染物的排放系数。本系数包含的污水处理有 3 类，即预处理（指化粪池处理或简单的物理处理及化学处理）、生化处理（指生物处理和组合工艺处理）、深度处理（在预处理和生化处理基础上进行物理化学处理）。

住宿业产、排污系数见表 5-16。

表5-16　住宿业产排污系数

酒店类型	污染物	计量单位/企业规模	产污系数 一区·大型	产污系数 一区·中型	产污系数 二区·大型	产污系数 二区·中型	产污系数 三区·大型	产污系数 三区·中型	污染治理类型	排污系数 一区·大型	排污系数 一区·中型	排污系数 二区·大型	排污系数 二区·中型	排污系数 三区·大型	排污系数 三区·中型
旅游饭店	污水量	kg/(床位·d)	用水量的92%						—	用水量的92%					
	垃圾产生量	kg/(床位·d)	0.4	0.35	0.35	0.3	0.3	0.25	—	0.4	0.35	0.35	0.3	0.3	0.25
	化学需氧量	g/(床位·d)	60	52	53	48	51	42	直排	60	52	53	48	51	42
									预处理	42	36.4	37.1	33.6	35.7	29.4
									生化处理	17.4	15.6	15.9	14.4	15	12.6
									深度处理	5.8	5.2	5.3	4.8	5	4.2
	总磷	g/(床位·d)	0.77	0.68	0.7	0.66	0.66	0.59	直排	0.77	0.68	0.7	0.66	0.66	0.59
									预处理	0.65	0.58	0.6	0.56	0.56	0.5
									生化处理	0.54	0.48	0.49	0.46	0.46	0.41
									深度处理	0.15	0.14	0.14	0.13	0.13	0.12
	总氮	g/(床位·d)	8.1	7.2	7.2	6.8	6.6	6	直排	8.1	7.2	7.2	6.8	6.6	6
									预处理	7.29	6.48	6.48	6.12	5.94	5.4
									生化处理	4.86	4.32	4.32	4.08	3.96	3.6
									深度处理	2.43	2.16	2.16	2.04	1.98	1.8
	氨氮	g/(床位·d)	5.7	5.2	5.1	4.9	4.8	4.3	直排	5.7	5.2	5.1	4.9	4.8	4.3
									预处理	5.7	5.2	5.1	4.9	4.8	4.3
									生化处理	2.28	2.08	2.04	1.96	1.92	1.72
									深度处理	0.86	0.78	0.77	0.74	0.72	0.65

酒店类型	污染物	计量单位	产污系数						污染治理类型	排污系数					
		企业规模	一区		二区		三区			一区		二区		三区	
			中型	小型	中型	小型	中型	小型		中型	小型	中型	小型	中型	小型
一般旅馆	污水量	kg/(床位·d)	用水量的92%						—	用水量的92%					
	垃圾产生量		0.25	0.22	0.2	0.17	0.18	0.15	—	0.25	0.22	0.2	0.17	0.18	0.15
	化学需氧量	g/(床位·d)	43	39	38	35	35	33	直排	43	39	38	35	35	33
									预处理	30.1	27.3	26.6	24.5	24.5	23.1
	总磷		0.6	0.51	0.53	0.47	0.49	0.45	直排	0.6	0.51	0.53	0.47	0.49	0.45
									预处理	0.51	0.43	0.45	0.4	0.42	0.38
	总氮		6.1	5.1	5.4	4.8	4.9	4.5	直排	6.1	5.1	5.4	4.8	4.9	4.5
									预处理	5.49	4.59	4.86	4.32	4.41	4.05
	氨氮		4.3	3.5	3.8	3.1	3.5	2.9	直排	4.3	3.5	3.8	3.1	3.5	2.9
									预处理	4.3	3.5	3.8	3.1	3.5	2.9

摘自《第一次全国污染源源普查资料文集——污染源普查产排污系数手册（下）》（中国环境科学出版社）。

5.3.2.2 餐饮行业

餐饮行业产排污系数根据各地区生活习惯、气候条件、经济发展水平以及菜系等特点，将全国分为 6 个区域（港、澳、台地区除外），见表 5-17。

表 5-17　餐饮业区域的划分

序号	区域分类	包括的省（直辖市、自治区）
1	一区	吉林、辽宁、黑龙江
2	二区	广东、海南、福建、上海、江苏、浙江
3	三区	北京、天津、山东、河北、山西、河南
4	四区	湖南、湖北、安徽、江西
5	五区	四川、重庆、云南、贵州、广西
6	六区	陕西、甘肃、青海、西藏、宁夏、新疆、内蒙古

系数根据餐位数量将餐饮行业分为大型、中型、小型 3 类，餐位数≥500 张的为大型，100～500 张餐位的为中型，餐位数≤100 张的为小型。

系数规定了正餐、快餐和其他餐饮行业 3 种餐饮类型。其他餐饮指茶楼（馆）、酒吧、咖啡馆、麻将馆等场所。

通过系数可计算污水量、餐饮垃圾、化学需氧量、总磷、总氮、氨氮的产生和排放量。

（1）餐饮污水量

餐饮污水量可通过用水量来核算，即餐饮用水乘以相关污水产生系数获得，产生系数一般取 0.88。餐饮污水量也可以通过单位餐位的污水产生系数核算，即通过餐位数量与污水产生系数相乘获得污水产生量，餐饮产污系数见表 5-18。具体核算方法应根据实际工作而定。

（2）餐饮污染物

正餐与快餐的污染物产生、排放系数须通过规模与区域来确定。其他餐饮未划分区域与规模，产排污系数相对简单，具体系数表单见表 5-19～表 5-21。从系数表单选取适合的系数，与餐位数相乘即可获得餐饮污染的产生量与排放量。

表 5-18　餐饮行业污水产生系数

区域	行业小类	正餐			快餐		其他餐饮业
	规模大小	大	中	小	中	小	不分规模
	计量单位	t/（餐位·d）					
一区	核算系数	0.06	0.07	0.08	0.06	0.07	0.06
	校核系数	0.02～0.60	0.02～0.60	0.02～0.60	0.01～0.35	0.01～0.35	0.02～0.60
二区	核算系数	0.1	0.11	0.12	0.05	0.06	0.06
	校核系数	0.03～0.80	0.03～0.80	0.03～0.80	0.01～0.40	0.01～0.40	0.01～0.40
三区	核算系数	0.08	0.09	0.1	0.07	0.08	0.06
	校核系数	0.02～0.65	0.02～0.65	0.02～0.65	0.01～0.40	0.01～0.40	0.01～0.40
四区	核算系数	0.09	0.1	0.11	0.08	0.09	0.06
	校核系数	0.03～0.75	0.03～0.75	0.03～0.75	0.01～0.40	0.01～0.40	0.01～0.40
五区	核算系数	0.08	0.09	0.09	0.07	0.08	0.06
	校核系数	0.03～0.70	0.03～0.70	0.03～0.70	0.01～0.40	0.01～0.40	0.01～0.40
六区	核算系数	0.05	0.06	0.07	0.05	0.06	0.06
	校核系数	0.02～0.60	0.02～0.60	0.02～0.60	0.01～0.35	0.01～0.35	0.01～0.35

表 5-19　其他餐饮服务产排污系数

行业小类	规模大小	污染物指标	计量单位	产污系数	污水处理方式	排污系数
其他餐饮	不分	污水量		用水量的88%		
		垃圾产生量	kg/（餐位·d）	0.30	—	0.30
		化学需氧量	g/（餐位·d）	57	直排	57
					预处理	40
		总磷	g/（餐位·d）	0.12	直排	0.12
					预处理	0.10
		总氮	g/（餐位·d）	1.67	直排	1.67
					预处理	1.50
		氨氮	g/（餐位·d）	0.70	直排	0.70
					预处理	0.70
		动植物油	g/（餐位·d）	6.0	直排	6.0
					预处理	3.0

表5-20 正餐服务产排污系数

规模	污染物指标	计量单位	产污系数（用水量的88%）						污水处理方式	排污系数（用水量的88%）					
			一区	二区	三区	四区	五区	六区		一区	二区	三区	四区	五区	六区
大型	污水量	—	用水量的88%						—	用水量的88%					
	垃圾产生量	kg/（餐位·d）	0.32	0.54	0.41	0.43	0.33	0.41	—	0.32	0.54	0.41	0.43	0.33	0.41
	化学需氧量	g/（餐位·d）	97	131	118	140	152	92	直排	97	131	118	140	152	92
									预处理	68	92	83	98	106	65
									生化处理	29.1	39.3	35.5	42.1	45.5	27.7
	总磷	g/（餐位·d）	0.28	0.46	0.38	0.4	0.47	0.29	直排	0.28	0.46	0.38	0.4	0.47	0.29
									预处理	0.24	0.39	0.32	0.34	0.4	0.25
									生化处理	0.19	0.33	0.27	0.28	0.33	0.2
	总氮	g/（餐位·d）	3.04	2.71	3.82	2.96	2.71	3.18	直排	3.04	2.71	3.82	2.96	2.71	3.18
									预处理	2.74	2.44	3.44	2.67	2.44	2.87
									生化处理	2.13	1.89	2.68	2.07	1.89	2.23
	氨氮	g/（餐位·d）	1.4	1.26	1.67	1.35	1.2	1.46	直排	1.4	1.26	1.67	1.35	1.2	1.46
									预处理	1.4	1.26	1.67	1.35	1.2	1.46
									生化处理	0.56	0.5	0.67	0.54	0.48	0.58
	动植物油	g/（餐位·d）	12.3	19.6	19.6	21.7	25.3	17.1	直排	12.3	19.6	19.6	21.7	25.3	17.1
									预处理	6.2	9.8	9.8	10.9	12.7	8.6
									生化处理	2.47	3.93	3.91	4.34	5.06	3.42

规模	污染物指标	计量单位	产污系数（用水量的88%）						污水处理方式	排污系数（用水量的88%）					
			一区	二区	三区	四区	五区	六区		一区	二区	三区	四区	五区	六区
中型	垃圾产生量	kg/（餐位·d）	0.37	0.66	0.46	0.48	0.4	0.44	—	0.37	0.66	0.46	0.48	0.4	0.44
	化学需氧量	g/（餐位·d）	127	164	144	166	184	120	直排	127	164	144	166	184	120
									预处理	89	115	101	117	129	84
									生化处理	38	49.2	43.3	49.9	55.2	36.1
	总磷	g/（餐位·d）	0.35	0.57	0.43	0.47	0.57	0.35	直排	0.35	0.57	0.43	0.47	0.57	0.35
									预处理	0.29	0.49	0.36	0.4	0.48	0.3
									生化处理	0.24	0.4	0.3	0.33	0.4	0.25
	总氮	g/（餐位·d）	3.42	3	4.17	3.27	3.06	3.7	直排	3.42	3	4.17	3.27	3.06	3.7
									预处理	3.07	2.7	3.75	2.94	2.76	3.33
									生化处理	2.39	2.1	2.92	2.29	2.14	2.59
	氨氮	g/（餐位·d）	1.51	1.37	1.84	1.46	1.32	1.67	直排	1.51	1.37	1.84	1.46	1.32	1.67
									预处理	1.51	1.37	1.84	1.46	1.32	1.67
									生化处理	0.6	0.55	0.73	0.58	0.53	0.67
	动植物油	g/（餐位·d）	14.7	22.8	22.2	25.5	31.5	20.7	直排	14.7	22.8	22.2	25.5	31.5	20.7
									预处理	7.4	11.4	11.1	12.8	15.8	10.3
									生化处理	2.94	4.56	4.44	5.11	6.3	4.13

规模	污染物指标	计量单位	产污系数						污水处理方式	排污系数					
			一区	二区	三区	四区	五区	六区		一区	二区	三区	四区	五区	六区
小型	污水量	—	用水量的88%						—	用水量的88%					
	垃圾产生量	kg/(餐位·d)	0.44	0.72	0.5	0.54	0.46	0.49	—	0.44	0.72	0.5	0.54	0.46	0.49
	化学需氧量	g/(餐位·d)	154	188	175	193	206	143	直排	154	188	175	193	206	143
									预处理	108	132	122	135	144	100
	总磷	g/(餐位·d)	0.46	0.72	0.54	0.58	0.82	0.49	直排	0.46	0.72	0.54	0.58	0.82	0.49
									预处理	0.39	0.61	0.45	0.49	0.69	0.42
	总氮	g/(餐位·d)	3.73	3.35	4.4	3.53	3.38	4.24	直排	3.73	3.35	4.4	3.53	3.38	4.24
									预处理	3.36	3.01	3.96	3.18	3.04	3.82
	氨氮	g/(餐位·d)	1.7	1.49	2.07	1.6	1.43	1.86	直排	1.7	1.49	2.07	1.6	1.43	1.86
									预处理	1.7	1.49	2.07	1.6	1.43	1.86
	动植物油	g/(餐位·d)	20.2	29.8	29.6	33	42.8	27.1	直排	20.2	29.8	29.6	33	42.8	27.1
									预处理	10.1	14.9	14.8	16.5	21.4	13.5

表5-21　快餐污染物产排污系数

规模大小	污染物指标	计量单位	产污系数						污水处理方式	排污系数					
			一区	二区	三区	四区	五区	六区		一区	二区	三区	四区	五区	六区
中	污水量	kg/(餐位·d)	0.55（用水量的88%）	0.8	0.58	0.61	0.56	0.57	—	0.55（用水量的88%）	0.8	0.58	0.61	0.56	0.57
	化学需氧量	g/(餐位·d)	111	145	127	155	164	103	直排	111	145	127	155	164	103
									预处理	78	101	89	108	115	72
	总磷		0.41	0.62	0.48	0.54	0.71	0.4	直排	0.41	0.62	0.48	0.54	0.71	0.4
									预处理	0.35	0.53	0.41	0.46	0.61	0.34
	总氮		3.9	3.56	4.67	3.72	3.54	4.48	直排	3.9	3.56	4.67	3.72	3.54	4.48
									预处理	3.51	3.21	4.21	3.35	3.19	4.03
	氨氮		1.8	1.55	2.28	1.71	1.52	1.97	直排	1.8	1.55	2.28	1.71	1.52	1.97
									预处理	1.8	1.55	2.28	1.71	1.52	1.97
	动植物油		17.1	24.4	24	27.2	34.1	21.9	直排	17.1	24.4	24	27.2	34.1	21.9
									预处理	8.5	12.2	12	13.6	17	11
小	污水量	kg/(餐位·d)	0.59（用水量的88%）	0.82	0.64	0.67	0.61	0.62	—	0.59（用水量的88%）	0.82	0.64	0.67	0.61	0.62
	化学需氧量	g/(餐位·d)	136	173	159	179	197	130	直排	136	173	159	179	197	130
									预处理	96	121	111	125	138	91
	总磷		0.55	0.84	0.63	0.68	0.88	0.52	直排	0.55	0.84	0.63	0.68	0.88	0.52
									预处理	0.46	0.71	0.53	0.58	0.75	0.44
	总氮		4.25	4.08	5.61	4.11	3.83	4.72	直排	4.25	4.08	5.61	4.11	3.83	4.72
									预处理	3.82	3.67	5.05	3.7	3.45	4.25
	氨氮		1.93	1.76	2.62	1.86	1.7	2.2	直排	1.93	1.76	2.62	1.86	1.7	2.2
									预处理	1.93	1.76	2.62	1.86	1.7	2.2
	动植物油		18.7	26.4	26.4	29.7	38.1	25	直排	18.7	26.4	26.4	29.7	38.1	25
									预处理	9.3	13.2	13.2	14.9	19.1	12.5

5.3.2.3　其他第三产业污染物系数

《第一次全国污染源期间编制的生活源产排污系数》还介绍了医院、洗染服务、理发与美容保健、洗浴服务、摄影扩印、汽车、摩托车维修与保养等生活污染源的产排污系数。系数核算的污染物类型及基本分类见表 5-22。

具体的污染物核算系数，读者可根据工作及学习需要查阅《第一次全国污染源普查资料文集——污染源普查产排污系数手册（下）》（中国环境科学出版社）。

表 5-22　其他第三产业污染系数核算简介

序号	系数名称	行业代码	规模划分	核算污染物
1	医院	8520	按床位数划分 小型医院：10~100 中型医院：101~500 大型医院：≥501	涉及的污染物包括污水量、化学需氧量、五日生化需氧量、总磷、总氮、氨氮、汞、医疗废物产生量等
2	洗染服务	8230	按设备总容量划分 ≥200 kg，大型 50~200 kg，中型 ≤50 kg，小型	污水量、化学需氧量、总磷、总氮
3	理发及美容保健服务		按床（座）位数划分 ≥15 张，大型 5~15 张，中型 ≤5 张，小型	污水量、化学需氧量、总磷、总氮、汞
4	浴服务		按座位（衣柜）数划分 ≥100，大型 40~100，中型 ≤40，小型	污水量、化学需氧量、总磷、总氮
5	摄影扩印	8280	—	污水量、化学需氧量、氰化物、六价铬、总铬
6	汽车、摩托车维修与保养	8311	按车位数划分 车位数≥4，大型 2~3，中型 1 车位，小型	污水量、化学需氧量、总磷、石油类

【课后练习】

1．请简述生活源污染特征与主要污染物。

2．某餐馆以提供晚餐为主，根据调查其座位数为 350 位，请核算该餐馆污染的最大产生量（该餐馆位于湖北宜昌市）。

3．某居民小区位于北京，人口数 2 342 人，请核算该小区生活污水及其污染物产生量、垃圾产生量。

6 机动车污染核算

【学习目标】

☆ 了解机动车污染来源与计算方法;

☆ 了解机动车污染物的排放特征;

☆ 熟悉机动车污染排放标准;

☆ 掌握机动车污染核算的方法。

在现代社会的生活中,机动车已成为人们不可缺少的交通工具。根据公安部交管局统计,截至 2015 年年底我国机动车保有量达到了 2.79 亿辆,小型载客汽车达 1.36 亿辆,其中私家车达 1.24 亿辆,这两项占 91.53%,与 2014 年相比增长 17.77%。全国平均每百户家庭拥有私家车 31 辆,其中北京、广州、成都、深圳等大城市每百户家庭拥有机动车超过 60 辆。

根据环保部 2015 年的环境公报显示,我国机动车污染物排放量贡献不容小觑。2014 年全国废气中氮氧化物排放量 2 078.0 万 t,烟(粉)尘排放量 174.8 万 t,其中,机动车氮氧化物排放量为 627.8 万 t,烟(粉)尘排放量为 57.4 万 t,分别占比 8.41%、9.14%。

6.1 机动车污染物排放规律

6.1.1 机动车定义及分类

机动车是指由动力装置驱动和牵引、在道路上行驶的、供乘用或（和）运送物品与进行专项作业的轮式车辆。根据车型分类，包括汽车及汽车列车、摩托车及轻便摩托车、拖拉机运输机组、轮式专用机械车和挂车等，但不包括任何在轨道上运行的车辆。专用汽车是指专门设备且有专项用途的紧急使用车辆，包括消防汽车、救护汽车、工程车抢险车、警备车、交通事故勘查车等。

标准《机动车辆及挂车分类》（GB/T 15089—2001）将机动车辆和挂车分为 L 类、M 类、N 类、O 类和 G 类。其中 L 为两轮或三轮机动车辆、M 为至少有四个车轮并且用于载客的机动车辆，N 为至少有四个车轮且用于载货的机动车辆，O 为挂车（包括半挂车），G 为满足本条要求的 M 类、N 类的越野车。

根据不同的分类方式，机动车可以分为不同的类型，为了确定污染物排放规律，在环境保护以及污染物排放分析工作过程中常根据机动车的道路车辆类型与质量范围来进行分类。

6.1.1.1 道路车辆

道路车辆分为汽车、摩托车、三轮汽车及低速货车。

①汽车：可分为轻型汽车和重型汽车。

汽车根据发动机的点火方式不同又分为压燃式与点燃式机动车。

压燃式，是主要应用于柴油发动机的一种点火方式，柴油发动机以柴油作为燃料，与汽油相比，柴油的自燃温度低（220℃左右）、黏度大且不易蒸发。而且柴油发动机本身没有火花塞，其压缩比也要大于汽油发动机，因此柴油发动机依靠压缩将混合气压缩到燃点，使其自动着火，故称这种点火方式为压燃点火。

点燃式，也可以称为火花点火式发动机，它是依靠电火花点燃混合气的内燃机。汽油机、煤油机都是点燃式发动机。

②摩托车：分为摩托车与轻便摩托车，以燃气油为主，有两轮、三轮之分。

③低速货车：以燃柴油为主，有三轮货车与四轮货车。

6.1.1.2 质量范围划分

大型汽车：指总质量大于 4 500 kg，或车长大于等于 6 m，或乘坐人数大于等于 20 人的各种汽车。

小型汽车：指总质量在 4 500 kg 以下（含 4 500 kg），车长在 6 m 以下，或乘坐人员不足 20 人的汽车。本教材机动车取燃油机动车这一概念，不包括挂车、电车等非燃油机动车。

6.1.2 机动车污染排放

6.1.2.1 汽油车污染排放特征

汽油车排放的污染源有三个，尾气排放、曲轴箱排放、蒸发排放。

（1）尾气排放废气

尾气排放是内燃机式汽车最主要的污染源，尾气排放主要成分包含有害成分、其他成分。其中有害气体包括 CO、HC、NO_x、PM、SO_2，其他无害气体包括 CO_2、H_2O、O_2、N_2 等。

（2）曲轴箱排放废气

曲轴箱排放废气指在压缩和燃烧过程中由活塞与汽缸之间的间隙窜入曲轴箱的油气混合气和已燃气体，并与曲轴箱内的润滑油蒸气混合后，由通风口排入大气的污染气体。其主要成分是 HC，未燃和燃烧不完全的油气混合气，占汽油车 HC 排放总量的 20%左右，且含有 1%～2%的 CO。

燃油蒸发排放废气以碳氢化合物为主，其浓度比例为 15%～20%。

（3）汽油蒸发（燃油蒸发）排放

汽油蒸发（燃油蒸发）排放是指由汽油箱和供油系统及其管路，蒸发并排放到大气的燃油蒸气，主要是 VOCs（HC）排放。

6.1.2.2 柴油汽车排放特征

柴油机动车污染物排放的主要成分为 CO、HC、NO$_x$、PM、碳烟等。通常柴油机动车的氮氧化物、颗粒污染物要明显高于汽油污染排放，一氧化碳与碳氢化合物的排放量要明显低于汽油车。柴油机动车污染物排放途径及成因，见表 6-1。

表 6-1　柴油车尾气污染物排放分析

污染物	排放途径	污染成因
一氧化碳	排气管、曲轴箱	混合气体燃烧不完全导致，即使空气系数 α>1，燃烧产物中也会有大量一氧化碳产生
碳氢化合物	排气管、曲轴箱通风口	没有完全参加化学反应的 HC，即使有过量的氧，也会由于燃烧不完全和热分解而产生，燃烧室表面的温度比燃烧气体低得多，燃烧进行时，火焰从核心传到距离燃烧室表面 1～2 mm 将会熄灭，称为壁面冷敷效应，这会使壁面积存一层 HC，随燃烧产物一起排出
氮氧化物（NO$_x$）	排气管、曲轴箱	汽缸充量中的氮在高温条件下与充量中残留的氧气发生反应产生氮氧化物，氮氧化物产生有两个基本条件，有氧的存在和高温
二氧化硫	排气管	机动车尾气中硫氧化物一般较小，但柴油中较高的硫分与氧形成二氧化硫
颗粒污物	排气管	高温缺氧，烃分子发生裂解形成微粒。在柴油机中，即使有过量的氧形成稀混合气，但由于燃烧室内部分区域的燃油含量过多，燃料的裂解和燃烧同时进行，因而生成碳烟，汽油机在正常情况下产生的碳烟较少

6.1.2.3 汽油车与柴油车排放特征分析

汽油车与柴油车排放特征与其燃料性质不同有着极大的关系，同时也与汽油车、柴油车的工作特点相关，但不能简单地确定汽油车与柴油车的污染物排放强度大小，需要根据车况、运行状况等来确定。汽油车与柴油车的污染物排放比较见表 6-2。

表 6-2　柴油车与汽油车特性比较

	汽油车	柴油车
燃料	汽油：黏度小、蒸发性好、杂质少。燃料燃烧室前混合	柴油：黏度大、蒸发性差、含杂质较多。燃烧点燃时喷入燃烧室，形成非均质混合气
燃烧温度	自燃温度高。点燃方式常常为火花塞点燃	柴油：自燃温度低于汽油。点燃方式常为压燃方式
污染物排放特征	过量空气系数大小，一般在理论空燃比附近燃烧。通常汽油车 HC、CO、NO_x 较高	过量空气系数大，空燃比大，一般是稀混合气燃烧；通常 NO_x、PM 较高，而 HC、CO 较少

6.1.3　机动车排放标准

目前世界上有三种主流的机动车排放标准体系，即欧、美、日三大体系。其中欧洲标准体系测试要求相对而言比较宽泛，因而应用较广。我国目前的机动车排放标准是参照欧洲标准体系制定。我国机动车排放标准和法规起步相对较晚，《中华人民共和国大气污染防治法》和《中华人民共和国环境噪声污染防治法》两部法律是制定机动车污染控制相关标准建设的法律基础。从 1983 年起，国家环保局发布了 34 项包括汽油车、柴油车、发动机、摩托车和农业运输车等车辆的汽车排放污染控制标准。目前的污染物排放标准已经提升发展到第四个阶段。

2001 年至今，我国已经执行了四个阶段的机动车排放标准，机动车主要以轻型车、重型车（其中重型车包含压燃式发动机和点燃式发动机两类）、摩托车以及轻便摩托车三类车型制定相关标准的。各阶段实施的机动车排放标准，见表 6-3。

表 6-3　我国机动车排放标准一览表

车型		第一、二阶段	第三、四阶段	第五阶段	第六阶段
轻型汽车		《轻型汽车污染排放限值及测量方法（Ⅰ）》（GB 18352.1—2001）（2001 年 4 月 16 日发布实施）《轻型汽车污染排放限值及测量方法（Ⅱ）》（GB 18352.2—2001）（2004 年 7 月 1 日发布实施）	《轻型汽车污染物排放限值及测量方法（中国Ⅲ、Ⅳ阶段）》（GB 18352.3—2005）（2007 年 7 月 1 日实施，替代 GB 18352.2—2001）	《轻型汽车污染物排放限值及测量方法（中国第五阶段）》（GB 18352.5—20）代替 GB 18352.3—2005，2018 年 1 月 1 日实施	《轻型汽车污染物排放限值及测量方法（中国第六阶段）》（GB 18352.6—2016）部分代替 18352.5—2013，2020 年 7 月 1 日实施
重型汽车	压燃式发动机	《车用压燃式发动机排气污染物排放限值及测量方法》（GB 17691—2001）（2001 年 4 月 16 日发布）	《车用压燃式、气体燃料点燃式发动机与汽车排气污染物排放限值及测量方法（中国Ⅲ、Ⅳ、Ⅴ阶段）》（GB 17691—2005）2007 年 1 月 1 日实施《城市车辆用柴油发动机排气污染物排放限值及测量方法（WHTC 工况法）》（HJ 689—2014）		
	点燃式发动机	《车用点燃式发动机及装用点燃式发动机汽车排气污染物排放限值及测量方法》（GB 1472—2002）（第一阶段 2003 年 1 月 1 日和 8 月 1 日执行；第二阶段 2003 年 9 月 1 日和 2004 年 9 月 1 日执行）			
摩托车		《三轮汽车和低速货车用柴油机排气污染物排放限值及测量方法（中国Ⅰ、Ⅱ阶段）》（GB 19756—2005）《摩托车和轻便摩托车排气烟度排放限值及测量方法（中国Ⅰ、Ⅱ阶段）》（GB 19758—2005）	《摩托车污染物排放限值及测量方法（工况法，中国第Ⅲ阶段）》（GB 14622—2007）《轻便摩托车污染物排放限值及测量方法（工况法，中国第Ⅲ阶段）》（GB 18176—2007）《摩托车和轻便摩托车排气污染物排放限值及测量方法（双怠速法）》（GB 14621—2011）		

目前轻型车以及重型车的排放标准已经制定到国Ⅴ，摩托车与轻便摩托车制定到国Ⅲ。

标准中除了污染物排放限值等级等要素外还规定了资源分类、燃油分类、污染物监测、监测条件、监测流程、燃油认证、系列概念与形式认证等内容。

6.2 机动车污染物排放核算

机动车的污染物排放与机动车出厂特性、机动车燃油、行驶里程有关。现有系数形式通常为特定种类机动车的单位里程污染物排放量,通过机动车类型可查找机动车的污染物排放系数,通过系数与行驶里程可以计算机动车的污染物排放量。

我国机动车实行年检制度,年检除了对机动车相关手续等进行检查外,还要对机动车的污染物排放现状进行认定,同时检测通过后,检测牌上会标注该汽车执行的标准是几类标准。

我国地域辽阔,各地区执行标准的严格程度不尽相同,可以参考地方法规标准,推断该地区的污染物排放等级,不同机动车可根据车检结果,通过执行标准中规定的单位里程排放限值来核算机动车的污染物排放量。本教材只介绍国家法规标准规定可上路的,已经通过环保检测的机动车污染物排放量的计算方法。

6.2.1 我国机动车排放因子模型简介

国际上机动车排放因子模型大致有三大类:宏观集结模型、微观运行模型和多尺度排放模型。宏观模型主要用于计算区域机动车出行总量造成的污染,是对区域环境污染排放的把握,微观模型可用于微观交通设施的污染物排放评估。

我国根据第一次全国污染源普查中机动车排放系数研究的成果,开发了中国机动车排放模型(China Vehicle Emission Model,CVEM),CVEM 模型考虑了 CO、NO_x、CH、PM 几种污染物的排放情况。

CVEM 是对区域性机动车污染排放的估算,也是对过去和现在机动车的污染排放情况的分析和评估,因此 CVEM 属于宏观尺度的模型。

CVEM 给出了排放因子模型的体系结构,确定了实际排放系数、速度修正、裂化率修正、ECE+EUDC、油品、负载、温度等。

该模型是在污染源普查的基础上开发的, 我国于 2013 年 7 月 1 日才实施第四阶段的排放标准, 因此该模型没有考虑国Ⅳ阶段的机动车。

6.2.1.1 模型参数

模型参数包含了机动车类型、污染物类型、排放类型几个方面。

（1）机动车类型

不同的机动车在自重、发动机类型、采用净化技术等方面都存在巨大差异, 导致排放出的污染物的总量差别很大, 考虑不同类型机动车污染物排放非常有必要。模型将车辆分为载客汽车、载货汽车、摩托车和低速汽车四大类, 然后根据各类机动车的特点（如载客数量、载重质量、排量等因素）进一步细分为微型车、轻型车、中型车、大型车（重型）。

根据实际, 各类汽车还根据研究对象考虑汽车使用、燃料综合分类, 见表 6-4。

表 6-4 CVEM 车型分类

机动车类别		适用车型	燃料类型
载客汽车	微型载客车	出租车	汽油、其他
		其他	
	轻型载客汽车	出租车	
		其他	
	中型载客车	公交车	
		其他	
	大型载客车	公交车	
		其他	
载货汽车	微型载货汽车		汽油、柴油
	轻型载货车		
	中型载货车		
	重型载货车		
	低速货车	三轮汽车	—
		低速货车	
	摩托车	普通	
		轻便	

（2）污染物类型

模型考虑的是机动车现行排放标准中规定的污染物，包括一氧化碳、氮氧化物、碳氢化合物、颗粒物。对于汽油车和摩托车的颗粒污染物较少，且其相关标准中也没有明确的控制要求，因此标准中没有考虑汽油车与摩托车的颗粒污染物排放。

（3）排放类型

模型考虑到了机动车排放和供油系统的燃油蒸发两个部分，根据排放特征的不同，又将排气排放分为冷启动排放和热稳定运行排放。对道路不同汽车行驶工况特征不一致，也制订了不同道路的排放特征。根据道路类型不同，细分为城区排放、郊区排放、高速路排放。计算公式见式（6-1）。

$$E_t = E_{hot} + E_{cold} + E_{eva} + E_{ur} + E_{ru} + E_{hi} \tag{6-1}$$

式中，　E_t——污染物的排放总量，g/年；

　　　　E_{hot}——污染物热稳定运行排放量，g/年；

　　　　E_{cold}——污染物冷启动排放量，g/年；

　　　　E_{eva}——污染物蒸发排放量，g/年；

　　　　E_{ur}——污染物城区排放量，g/年；

　　　　E_{ru}——污染物郊区排放量，g/年；

　　　　E_{hi}——污染物高速路排放量，g/年。

（4）机动车排放主要影响因素

CVEM确定的机动车排放主要影响因素有3类，分别为机动车所在地的特征、机动车活动水平、车队特征，见表6-5。

表6-5　机动车排放的主要影响因素

影响类型	影响因素
当地特征	湿度、温度、海拔高度，燃料特征（含硫率、乙醇含量、蒸气压 RVP 等）
机动车活动水平	不同道路类型的平均速度，VSP 分布；不同道路类型的行驶里程比例；年均行驶里程；日均启动次数；平均旅程长度
车队特征	分车型、分模型车、分排放阶段的机动车保有量、累计车程等

6.2.1.2　模型核算功能

集合上述参数，该模型确定了不同车型的热稳态运行排放、冷启动排放和蒸发排放。

（1）热稳态运行排放

热稳态运行排放是指发动机和排气后处理系统处于热稳定状态下的排放，与旅程长度、速度、温度、车龄、发动机大小和重量有关。

轻型车、摩托车基本排放因子是通过试验检测数据获得，并通过劣化率以及速度、温度、空调、海拔、燃料等作修正获得的综合排放因子。

由于国内缺少中、重型汽车的测试条件，因此中、重型客、货车低速载货车选用的车载排放测试结果作为基本排放因子。

（2）冷启动排放

冷启动是指冷却系统中水温低于 70℃时发动机的启动状态，或上一次启动结束 4 h（无催化器汽车）或 1 h（有催化器汽车）的启动。

模型中冷启动排放只考虑了轻型汽油车，计算公式如式（6-2）所示。

$$E_{C,i} = \sum \left(N_j \times 365 \times C_{冷} \cdot E_{\text{cold},ij} \right) \tag{6-2}$$

式中，$E_{C,i}$——机动车源污染物 i 冷启动排放总量，g/年；

N_j——j 类机动车保有量，辆。

（3）蒸发排放

模型参考欧盟的 COPERT 模型确定蒸发排放，该模型将燃油的蒸发排放分为昼夜温差排放、热浸排放、运行排放三部分。昼夜温差排放是由气温变化所引起的燃油系统蒸发损失，与昼夜温差有关；热浸排放是指汽车运行一段时间停车时，高温发动机缺乏冷却，使化油器浮子室内油温上升导致的蒸发损失，运行损失是指在机动车运行时，气温和排气系统共同影响导致的燃油蒸发损失。

考虑到每个地区的平均车速、月平均温度、海拔等差异，修正后的地方机动车排放系数是不同的，因此我国的机动车排放模型（CVEM）是按地市进行核算的，该模型可以计算全国 350 个地级市（州、盟）的机动车排放系数，在"十二五"环境统计业务系统中已应用。

机动车污染排放模型核算的排放量是区域性的污染排放量，可以在环境规划、环境预测等方面为政府决策提供依据。

6.2.2　机动车排放限值及系数

我国机动车相关标准中规定了机动车污染排放量限值，读者在实际的工作中可以参考该限值中污染排放量作为核算依据。

在环境影响评价等工作中，机动车污染排放也有大量积累数据，该数据可以供常规的环境影响评价、区域规划等工作使用。

6.2.2.1　国Ⅲ、国Ⅳ标准检测排放限值

（1）轻型机动车排放限值

轻型汽车是指最大总质量不超过 3 500 kg 的 M1 类、M2 类和 N1 类汽车。其中 M1 类车是指包括驾驶员座位在内，座位数不超过九座的载客汽车；M2 类车是指包括驾驶员座位在内座位数超过九座，且最大设计总质量不超过 5 000 kg 的载客汽车；N1 类车是指最大设计总质量不超过 3 500 kg 的载货汽车。

机动车污染物排放标准《轻型汽车污染物排放限值及测量方法（中国Ⅲ、Ⅳ阶段）》中规定了机动车检测的方法与项目以及污染物排放限值，监测项目见表 6-6。

通过对不同项目进行检查，标准确定了第一类车、第二类车的排放限值，通过排放限值即可计算机动车的污染物排放量。

1）第一类车

根据《轻型汽车污染物排放限值及测量方法（中国Ⅲ、Ⅳ阶段）》（GB 18352.3—2005），第一类车指包括驾驶员座位在内，座位数不超过六座，且最大总质量不超过 2 500 kg 的 M1 类汽车，其污染物排放限值见表 6-7。

表 6-6　轻型机动车核准项目

核准试验类型	点燃式发动机轻型汽车			压燃式发动机轻型汽车
	汽油车	两用油车	单一气体燃料车	
I	进行	进行（两燃料均要进行）	进行	进行
II	进行	进行（只检测汽油）	进行	不进行
III	进行	进行（只检测汽油）	不进行	不进行
IV	进行	进行（只检测汽油）	进行	进行
V	进行	进行（只检测汽油）	不进行	不进行
双怠速	进行	进行（两燃料均要进行）	进行	不进行
OBD	进行	进行	进行	进行

注：I型试验：指常温下冷启动后排气污染物排放试验。
III型试验：指曲轴箱污染物排放试验。
IV型试验：指蒸发污染物排放试验。
V型试验：指污染控制装置耐久性试验。
VI型试验：指低温下冷启动后排气中 CO 和 HC 排放试验。
双怠速试验：指测定双怠速的 CO、HC 和高怠速的 λ 值（过量空气系数）。

表 6-7　第一类车常温下冷启动污染物排放限值　　　　　　　单位：g/km

发动机类型 标准阶段	点燃式			压燃式			
	CO	HC	NO_x	CO	NO_x	HC+NO_x	PM
国III	2.3	0.2	0.15	0.64	0.5	0.56	0.05
国IV	1.0	0.1	0.08	0.50	0.25	0.3	0.025

2）第二类车

第二类车是指第一类车以外的其他所有轻型汽车。该标准确定了第二类车的排放限值，其污染物排放限值具体见表 6-8。

表 6-8 第二类车排放限值　　　　　　　　　　　　　单位：g/km

汽车质量（RM） 标准阶段	发动机类型	点燃式			压燃式			
		CO	HC	NO$_x$	CO	NO$_x$	HC+NO$_x$	PM
RM≤1 305 kg	国Ⅲ	2.3	0.2	0.15	0.64	0.5	0.56	0.05
1 305≤RM≤1 760		4.17	0.25	0.18	0.8	0.65	0.72	0.070
1 760＜RM		5.22	0.29	0.21	0.95	0.78	0.86	0.100
RM≤1 305 kg	国Ⅳ	1.0	1.81	0.08	0.5	0.25	0.3	0.025
1 305≤RM≤1 760		1.81	0.12	0.10	0.63	0.33	0.39	0.040
1 760＜RM		2.27	0.16	0.11	0.74	0.39	0.46	0.060

（2）摩托车排放限值

《轻便摩托车污染物排放限值及测量方法》（工况法，中国第Ⅲ阶段）（GB 17176—2007）、《摩托车污染物排放限值及测量方法》（工况法，中国第Ⅲ阶段）（GB 14622—2007）中规定了国Ⅲ阶段两轮或三轮摩托车曲轴箱的污染物排放限值，见表 6-9 和表 6-10。

表 6-9　使用汽油或气体燃料的轻便摩托车*排气污染物排放限值

排气污染物	排放限值/（g/km）	
	两轮轻便摩托车	三轮轻便摩托车
CO	1.0	3.5
HC+NO$_x$	1.2	1.2

*RM≤400 kg、发动机排量小于 50 mL、设计时速≤50 km/h。

表 6-10　摩托车*排气污染物排放限值

类别		排放限值/（g/km）		
		CO 排放量	HC 排放量	NO$_x$ 排放量
两轮摩托车	＜150 mL（UDC）	2.0	0.8	0.15
三轮摩托车	≥150 mL（UDC+EUDC）	2.0	0.3	0.15
	全部	4.0	1.0	0.25

注：①UDC：指 ECE R40 试验循环模型，包括全部 6 个市区循环模型的排气量测量，采样开始时间为 T=0。
②UDC+EUDC：指最高车速为 90 km/h 的 ECE R40 + EUDC 试验循环模型，包括市区和市郊循环模型的排气污染物测量，采样时间为 T=0。

*质量≤400 kg、发动机排量小于 50 mL、设计时速＞50 km/h。

6.2.2.2　机动车污染物排放简易系数

机动车尾气中所含污染物的多少与汽车行驶条件关系很大，一般有以下排放规律：汽车在空挡时 THC 和 CO 浓度最高；低速时 THC 和 CO 浓度较高；高速时 NO_x 浓度较高，THC 和 CO 浓度较低。汽车在不同行驶速度时污染物排放状况见表 6-11（参考环境影响评价工作中使用的经验系数）。该系数表单相对简单，但在单个汽车的尾气计算中具有较广泛的应用。

表 6-11　汽车尾气中各组分浓度*与行驶速度的关系

尾气组分	空档	低速	高速
$NO_x/10^{-6}$	0～50	1 000	4 000
$CO_2/\%$	6.5～8	7～11	12～13
$H_2O/\%$	7～8	9～11	10～11
$O_2/\%$	1～1.5	0.5～2	0.1～0.4
CO/%	3～10	3～8	1～5
$H_2/\%$	6.5～4	0.2～1	0.1～0.2
$THC/10^{-6}$	300～8 000	200～500	100～300

*各气体组分浓度为体积分数。

汽车尾气污染物的排放按式（6-3）计算：

$$D = \frac{Q \cdot T(K+1) \cdot A}{1.29} \tag{6-3}$$

式中，D——废气排放量，m^3/h；

Q——汽车流量，辆/h；

T——车辆运行时间，min；

K——空燃比，12∶1；

A——燃油耗量，kg/min。

污染物排放量见式（6-4）。

$$G = D \cdot C \cdot F \qquad (6\text{-}4)$$

式中，G ——污染物排放量，kg/h；

C ——气体污染物排放的体积浓度，参考表 6-11；

F ——气体体积与质量换算系数。

7 集中污染治理设施污染核算

【学习目标】

☆ 了解集中污染治理设施的污染特征;

☆ 掌握各类集中污染治理设施污染物核算方法。

集中污染治理设施是污染物集中处理的场所,本教材中的集中污染治理设施包含城镇污水处理厂、工业集中污水处理厂、垃圾填埋场、垃圾焚烧厂四类。

集中污染治理设施对于区域污染排放总量控制意义重大。通过城镇污水处理厂处理后,污水中 COD、总氮、总磷分别可以下降 80%、60%、40% 以上,对环境造成的压力可以大大减轻,工业企业处理后的污水若无法达到污染物排放标准,需通过集中污水处理厂处理达标后再排入地表水域。因此集中污水处理厂对区域水域环境的改善意义重大。垃圾集中处理,如卫生填埋和焚烧,可在回收垃圾中有用资源的同时将其无害化。综上所述,集中污染治理设施是污染在排放前的最后一道屏障,对区域环境保护有着举足轻重的作用。

污染集中处理设施具有处理能力大、运行维护工作复杂繁重、效果较小型污染治理设施稳定的特点。但集中污染治理设施在处理污染的同时也会产生污染,若处理不当,也会对局部环境造成不可逆转的影响,因此集中污染治理设施的监管工作一直都是各级环境保护部门的重点。

7.1 污水处理厂

7.1.1 概述

污水处理厂是污水集中处理的主要单位，我国县级以上辖区基本建有污水处理厂。市政管网污水在排放到水环境之前都会经过污水处理厂，处理达标后再排放到相应的水域。根据《2014 年全国环境统计年报》数据，2014 年全国共调查统计 6 031 座城镇污水处理厂，共去除化学需氧量 1 190.9 万 t，氨氮 110.7 万 t，油类 5.8 万 t，总氮 95.3 万 t，总磷 12.7 万 t，挥发酚 1 199 t，氰化物 1 496 t。

污水处理厂处理工艺根据各地区水质目标不同略有差异，根据污水处理原理和处理程度不同通常把污水处理工艺分为一级处理、二级处理、深度处理。

一级处理以物理处理为主，主要去除污水中的悬浮物，处理原理为拦截、沉淀。处理设备有格栅、沉砂池、初沉池等。

二级处理为生物化学处理，污水处理厂以好氧生物化学处理为主，它是利用微生物的新陈代谢处理污废水中的污染物，主要去除溶解性或胶体状的有机污染物。通过二级处理后水中的 COD、BOD_5、NH_3-N、磷等污染物都能显著下降，废水水质可得到较大的提升。它主要处理设备有生化池（曝气池）、二沉池等。通过二级处理后的生活污水基本上能达到《城镇污水处理厂污染物排放标准》（GB 18918—2002）的一级 B 标准。

深度处理以污废水深化处理为目标，使用的工艺有吸附、过滤、消毒、膜分离等，通过深度处理后的污水能达到《城镇污水处理厂污染物排放标准》（GB 18918—2002）的一级 A 排放标准，部分深度处理后的污废水能实现回用。

我国目前的污水处理厂以二级处理为主，主要的处理工艺见表 7-1。

污水处理厂是污染物的削减单位，但在处理污水的同时也会有二次污染产生，如噪声、臭气、剩余污泥等。随着国家减排任务的压力越来越大，污水处理厂产生的二次污染将是重点要监控的项目之一。

表 7-1 污水处理厂各处理级别及处理工艺

处理级别	处理工艺	
一级处理	物理沉淀	格栅
		沉砂池
		初沉池
一级强化	化学强化、机械过滤法	
二级处理	活性污泥	高负荷活性污泥法
		普通活性污泥法
		A/O（脱氮）、A/O（除磷）、A²/O 工艺
		氧化沟工艺
		SBR 类工艺（CASS）
		A-B 法、吸附再生工艺等其他方法
	生物膜法	普通生物滤池
		生物接触氧化
		曝气生物滤池
		生物流化床

　　各级环境管理部门对污水处理厂的监管工作一直都摆在首位，因此准确把握污水处理厂污染物削减量、污染物产生量是环保工作的重要基础。

7.1.2　污水处理厂的污染物削减量

　　在水处理系统中，污水的流量有少量蒸发损失，通常小于总水量的 5%，因此在污水处理厂核算削减率时可忽略不计进出水量的差异，即 $Q_i=Q_e$，因此污水处理的削减率计算见式（7-1）。

$$\eta = \frac{C_i - C_e}{C_i} \times 100\% \qquad (7\text{-}1)$$

式中，η ——污水处理处理厂削减率，%；

　　　　C_i ——污水处理厂进水浓度；

　　　　C_e ——污水处理厂出水浓度。

　　不同好氧生化处理对污染物的削减效率是不同的，处理不同类型污废水时其削减效率也不同，表 7-2 中介绍了几种典型好氧生化处理工艺处理对各种污染物的削减效率，供读者参考。

表 7-2　各类好氧生化处理工艺污染物削减率　单位：%

工艺名称	COD_{Cr}	$NH_3\text{-}N$	TP	TN	SS
氧化沟	82.97～95.8	89.2～95.2	31.81～53.5	47.2～70.51	89.3～95.5
A/O	71.27～83.93	—	21.13～33.87	44.1～64.2	—
A^2/O	87.77～92.76	87.9	79.51～95.29	69.9～82.3	88.7
SBR（CASS）	88.4～90.7	75.5～91.7	25%～35%	57.3～75.2	92.9～93.3
生物膜法	78.5～82.3	69.6～78.5	—	64.8～82.1	83.4～91.2

　　现在水处理工艺通常是多种工艺的组合，如氧化沟工艺常与 CASS 工艺结合，SBR 工艺常与 A/O 工艺结合，因此在实际应用中，读者还需要根据实际情况具体分析。

7.1.3　公式法核算污染物产生量

（1）格栅

　　格栅的作用主要是拦截污水中较大的悬浮物，如树枝、树叶等，属于物理处理的环节。格栅有粗格栅、细格栅，格栅设置在污水提升泵之前，拦截生活污水中的较大悬浮物，是污水处理中的必备处理环节。如果没有粗格栅，污水中的大悬浮物会造成污水提升泵的损坏。格栅也是污水处理厂产生垃圾的主要环节。

　　格栅栅渣产生量与污水中的漂浮物含量关系很大，根据我国生活污水特点，我国生活污水的格栅栅渣产生量计算可参考式（7-2）。

$$W = \frac{86\,400Q \cdot W_1}{1\,000K_T} \qquad (7\text{-}2)$$

式中，W——格栅栅渣量，m^3/d。

　　K_T——污水变化系数，最大污水量与平均污水量的比值。污水变化系数表示污水排放的不均匀性，取值见表 7-3。

Q——处理水量，m^3/s。

W_1——格栅栅渣系数，根据格栅栅条间距取值。栅条间距为 16～25 mm，

W_1=0.10～0.05/1 000 m^3 污水；栅条间距为 30～50 mm，W_1=0.03～

0.1/1 000 m^3 污水。

表 7-3　生活污水变化系数（K_T）*

污水平均日流量	5	15	40	70	100	200	500	≥1 000
总变化系数（K_T）	2.3	2.0	1.8	1.7	1.6	1.5	1.4	1.3

*参考《室外排水设计规范》（GB 50014—2006）。

（2）沉砂池

沉砂池的作用是去除水中比重较大的悬浮固体物，如沙粒、石头等。

（3）预处理污泥产量

水解池、AB 法 A 段、初沉池、化学一级处理等工艺是水处理的预处理环节，预处理环节主要去除的是水中的固体悬浮物质，污染指标为 SS，经过预处理后水中的 SS 浓度会下降。预处理产生污染为污泥，其产量核算公式见式（7-3）。

$$W_1 = a \cdot Q(SS_i - SS_e) \tag{7-3}$$

式中，W_1——预处理的污泥产生量，kg/d。

Q——每日处理水量，t/d。

SS_i、SS_e——进水、出水的 SS 浓度。

a——系数，量纲一，初沉池 0.8～1.0，排泥时间较长取下限；AB 段 A 段 a=1.0～1.2；化学强化一级，处理根据投药量 a 取 1.5～2.0。

需要注意的是，我国不少城市的排水系统采用的是合流制，即污水与雨水未实现分离，因此进水的 SS 浓度有偏低的现象，导致进水的 COD（BOD$_5$）浓度较低，为防止进水污染负荷低于设计要求，不少城市污水处理厂中未设置预处理（如初沉池）。

（4）生化处理剩余污泥产生量

生化处理是利用微生物的新陈代谢处理污废水中污染物的水处理方法，在处理污染物的同时会产生剩余污泥。剩余污泥含水率较高，二沉池排放的污泥含水率可达到98%以上。《城镇污水处理厂污染物排放标准》（GB 18918—2002）中规定污水处理厂外排污泥含水率应低于 80%，《生活垃圾填埋场污染控制标准》（GB 16889—2008）规定的污泥入场要求，其含水率小于60%。

因此污泥要经过脱水才能排放，常见的污泥处理流程见图7-1。

图 7-1 污泥处理流程

污泥浓缩的目的是提高污泥浓度，降低污泥含水率，通过污泥浓缩之后含水率可以从98%降低到96%左右。

污泥消化是通过厌氧、好氧等方式，使污泥氧化、降低污泥中有机物使其稳定的过程，经过污泥消化，污泥中的 VSS（挥发性悬浮固体浓度）会降至40%以下，污泥消化后，污泥的体积会有一定程度的下降。

现有多数的污水处理厂已经有良好的污泥浓缩与污泥脱水设备，但污泥消化并不是所有的污水处理厂都有。

污泥脱水，是将污泥中的含水率降至80%以下，污泥由液态变为固态的过程，经过污泥脱水后，污泥可进入垃圾填埋场填埋。

污泥干燥，污泥干燥是使污泥含水率降至30%以下的过程。污泥干燥需要消耗大量的热量，因此现有污水处理厂很少有污泥干燥环节。

生化处理剩余污泥产生量见式（7-4）。

$$W_2 = \frac{Y \cdot Q \cdot (S_i - S_e) - K_d \cdot V \cdot X_v}{f} \tag{7-4}$$

式中，W_2——每日产生的干污泥量，kg/d；

Y ——污泥净产率，可取 0.42～0.6；

Q ——每日处理水量，t/d；

S_i、S_e ——进、出水的 BOD_5 浓度，kg/m^3；

K_d ——污泥自身氧化率，0.05～0.1/d，常取 0.07；

V ——曝气池容积，m^3；

X_v ——曝气池中平均 VSS（挥发性悬浮固体浓度），kg/m^3；

f ——VSS/SS 之值，一般取 0.6～0.75。

式（7-4）计算的是干污泥量，污泥通常是有一定含水率的，对不同含水率的剩余污泥量可通过式（7-5）进行换算。

7.1.4 系数法

目前污水处理厂产排污系数以《第一次全国污染普查集中污染治理设施产排污系数》最为权威，该系数将污水处理厂划分为城镇污水处理厂、工业废水集中处理设施和其他集中式污水处理设施。该系数将水处理分为一级处理、二级处理、三级处理，并详细地区分了二级处理的工艺类型，同时还设置了调整系数，因此该系数在实际工作中具有较好的参考意义。

污泥产生系数是根据不同水处理工艺和污泥处理方式来确定的。城镇污水处理厂污泥系数包括物理污泥产生系数、生化污泥产生系数和化学污泥产生系数三类。工业废水集中处理设施包括物理与生化污泥综合产生系数、化学污泥产生系数两类。两类污水处理厂都有分项系数，分别是核算系数与校核系数。

目前各个企业，使用的工艺和处理方式不同，脱水后污泥泥饼的含水率也各不相同，在核算不同含水率的污泥量时，读者可以通过式（7-5）来换算。

目前污水处理厂执行标准中污泥含水率限值为 80%，因此该系数核算污泥的含水率也为 80%。

$$\frac{V_1}{V_2} = \frac{W_1}{W_2} = \frac{C_2}{C_1} = \frac{100 - P_2}{100 - P_1} \tag{7-5}$$

式中，P_1、P_2 ——污泥含水率；

V_1、V_2 ——污泥含水率为 P_1、P_2 时污泥体积；

W_1、W_2 ——污泥含水率为 P_1、P_2 时污泥重量；

C_1、C_2 ——污泥含水率为 P_1、P_2 时污泥固体浓度。

7.1.4.1 城镇污水处理厂

（1）一级处理（含一级强化处理）

$$S_1 = k_1Q + k_3C \tag{7-6}$$

式中，S ——污水处理厂一级处理含水率 80% 的污泥产生量，t/年；

　　　k_1 ——城镇污水处理厂的物理污泥产生系数，t/万 t 污水处理量，系数取值
　　　　　见表 7-4；

　　　k_3 ——城镇污水处理厂或工业废水集中处理设施化学污泥产生系数，t/t 絮
　　　　　凝剂使用量；

　　　Q ——污水处理厂的实际污（废）水处理量，万 t/年；

　　　C ——污水处理厂的无机絮凝剂使用总量，t/年，有机絮凝剂忽略不计。

表 7-4　物理污泥产生系数*（k_1）　　　　　单位：t/万 t 污水处理量

污泥处理工艺	进水悬浮物平均浓度/（mg/L）	一级处理		一级强化处理	
		核算系数	校核系数	核算系数	校核系数 r
无污泥消化	高（200~300）	6.63	5.0~8.25	10.1	7.5~12.8
	中（100~200）	3.5	2.0~5.0	5.38	3.25~7.5
	低（50~100）	1.38	0.75~2.0	2.25	1.25~3.25
厌氧污泥消化	高（200~300）	5.04	3.80~6.27	7.7	5.7~9.7
	中（100~200）	2.66	1.52~3.8	4.09	2.47~5.7
	低（50~100）	1.05	0.57~1.52	1.71	0.95~2.47
好氧污泥消化	高（200~300）	4.57	3.45~5.69	6.99	5.18~8.8
	中（100~200）	2.42	1.38~3.45	3.71	2.24~5.18
	低（50~100）	0.95	0.52~1.38	1.55	0.86~2.24

*进水 SS 低于 50 mg/L 时可不考虑物理污泥产生量，高于 300 mg/L 时则根据本表数据外推；无进水数据可取中间值；污泥处理工艺没有正常运行可参考无污泥消化来核算。

（2）二级处理（含深度处理）

无初沉池情况

$$S_2 = rk_2P + k_3C \tag{7-7}$$

有初沉池情况

$$S_2 = k_1Q + 0.7k_2P + k_3C \tag{7-8}$$

式中，S_2——污水处理厂二级处理含水率 80% 的污泥产生量，t/年；

k_1——城镇污水处理厂的物理污泥产生系数，t/万 t 污水处理量，系数取值见表 7-4；

k_2——城镇污水处理厂的生化污泥产生系数，t/t 化学需氧量去除量；

k_3——城镇污水处理厂或工业废水集中处理设施的化学污泥产生系数，t/t 絮凝剂使用量，参考表 7-5；

Q——污水处理厂的实际污（废）水处理量，万 t/年；

P——城镇污水处理厂的化学需氧量去除总量，t/年；

C——污水处理厂的无机絮凝剂使用总量，t/年，有机絮凝剂忽略不计；

r——进水悬浮物浓度修正系数，量纲一。

当进水悬浮物全年平均浓度较低时（<100 mg/L），r 取值为 1.0；

当进水悬浮物全年平均浓度中等时（≥100 mg/L，且<200 mg/L），r 取值为 1.3；

当进水悬浮物全年平均浓度较高时（≥200 mg/L），r 取值为 1.6。

如果缺乏进水悬浮物浓度参考数据，r 可按中等浓度条件取值，即取值为 1.3。

在异常数据核查中，应重点核对污水处理厂的监测记录，并根据实际进水悬浮物浓度范围确定是否需要调整该参数进行重新校核或核算。

表 7-5 生化处理、化学处理污泥产生系数（k_2、k_3）　　单位：t/t COD 去除量

污水处理工艺 ＼ 污泥处理工艺		无污泥消化	厌氧污泥消化	好氧污泥消化
高负荷活性污泥法	核算系数	2.85	2.11	1.71
	校核系数	1.95～4.28	1.44～3.16	1.17～2.57
普通活性污泥法	核算系数	1.75	1.24	0.81
	校核系数	1.2～2.85	0.85～2.02	0.55～1.31
A/O、A²/O 类工艺	核算系数	1.45	1.06	0.78
	校核系数	0.80～3.05	0.58～2.23	0.43～1.65
SBR 类工艺	核算系数	1.3	0.96	0.78
	校核系数	0.90～2.5	0.67～1.85	0.54～1.5
氧化沟工艺	核算系数	1.1	0.97	0.88
	校核系数	0.70～2.1	0.62～1.68	0.56～1.47
AB 法、吸附再生等其他活性污泥法	核算系数	1.75	1.3	1.05
	校核系数	0.95～3.4	0.70～2.52	0.57～2.04
生物膜法	核算系数	1.25	—	—
	校核系数	0.70～2.3	—	—
絮凝沉淀、化学除磷、污泥调质等（k_3^*）	核算系数	4.53 t/t 絮凝剂		
	校核系数	2.44～6.55		

*化学处理污泥不考虑污泥消化。

7.1.4.2　工业废水集中处理设施

工业废水处理设施的核算系数主要用于计算电镀、制革、医药、化工、食品、印染等行业的工业废水集中处理设施的生化处理的污泥产生量，核算公式见式（7-9）。

$$S_3 = k_4 Q + k_3 C \tag{7-9}$$

式中，S_3——工业废水集中处理设施污泥产生量，包含生化污泥与物理化学处理污泥，t；

k_4——工业废水集中处理设施的物理与生化污泥综合产生系数，见表 7-6；

Q、C、k_3 含义见式（7-8）。

表 7-6　工业废水集中处理设施物化与生化污泥综合产生系数（k_4）

行业类型	含水污泥产生系数		
	单位	核算系数	校核系数
电镀工业		20.9	10.4～31.3
制革工业		19.8	9.9～29.6
医药工业		16.7	8.4～25.1
化工工业	t/万 t 废水处理量	7.5	3.8～11.3
食品工业		6.7	3.4～10.1
印染工业		4.1	2.0～6.1
其他工业		6.0	3.0～9.0

注：工业废水集中处理设施全年平均化学需氧量或主要污染物去除率达到 50% 及以上，全年实际处理污水量小于设计处理量的 50%，物理与生化污泥综合产率系数按相应行业系数的 0.8 倍取值；全年平均化学需氧量或主要污染物去除率小于 50%，物理与生化污泥综合产生系数在 0.4～0.7 倍范围内取值。

7.2　垃圾填埋场

垃圾填埋是我国目前垃圾处理的主要方式之一。垃圾填埋产生的渗滤液是其主要污染，渗滤液具有污染物类型复杂、污染浓度高等特点。

7.2.1　经验公式法

7.2.1.1　浸出系数法

（1）渗滤液量

计算渗滤液量应该充分考虑填埋场渗滤液产生时当地的降雨量、蒸发量、地面水损失、其他外部来水渗入、垃圾的特性、表面覆土和防渗系统下层排水设施的排水能力等因素。

渗滤液产生量的计算可采用经验公式法（浸出系数法），计算公式见式（7-10）。

$$Q = \frac{I \times (C_1 A_1 + C_2 A_2 + C_3 A_3)}{1\,000} \qquad (7\text{-}10)$$

式中，Q——渗滤液产生量，m^3/d；

    I——多年平均日降雨量，mm/d；

    A_1——作业单元汇水面积，m^2；

    C_1——作业单元深度系数，一般取 $0.5\sim0.8$；

    A_2——中间覆盖单元汇水面积，m^2；

    C_2——中间覆盖单元渗水系数，宜取（$0.4\sim0.6$）C_1；

    A_3——终场覆盖单元汇水面积，m^2；

    C_3——终场覆盖单元深处系数，一般取 $0.1\sim0.2$。

注：I 的计算，数据充足时，宜按 20 年的数据计取；数据不足 20 年时，按现有全部年数据计取。

（2）水量平衡法

若基础信息不清楚，如中间覆盖单元和终场覆盖单元情况未知，在渗滤液计算时也可以采用水量平衡法来核算渗滤液产生量。

水量平衡法公式中，渗滤液的产生量受到垃圾含水量，填埋场区降雨以及填埋工作区大小的影响，同时也受到厂区蒸发量、风力和场地地面情况、种植情况等因素的影响，最简单的估算方法是假设整个填埋场的剖面含水率在所考虑的周期内等于或超过其相应持水率，见式（7-11）。

$$Q = \left(W_P - R - E\right)A_a + Q' \tag{7-11}$$

式中，Q——渗滤液的年产生量，$m^3/$年；

    W_P——年降水量；

    R——年地表径流量，$R = C \times W_P$；

    C——地表径流系数，见表 7-7；

    E——年蒸发量；

    A_a——填埋场地表面积；

    Q'——垃圾产水量。

表7-7　降雨地表径流系数

地表条件	坡度/（°）	地表径流系数 C		
		亚砂土	亚黏土	黏土
草地 （表面有植被覆盖）	0～5（平坦）	0.10	0.30	0.40
	5～10（起伏）	0.16	0.36	0.55
	10～30（陡坡）	0.22	0.42	0.60
裸露土层 （表面无植被覆盖）	0～5（平坦）	0.30	0.50	0.60
	5～10（起伏）	0.40	0.60	0.70
	10～30（陡坡）	0.52	0.72	0.82

7.2.1.2　渗滤液水质

　　垃圾填埋场整个营运期及封场后都会有渗滤液产生。垃圾渗滤液 pH 值一般在 4～9，其水质 BOD、COD 浓度可以达到 $n \times 10^3 \sim n \times 10^4$ mg/L。随着填埋时间的增加，渗滤液水质也会有变化。根据生活垃圾填埋场的垃圾填埋年限，可将生活垃圾填埋场渗滤液分为初期渗滤液、中后期渗滤液和封场后渗滤液。

　　生活垃圾填埋场渗滤液污染物浓度，宜以实测数据为基准。在无法取得实测数据时，可参考表 7-8 及同类地区同类型填埋场实测数据。BOD 和 COD 浓度一般会高出标准限值数百倍，因此必须在排放前进行处理。

表7-8　国内生活垃圾填埋场（调节池）渗滤液典型水质

类别 项目	初期渗滤液	中期渗滤液	封场后渗滤液
五日生化需氧量/（mg/L）	4 000～20 000	2 000～4 000	300～2 000
化学需氧量/（mg/L）	10 000～30 000	5 000～10 000	1 000～5 000
氨氮/（mg/L）	200～2 000	500～3 000	1 000～3 000
悬浮固体/（mg/L）	500～2 000	200～1 500	200～1 000
pH 值	5～8	6～8	6～9

7.2.1.3 渗滤液排放标准

我国的生活垃圾填埋场渗滤液排放执行标准为《生活垃圾填埋污染控制标准》（GB 16889—2008）。该标准中规定生活垃圾填埋场应设置污水处理装置，生活垃圾渗滤液（含调节池废水）等污水须经处理并符合本标准规定的污染物排放控制要求后才可排放，排放限值见表 7-9。

标准根据区域和环境保护特征制定了排放限值，在国土开发密度已经较高、环境承载能力开始减弱，或环境容量较小、生态环境脆弱时，容易发生严重环境污染问题而需要采取特别保护措施的地区，现有和新建生活垃圾填埋场执行水污染物特别排放限值，标准限值见表 7-9。

表 7-9 现有和新建生活垃圾填埋场水污染物排放浓度限值

序号	控制污染物	排放限值	特别排放限值	监控位置
1	色度（稀释倍数）	40	30	常规污水处理设施排放口
2	化学需氧量（COD_{Cr}）/（mg/L）	100	60	常规污水处理设施排放口
3	生化需氧量（BOD_5）/（mg/L）	30	20	常规污水处理设施排放口
4	悬浮物/（mg/L）	30	30	常规污水处理设施排放口
5	总氮/（mg/L）	40	20	常规污水处理设施排放口
6	氨氮/（mg/L）	25	8	常规污水处理设施排放口
7	总磷/（mg/L）	3	1.5	常规污水处理设施排放口
8	粪大肠菌群数/（个/L）	10 000	1 000	常规污水处理设施排放口
9	总汞/（mg/L）	0.001	0.001	常规污水处理设施排放口
10	总镉/（mg/L）	0.01	0.1	常规污水处理设施排放口
11	总铬/（mg/L）	0.1	0.1	常规污水处理设施排放口
12	六价铬/（mg/L）	0.05	0.05	常规污水处理设施排放口
13	总砷/（mg/L）	0.1	0.1	常规污水处理设施排放口
14	总铅/（mg/L）	0.1	0.1	常规污水处理设施排放口

7.2.2 系数法

现有最新和最权威的垃圾填埋场产排污系数是第一次全国污染源普查期间编制的集中污染治理设施产排污系数，该系数收录于中国环境出版社出版的《污染源普查产排污系数手册》中。系数给出了城镇生活垃圾集中式处理设施的污染物产生系数和排放系数，包含渗滤液产生量、化学需氧量、氨氮、石油类、挥发酚、汞、镉、铅、砷、总铬等污染物的产排系数。

渗滤液是垃圾填埋处理的主要污染，卫生填埋和简易填埋的垃圾渗滤液产生规律是不同的，本系数根据不同填埋类型确定了垃圾填埋场渗滤液及水污染物的产、排污系数。

（1）渗滤液产生量

计算公式见式（7-12）。

$$W = T \cdot F \qquad (7\text{-}12)$$

式中，W ——城镇生活垃圾填埋场年渗滤液产生量，万 m^3/年；

T ——城镇生活垃圾填埋场年垃圾处理量，万 t/年；

F ——城镇生活垃圾填埋场渗滤液产污系数，m^3/t；卫生填埋场和简易填埋场对应核算系数和校核系数分别见表 7-10 和表 7-11。

（2）渗滤液污染物产生量

计算与校核公式见式（7-13）。

$$L_C = W \cdot C_i \cdot 10 \qquad (7\text{-}13)$$

式中，L_C ——城镇生活垃圾填埋设施渗滤液污染物年产生量，g/年或 kg/年；

C_i ——城镇生活垃圾填埋设施渗滤液污染物（i）的产生系数，g/m^3 或 mg/m^3，卫生填埋场和简易填埋场对应的渗滤液污染物产生系数分别见表 7-10 和表 7-12；

W ——渗滤液产生量，含义同式（7-12）。

表 7-10　城镇生活垃圾卫生填埋处理设施产污系数 C_1 与排污系数 C_2

污染物指标	单位	产污系数 C_1								末端治理组合工艺类别	排污系数 C_2							
		半干旱区		半湿润区		湿润区		强降雨区			半干旱区		半湿润区		湿润区		强降雨区	
		核算系数	校核系数	核算系数	校核系数	核算系数	校核系数	核算系数	校核系数		核算系数	校核系数	核算系数	校核系数	核算系数	校核系数	核算系数	校核系数
渗滤液量*	m³/t 垃圾	0.07	0~0.15	0.15	0.08~0.25	0.3	0.20~0.80	0.4	0.25~1.00	—	0.07	0~0.15	0.15	0.08~0.25	0.3	0.20~0.80	0.4	0.25~1.00
化学需氧量	g/m³ 渗滤液	12 000	2 000~60 000	11 500	2 000~60 000	10 500	1 500~50 000	10 000	1 200~50 000	①	8 000	2 000~40 000	8 000	2 000~40 000	7 000	1 000~30 000	7 000	800~40 000
										②	1 500	800~2 000	1 500	800~2 000	1 200	800~2 000	1 500	800~2 000
										③	200	100~1 000	200	100~1 000	150	100~800	200	100~1 000
										④	15	10~80	15	10~80	17	10~80	17	10~80
氨氮	g/m³ 渗滤液	800	100~3 000	1 300	120~3 500	1 200	100~4 000	900	50~4 000	①	800	100~3 000	1 300	120~3 500	1 500	100~4 000	900	50~4 000
										②	100	50~500	100	50~500	200	60~500	100	30~500
										③	20	10~200	15	10~200	40	15~100	20	15~200
										④	0.5	0.1~1.5	0.5	0.1~1.5	0.5	0.1~1.5	0.5	0.1~1.5
石油类	g/m³ 渗滤液	8	20~40	8	1.0~80	5	0.1~10	5	0.1~25	①	15	0.5~22.0	8	1.0~80.0	5	0.1~10	5	0.1~25
										②	3	0.1~6.0	3	0.6~20.0	4	0.1~5.0	3	1.0~20
										③	1.5	0.05~3.0	1	0.4~5.0	1	0.5~2.0	1	0.5~5.0
										④	0.2	0~0.5	0.4	0.2~0.6	0.4	0.2~0.6	0.4	0.2~0.6

污染物指标	单位	产污系数 C_1 半干旱区 核算系数	半干旱区 校核系数	半湿润区 核算系数	半湿润区 校核系数	湿润区 核算系数	湿润区 校核系数	强降雨区 核算系数	强降雨区 校核系数	末端治理组合工艺类别	排污系数 C_2 半干旱区 核算系数	半干旱区 校核系数	半湿润区 核算系数	半湿润区 校核系数	湿润区 核算系数	湿润区 校核系数	强降雨区 核算系数	强降雨区 校核系数
总磷	g/m³ 渗滤液	15	0.5~22	15	0.5~22.0	15	0.5~22.0	15	0.5~22.0	①	8	2.0~40	15	0.5~22.0	15	0.5~22.0	15	0.5~22.0
										②	3	1.0~10	3	0.1~6.0	3	0.1~6.0	3	0.1~6.0
										③	1.5	0.5~2.0	1.5	0.05~3.00	1.5	0.05~3.0	1.5	0.05~3.0
										④	0.2	0.1~0.6	0.2	0~0.5	0.2	0~0.5	0.01	0~0.5
挥发酚	g/m³ 渗滤液	1.5	0.10~10.0	1.5	0.01~2.45	1.5	0.1~3.0	1	0.02~6.50	①	1.5	0.10~10.0	1.5	0.01~2.45	1.5	0.1~3.0	1	0.02~6.5
										②	1	0.05~5.00	1	0.01~2.00	1	0.05~2.0	0.6	0.05~5.0
										③	0.5	0.05~2.00	0.5	0.01~1.00	0.5	0.05~1.0	0.2	0.05~2.0
										④	0.01	0.01~0.05	0.01	0~0.05	0.01	0.01~0.05	0.01	0.01~0.05
氧化物	mg/m³ 渗滤液	40	5~400	40	5.0~600	25	0~100	35	0~500	①	40	5~400	40	5.0~600	25	0~100	35	0~500
										②	20	3~100	20	3.0~100	10	0~60	20	3.0~100
										③	15	2~50	15	2.0~50	8	0~20	15	2.0~50
										④	1	0.5~2.0	1	0.5~2.0	1	0~2.0	1	0.5~2.0
汞	mg/m³ 渗滤液	5	0~50	5	0~40	5	0~10	3	0~80	①	5	0~50	5	0~40	5	0~10	3	0~80
										②	4	0~20	4	0~30	4	0~8	0.8	0~60
										③	1.5	0~10	1	0~10	1	0~2	0.4	0~10
										④	0.05	0~0.10	0.05	0~0.10	0.05	0~0.10	0.05	0~0.10

污染物指标	单位	产污系数 C_1 半干旱区 核算系数	半干旱区 校核系数	半湿润区 核算系数	半湿润区 校核系数	湿润区 核算系数	湿润区 校核系数	强降雨区 核算系数	强降雨区 校核系数	末端治理组合工艺类别	排污系数 C_2 半干旱区 核算系数	半干旱区 校核系数	半湿润区 核算系数	半湿润区 校核系数	湿润区 核算系数	湿润区 校核系数	强降雨区 核算系数	强降雨区 校核系数
镉	mg/m³ 渗滤液	40	0~600	20	0~280	18	0~160	15	0~40	①	40	0~600	20	0~280	18	0~160	15	0~40
										②	30	0~200	15	0~150	15	0~150	4	0~30
										③	5	0~120	5	0~50	5	0~100	1	0~5.0
										④	0.4	0~1.0	0.4	0~1.0	0.4	0~1.0	0.4	0~1.0
铅	mg/m³ 渗滤液	200	0~2 000	120	20~2 000	100	50~1 000	80	1.0~1 000	①	200	0~2 000	120	20~2 000	100	50~1 000	80	1.0~1 000
										②	100	0~1 000	80	15~1 000	80	0~1 000	80	0~1 000
										③	20	0~200	20	5.0~200	30	0~200	10	0~100
										④	3	0~20.0	4	0~20	6	0~20	6	0~20
砷	mg/m³ 渗滤液	50	0~800	40	10~800	30	0~600	20	0~500	①	50	0~800	40	0~800	30	0~600	20	0~500
										②	30	0~500	30	0~500	20	0~500	15	0~400
										③	10	0~80	5	0~80	10	0~80	5	0~80
										④	2	0~20	2	0~20	5	0~20	2	0~20
总铬	mg/m³ 渗滤液	80	0~1 000	40	10~800	50	10~500	35	2~600	①	80	0~1 000	40	10~800	50	10~500	35	2.0~600
										②	50	0~500	30	0~400	40	0~500	30	0.6~500
										③	20	0~200	10	0~100	10	0~200	20	0.1~200
										④	2	0~10	5	0~20	5	0~20	5	0~20

注：* 渗滤液处理中有反渗透，渗滤液产生量取生量的80%。

① "调节（储蓄）预处理"工艺；② 生化处理；③ 生化+物化；④ 生化+物化+反渗透。

干旱半干旱区（年均降雨量：0~400 mm）；半湿润区（年均降雨量：400~800 mm）；湿润区（年均降雨量：800~1 200 mm）；强降雨区（年均降雨量：>1 200 mm）。

表 7-11　城镇生活垃圾简易填埋处理设施产污系数 C_1

污染物指标	单位	半干旱区		半湿润区		湿润区		强降雨区	
		核算系数	校核系数	核算系数	校核系数	核算系数	校核系数	核算系数	校核系数
渗滤液产生量 F_{t1}	m³/t 垃圾	0.05	0~0.15	0.25	0.08~0.45	0.55	0.08~0.8	0.75	0.15~1.25
化学需氧量	g/m³ 渗滤液	8 000	2 000~15 000	8 000	1 000~35 000	7 000	700~35 000	6500	700~20 000
氨氮	g/m³ 渗滤液	400	80~2 000	800	100~1 500	600	100~2 000	500	80~2 000
石油类	g/m³ 渗滤液	16	2.0~200	12	1.5~130	3	0.5~28.0	3.5	0.5~25.0
总磷	g/m³ 渗滤液	14	1~25	13	1~24	10	0.5~20	9	0.5~19.0
挥发酚	g/m³ 渗滤液	3	0.1~10	3	0.01~4.00	0.3	0.03~3.50	1.5	0.05~4.50
氰化物	mg/m³ 渗滤液	20	2.0~300	60	2.0~600	50	0~100	45	0~400
汞	mg/m³ 渗滤液	8	0~300	5.5	0~50.00	4	0~100	3.5	0~500
镉	mg/m³ 渗滤液	50	10~1 000	40	0~500	25	0~450	15	0~450
铅	mg/m³ 渗滤液	200	20~2 000	150	5.0~1 500	80	5~2 000	55	5~2 000
砷	mg/m³ 渗滤液	70	20~1 000	30	0~400	20	0~500	20	0~500
总铬	mg/m³ 渗滤液	100	20~2 000	80	10~1 500	80	0~1 500	50	0~1 000

（3）渗滤液污染物排放量

垃圾渗滤液无回用时，渗滤液中污染物的产生量见式（7-14）。

$$L_p = 10W_1 \cdot C_2 \qquad\qquad (7\text{-}14)$$

式中，C_2——垃圾渗滤液污染物排放系数。

若垃圾渗滤液有回用的情况，应该注意剔除回用渗滤液量后，再核算污染物排放量。

7.3 固体废物焚烧厂

7.3.1 概述

7.3.1.1 垃圾焚烧技术

垃圾焚烧处理已有 100 多年历史，但出现有控制的焚烧（烟气处理、余热利用等）只是近几十年的事。它与填埋处理相比，具有占地小、场地选择容易，处理时间短、减量化显著（减重一般达 80%，减容一般达 90%），无害化较彻底以及可回收垃圾焚烧余热等优点，在发达国家得到越来越广泛的应用。

1876 年，世界上第一个城市垃圾焚烧炉建于英国的曼彻斯特市，德国第一个城市垃圾焚烧炉建于 1892 年的汉堡市。在 19 世纪末所用的垃圾焚烧炉多为固定床式，机械化水平比较低，进出料还依靠人工。20 世纪初，欧洲、美国许多城市都相继兴建城市垃圾焚烧厂，到第二次世界大战前，美国焚烧炉已发展到约 700 座。这时期的焚烧炉已具备现代垃圾焚烧炉的主要特征和功能，并实现机械化操作。第二次世界大战后，随着经济的复兴，城市垃圾产量迅速增加，垃圾成分也发生了显著变化，垃圾中废纸和塑料等可燃物含量大幅度提高，垃圾焚烧处理又得到进一步发展。

20 世纪 60 年代和 70 年代，发达国家兴建了许多新的城市垃圾焚烧厂，随着工业技术的进步，许多新技术、新工艺和新材料应用于垃圾焚烧炉的制造，垃圾焚烧厂的控制水平也有所提高。在 70 年代后期和 80 年代早期，由于公众对垃圾焚烧烟气污染特别是二噁英的关注，新建垃圾焚烧厂出现下降趋势。近 10 年来，由于垃圾焚烧烟气处理逐步受到重视，特别是烟气处理技术不断进步，余热利用系统和尾气处理系统得到进一步完善，垃圾焚烧炉又取得新发展。垃圾焚烧方式因其显著优点而在欧洲及日本、韩国、中国台湾、新加坡等经济较发达国家和地区得到广泛的应用。日本目前已有 90%以上的垃圾采用焚烧法处理，垃圾焚烧厂达 1 000 多座，瑞士垃圾焚烧的比例高达 80%，新加坡甚至达到 100%。我国台湾地区大部分垃圾采用焚烧处理，垃圾焚烧厂超过 20 座。

近年来我国垃圾焚烧也得到发展，2015 年全国垃圾焚烧量为 0.61 亿 t，占垃圾总量的 33.9%，全国生活垃圾焚烧处理设施无害化处理能力为 21.6 万 t/d，占总处理能力的 32.3%。

垃圾焚烧虽然具有设施占地较小、垃圾减量化效果明显、焚烧余热可以发电获得一定的收益的优点，但垃圾焚烧投资成本、运营成本高及技术要求高，这是制约其发展的重要原因。

此外，焚烧处理技术的应用受垃圾热值的影响较大，低热值的垃圾难以采用该种技术。通常焚烧前应对垃圾进行适当预处理或从原生垃圾中分选出部分高热值的垃圾后，再进行焚烧处理。《城市生活垃圾处理及污染防治技术政策》（建城〔2000〕120 号）规定垃圾焚烧适用于进炉垃圾平均低位热值高于 5 000 kJ/kg、卫生填埋场地缺乏和经济发达地区。

7.3.1.2　固废焚烧主要污染

垃圾燃烧烟气中常见的空气污染物包括：颗粒污染物、氮氧化物、酸性气体、重金属、一氧化碳和有机氯化物等。

（1）颗粒污染物

焚烧过程中产生的颗粒污染物大致有三类，第一类为废物中不可燃物，在焚烧过程中（较大残留物）转化为炉渣排出，而部分颗粒物则随废气以飞灰形式排放；第二类为部分无机盐类，在高温条件下氧化排出，再冷凝成颗粒物，如排放的二氧化硫在低温下形成硫酸盐烟雾颗粒；第三类为未完全燃烧的碳粒和煤烟，粒径在 0.1～10 μm。

（2）氮氧化物

固体废物焚烧过程中产生的氮氧化物来源有两个方面：一方面为高温下，N_2 和 O_2 反应形成氮氧化物；另一方面为废物中的氮组分转化为 NO_x，这一部分通常是由燃料中的氮转化而来的。

（3）酸性气体

固体废物燃烧过程中产生的酸性气体包括 SO_2、HCl、HF 等，这些污染物通常由固体废物中的 S、Cl、F 等元素焚烧反应而成。例如，含 Cl 的 PVC 塑料会形成 HCl，含 F 的塑料会燃烧产生 HF，而含 S 的固体废物燃烧会产生 SO_2。

（4）重金属物质

固体废物中的重金属物质，高温焚烧后部分残留于灰渣中，部分在高温下气化进入烟气，部分金属物质在炉中参与反应生成氧化物或氯化物。这些氧化物及氯化物，因挥发、热解、还原及氧化等作用，可能进一步发生复杂的化学反应，最后形成包括元素态重金属、重金属氧化物及重金属氯化物等污染物排放。

（5）有机氯化物

固体废物焚烧过程中产生的毒性较高的有机氯化物主要为二噁英，以多氯代二苯并-对-二噁英（PCDDs）和多氯代二苯并呋喃（PCDFs）为主，固体废物焚烧时产生，一方面来自于固体废物本身的有机氯化物分解，另一方面来自于炉内分解后，炉外低温再合成。

7.3.1.3 固体废物焚烧相关法规标准

（1）《生活垃圾焚烧污染控制标准》（GB 18485—2014）

本标准规定了生活垃圾焚烧厂的选址要求、技术要求、入炉废物要求、运行要求、排放控制要求、监测要求、实施与监督等内容。同时还确定了主要污染因子的污染物排放浓度限值，见表 7-12。

表 7-12　生活垃圾焚烧炉排放烟气污染物浓度限值　　　　单位：mg/m³

序号	污染物项目			限值	取样时间
1	颗粒污染物			30	1 小时测定
				20	24 小时测定
2	氮氧化物			300	1 小时测定
				250	24 小时测定
3	二氧化硫			100	1 小时测定
				80	24 小时测定
4	氯化氢			60	1 小时测定
				50	24 小时测定
5	一氧化碳			100	1 小时测定
				80	24 小时测定
6	汞及其化合物（以 Hg 计）			0.05	测定均值
7	镉、铊及其他化合物（以 Cd+Tl 计）			0.1	测定均值
8	锑、砷、铅、铬、钴、铜、锰、镍及其化合物（以 Sb+As+Pb+Cr+Co+Cu+Mn+Ni 计）			1.0	测定均值
9	二噁英/（ng TEQ/m³）	生活垃圾焚烧厂		0.1	测定均值
		生活污水处理污泥、一般工业固废焚烧	焚烧能力＞100 t/d	0.1	测定均值
			50～100	0.5	测定均值
			≤50	1.0	测定均值

（2）《危险废物焚烧污染控制标准》（GB 18484—2001）

该标准中规定的危险废物为列入国家危险废物名录或者根据国家规定的危险废物鉴别标准和鉴别方法判定的具有危险特性的废物。

标准规定了危险废物焚烧厂选址要求、焚烧炉烟气排放高度限值、焚烧技术指标要求（如炉内停留时间、焚烧温度、燃烧效率、焚毁去除率、焚烧残渣的热灼减率）。

同时标准还规定了危险废物焚烧设备的大气污染物排放浓度限值，见表 7-13。

表 7-13 危险废物焚烧炉大气污染物排放限值

序号	污染物	不同焚烧容量时的最高允许排放浓度限值/（mg/m³）		
		≤300 kg/h	300～2 500 kg/h	≥2 500 kg/h
1	烟气黑度	林格曼Ⅰ级		
2	烟尘	100	80	65
3	一氧化碳（CO）	100	80	80
4	二氧化硫（SO_2）	400	300	200
5	氟化氢（HF）	9.0	7.0	5.0
6	氯化氢（HCl）	100	70	60
7	氮氧化物（以 NO_2 计）	500		
8	汞及其化合物（以 Hg 计）	0.1		
9	镉及其化合物（以 Cd 计）	0.1		
10	砷、镍及其化合物（以 As+Ni 计）	1.0		
11	铅及其化合物（以 Pb 计）	1.0		
12	铬、锡、锑、铜、锰及其化合物（以 Cr+Sn+Sb+Cu+Mn 计）	4.0		
13	二噁英类	0.5 TEQng/m³		

（3）《医疗废物焚烧炉技术要求》（GB 19218—2003）

该技术标准中规定的医疗废物为医院、卫生防疫单位、病员疗养院、医学研究单位产生的感染性废物。标准中污染物排放限值见可参考《危险废物焚烧污染控制标准》（GB 18484—2001）（表 7-13），废水排放限值见表 7-14。

表 7-14 医疗废物焚烧炉废水污染物排放浓度限值

序号	污染物	最高允许排放浓度*/（mg/L）		
		一级	二级	三级
1	pH 值	6～9		
2	F⁻	10	10	20
3	Hg	0.05		
4	As	0.1		
5	Pb	0.5		
6	Cd	1.0		
7	粪大肠菌群数	100 个/L	500 个/L	1 000 个/L
8	总余氯**	<0.5	≥6.5（接触时间≥1.5 h）	>5（接触时间≥1.5 h）

* 排入 GB 3838 中Ⅲ类水域和排入 GB 3097 中二类海域的污水，执行一级标准；
排入 GB 3838 中Ⅳ、Ⅴ类水域和排入 GB 3097 中三类海域的污水，执行二级标准；
排入设置二级污水处理厂的城镇排水系统的污水，执行三级标准。
** 加氯消毒后须进行脱氯处理，达到本标准。

7.3.2 垃圾焚烧污染核算

7.3.2.1 焚烧工艺

固废焚烧工艺在不同时期、处理不同固废时略有差异，焚烧工艺常以焚烧炉区分，如固定焚烧炉、流化床焚烧炉、回转炉焚烧、单室焚烧、多室焚烧等。现代化的生活垃圾和其他固废焚烧技术工艺流程大致相同，其工艺流程包含前处理系统、进料系统、焚烧炉系统、空气系统、烟气系统、灰渣系统、余热利用系统和自动化控制系统几部分，见图 7-2。

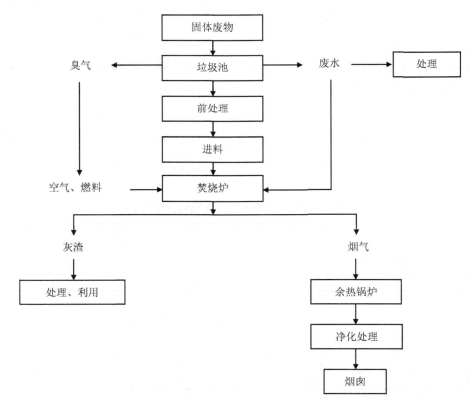

图 7-2　固体废物焚烧工艺流程

工艺中的各个系统的主要功能如下：

①前处理：主要是固体废物的接收、贮存、分选或破碎，具体包括固体废物的运输、计量、登记、进场、卸料、混料、破碎、手选、磁选等过程。

②进料系统：主要作用是向焚烧炉定量给料，同时将垃圾池中的垃圾和焚烧炉高温火焰和高温烟气隔开、密封，防止焚烧炉火焰通过进料口向垃圾反烧和高温烟气反窜。

③焚烧炉系统：是固体废物焚烧装置的核心，焚烧炉有多种类型，常见分类见表7-15。

表7-15 垃圾焚烧炉分类

焚烧方式	焚烧炉
层状燃烧	机械炉排式生活垃圾焚烧炉
沸腾燃烧	流化床生活垃圾焚烧炉
回转燃烧	回转窑式生活垃圾焚烧炉
其他燃烧	其他焚烧炉

④空气系统：即助燃空气系统，是焚烧炉非常重要的组成部分，空气系统除给固体废物正常焚烧提供必要的助燃氧气外，还有冷却炉排、混合炉料、控制烟气气流等作用。助燃空气可分为一次助燃空气和二次助燃空气。一次助燃空气是指炉排下送入焚烧炉的助燃空气，即火焰下空气。一次助燃空气占助燃空气总量的60%～80%，主要起助燃、冷却炉排搅动炉料的作用。火焰上空气和二次燃烧室的空气属于二次助燃空气，二次助燃空气主要作用是助燃和控制气量的湍流程度，二次助燃空气一般占助燃空气总量的20%～40%。

⑤烟气系统：焚烧烟气是固体废物焚烧炉系统的主要污染源。焚烧炉烟气含有大量的颗粒状污染物质和气态污染物。设置烟气系统的目的就是去除烟气中的污染物，使烟气达到国家相关标准后排放。

固体废物焚烧的大气污染物主要有一氧化碳、氮氧化物、二氧化硫、氯化氢、二噁英、汞、镉、铅等。其产生规律在7.3.1.2中已有介绍，读者可以参考。

7.3.2.2 固体废物焚烧污染物核算

国家在规划建设固体废物焚烧工艺与建设项目方面有着严格的控制要求：除污染物要严格达到排放标准外，在监管等工作方面也有严格的规定，并且垃圾焚烧厂都应该建有在线监测系统。

本节主要介绍两种固废焚烧污染物核算方法：一是经验公式法；二是产排污系数法。

（1）经验公式法

1）大气污染物核算

固体废物焚烧过程产生的污染物可以采用烟气中污染物浓度乘以烟气量的方式来进行核算，核算公式可参考 1.3.1 节。

本节将介绍固体废物焚烧烟气产生量计算公式以及部分垃圾焚烧炉烟气污染物产生浓度，读者在实际工作过程中可以本节的数据作为核算参考。

①垃圾焚烧烟气量。

核算焚烧烟气量时，首先利用烟气成分和经验公式计算出理论烟气量，然后再通过过剩空气计算实际烟气量。

理论烟气可通过式（7-15）核算。

$$V_{理烟} = V_{CO_2} + V_{SO_2} + V_{N_2} + V_{H_2O} \qquad (7\text{-}15)$$

式中，$V_{理烟}$——理论烟气量，为焚烧垃圾中各可燃组分燃烧产生的理论烟气量；

V_{CO_2}——CO_2 的理论产生量，m^3/kg，$V_{CO_2} = 1.866w_C$；

V_{SO_2}——SO_2 的理论产生量，m^3/kg，$V_{SO_2} = 0.7w_S$；

V_{N_2}——N_2 的理论量，m^3/kg，$V_{N2} = 0.79V_{理空} + 0.8w_S$；

V_{H_2O}——烟气中的 H_2O 的理论量，m^3/kg，$V_{H_2O} = 11.1w_H + 1.24w_{H_2O} + 0.0161V_{理空}$。

其中 $V_{理空}$ 如式（7-16）和式（7-17）所示：

$$V_{理空} = \frac{V_{理氧}}{0.21} = \frac{1\,866w_C + 5.56w_H + 0.7w_S - 0.7w_O}{0.21} \qquad (7\text{-}16)$$

$$V_{理空} = 8.89w_C + 26.5w_H + 3.33w_S - 3.33w_O \qquad (7\text{-}17)$$

式中，w_C、w_H、w_S——分别为焚烧固体废物中的 C、H、S 的可燃物料的质量分数。

各地区因为生活习惯、经济发展、气候条件等差异，垃圾元素组分略有不同，垃圾组分数据可通过采样检测获得，一些相关的资料中也有部分城市的垃圾元素组分数据，我国部分省市垃圾的工业分析和元素分析表见表 7-16，读者可以查阅参考。

表 7-16　中国部分城市生活垃圾工业分析和元素分析结果　　　单位：%

分析项目 城市，年份	工业分析				元素分析（应用基）						
	水分	挥发分	固定碳	灰分	M*	C	H	O	S	N	A*
青岛，1997	42.36	17.68	2.78	37.18	42.36	12.47	1.84	6.64	0.07	0.34	36.29
西安，1997	24.95	13.12	2.41	59.52	24.95	9.63	1.47	6.02	0.09	0.22	57.46
芜湖，1997	55.99	17.90	2.88	23.23	55.99	11.57	1.63	7.26	0.12	0.43	23.00
常州，1997	43.04	17.10	2.83	37.03	43.04	11.59	1.68	7.07	0.08	0.35	36.19
浦东，1996—1997	51.59	27.25	4.15	17.00	51.59	18.46	2.62	9.87	0.08	0.43	16.97
武汉，1997	47.67	20.67	3.39	28.27	47.67	14.08	1.99	7.96	0.08	0.36	27.85
杭州，1997	51.57	18.48	3.04	26.91	51.57	12.27	1.75	7.43	0.09	0.40	26.50
宁波，1996—1997	49.09	19.34	3.11	28.45	49.09	12.76	1.83	7.89	0.08	0.39	27.97
温州龙港，1998	47.20	27.07	4.36	21.37	47.20	20.41	2.92	7.95	0.08	0.37	21.06
广州，1994	53.50	21.23	3.36	21.92	53.50	13.98	1.97	8.28	0.08	0.43	21.77
深圳，1994	40.94	30.69	4.14	24.22	40.94	20.84	2.96	10.95	0.10	0.46	23.74
香港，1997	33.56	37.50	5.48	23.46	33.56	25.41	3.60	14.08	0.11	0.42	22.83

*M——水分；A——灰分。

通过理论空气量与过剩空气系数计算燃烧产生的湿烟气量见式（7-18）和式（7-19）。

$$V = (\lambda - 0.21) \cdot V_{理空} + 1.866w_C + 0.7w_S + 0.8w_N + 11.1w_H + 1.24w_{H_2O} \qquad （7-18）$$

$$V = V_{理烟} + (\lambda - 1) \cdot V_{理空} + 0.016(\lambda - 1) \cdot V_{理空} \qquad （7-19）$$

式中，V——燃烧产生湿烟气量，m^3/kg；

$V_{理空}$——理论空气量，m^3/kg；

λ——过剩空气量，$\lambda = V/V_{理空}$，取值可参考第 2 章相关内容。

②大气污染物产生、排放浓度。

a．产生浓度。

固体废物燃烧烟气与燃料燃烧烟气中污染物浓度略有差异，见表 7-17。

表 7-17　垃圾与其他燃料燃烧产生烟气组分对比

成分 燃料		颗粒物/ （mg/m³）	NOₓ/ （mg/m³）	SOₓ/ （mg/m³）	HCl/ （mg/m³）	H₂O/ （mg/m³）	温度/℃
LNG、LPG*		0～10	50～100	0	0	5～10	250～400
低硫重油原油		50～100	约 100	100～300	0	5～10	270～400
高硫重油		100～500	100～500	500～1 500	0	5～10	270～400
炭		100～25 000	100～1 000	500～3 000	0～30	5～10	270～400
垃圾	除尘前	2 000～5 000	200～600	100～600	600～1 200	—	—
	除尘后	2～100	90～150	20～80	200～800	15～30	200～250

*LNG 为液化天然气；LPG 为液化石油气。

通常垃圾中的挥发性氯元素的转化率为 100%，燃烧性硫的 SO_x 转化率为 100%，氮元素转化为 NO_x 的转化率为 10%。垃圾焚烧废气中污染物浓度受垃圾组成、焚烧工艺及其操作条件影响。垃圾焚烧未处理烟气中污染物浓度大致范围如下：烟尘浓度为 2 000～5 000 mg/m³、氯化氢为 600～1 200 mg/m³、二氧化硫为 100～600 mg/m³、氮氧化物为 200～600 mg/m³、一氧化碳为 10～200 mg/L、氰化物为 0.5～

4.5 mg/m³、重金属为 5~50 mg/m³，二噁英为 5~10 ng/m³。

不同地区的垃圾成分不同，如水分含量、垃圾组分、垃圾元素组成等略有差异，因此焚烧产生的污染物的浓度也略有差别。

笔者根据不同地区的垃圾焚烧厂审批环评、验收监测等数据整理出垃圾焚烧厂烟气污染浓度，见表 7-18，读者在计算垃圾焚烧大气污染产生量计算时可以作为参考。

表 7-18　部分垃圾焚烧厂烟气污染物产生浓度　　　　单位：mg/m³

污染物名称	汨罗垃圾焚烧厂	湘潭垃圾发电厂	其他环评资料	其他资料	
NO$_x$	250	200	1 000~10 000	200~600	
SO$_2$	460	982	50~2 900	100~600	
HCl	318	400	100~3 300	600~1 200	
汞	0.053	—	0.1~5	重金属	5~50
铅	14.2	—	1~50		
镉	0.37	—	0.05~2.5		
二噁英	5 ngTEQ/m³	—	—	5~10 ng/m³	
烟尘	—	—	—	1 000~5 000	
氰化物	—	—	—	0.5~4.5	
一氧化碳	—	—	—	10~200	

b. 大气污染物排放浓度。

《生活污染垃圾焚烧污染物控制标准》（GB 18485—2014）中严格规定了各污染组分的排放标准，国内部分垃圾焚烧厂大气污染物排放的浓度监测值见表 7-19。

读者在计算垃圾焚烧厂大气污染物排放量时，污染物浓度可以参考标准限值，也可根据具体情况参考表 7-19 中给出的相关监测值。

表 7-19   部分垃圾焚烧厂大气污染物排放浓度检测值   单位：mg/m³

污染物名称	福州丰泉环保	开县垃圾焚烧发电厂
烟尘	20~29	30~90
CO	20~93	—
NOₓ	251~391	—
SO₂	460	200~612
HCl	2.4~4.8	60~500
汞	0.02~0.05	—
铅	0.005~0.04	1.6~4.8
镉	0.000 4~0.003	—
二噁英/（ngTEQ/m³）	0.69	0.1~1.2

2）水污染物核算

垃圾焚烧厂废水主要为垃圾堆存过程产生的渗滤液。其产生原因有两个：一是垃圾自身含水；二是因为雨水淋溶。

焚烧厂渗滤液同填埋场渗滤液特性存在着很多不同，但其污染物复杂、污染物浓度高等特点与垃圾填埋场渗滤液类似。目前，对填埋场或垃圾焚烧厂渗滤液监测以及处理研究很多，本教材结合部分实例，列举出部分垃圾焚烧厂渗滤液的污染物浓度，供读者在实际工作中参考，见表 7-20。

以往垃圾焚烧厂渗滤液较少，所以一般倾向于将渗滤液直接回喷至炉内焚烧处置。采用回喷的处置方式处理渗滤液具有基础投资少、设施简单、处理彻底等优点。但是随着垃圾焚烧厂规模增大，尤其是新建城市生活垃圾焚烧厂其处理规模一般都在 1 000~2 000 t/d，垃圾渗滤液的产生量较多，在这种情况下，如果采用回喷处理渗滤液，会是很不经济的选择。尤其是采用循环流化床焚烧垃圾会比较明显，随着较多渗滤液喷入炉内焚烧处理，会出现煤耗增加、锅炉负荷降低、锅炉腐蚀加快等一系列问题。现代垃圾焚烧厂的渗滤液处理也日渐系统化。一方面在垃圾渗滤液产生源头加以控制，如垃圾分类、垃圾暂存场所建设防雨防渗设施；另一方面在渗滤液末端治理方面采取多种工艺削减污染物。相关处理工艺读者可参考垃圾填埋场渗滤液处理。

表 7-20 垃圾焚烧厂垃圾渗滤液污染物浓度　　　　单位：mg/L，pH 除外

污染物	垃圾焚烧厂 1	垃圾焚烧厂 2	垃圾焚烧厂 3
COD	48 000～71 000	54 932	70 000
BOD	25 000～30 000	22 379	40 000
SS	3 000～20 000	9 098	8 000
$NH_3\text{-}N$	380～1 500	764	2 500
$NO_3\text{-}N$	96～180	235.9	—
TN	7 000～14 500	2511	—
TP	122～173	77.22	20
pH	4.0～6.3	8.01	—
As	0.02～0.06	0.016 8	0.097
Cd	0.03～0.06	0.25	0.075
Cr	0.35～0.79	0.73	2.5
Cu	0.39～0.57	0.41	—
Hg	0.01～0.03	0.008 31	0.014
Ni	0.81～1.10	1.92	—
Pb	0.39～1.15	2.43	1.24
Zn	10.95～16.88	12.46	—

（2）产排污系数法

目前应用较广且较为权威的固体废物焚烧厂产排污系数为第一次全国污染源普查期间编制的产排污系数。该系数可计算垃圾焚烧、危险废物焚烧、医疗废物焚烧等各类固废焚烧企业的大气污染、渗滤液污染以及炉渣产排量。为了方便读者查阅使用，本教材罗列了垃圾焚烧场的产排污系数表单，见表 7-21。其他系数表单读者可参考中国环境科学出版社出版的《第一次全国污染源普查资料文集——污染源普查产排污系数手册（下）》。

1）大气污染物产生排放系数使用注意事项

系数可计算的大气污染物有焚烧的烟气量、二氧化氮、氮氧化物、飞灰、炉渣、烟尘。该系数并没有大气污染物中的二噁英、重金属等具体污染物的的产排污系数。

需要注意的是，系数中的污染物产生量与排放量仅为垃圾焚烧产生的污染，未包含垃圾焚烧过程中的助燃剂如燃料油等产生的污染，在核算垃圾焚烧产生的污染物时，助燃剂污染物需另外核算。

因此固废焚烧的大气污染物产生量应为 "固废燃烧污染物+助燃剂污染物"。助燃剂污染物读者可参考本教材第 2 章相关内容。

第一次全国污染源产排污系数并未包含废气中重金属等具体污染物的计算，本教材参考了任东华、高蓓蕾在《垃圾焚烧燃气重金属产排污系数研究》中通过监测数据整理汇总的生活垃圾焚烧重金属产排污系数。读者在工作中可以参考该系数作为核算依据，见表 7-21。

表 7-21　不同处理规模垃圾焚烧厂烟气中重金属污染产排污系数

处理能力	产污系数/（g/t 垃圾）			排污系数/（g/t 垃圾）		
	铅	汞	镉	铅	汞	镉
250	9.532	0.748	0.871	0.149	0.054 2	0.027
300	5.103	0.157	0.340	0.042	0.033 1	0.011
350	5.580	1.703	0.913	0.064	0.002 2	0.022
400	11.365	0.002	0.767	0.159	0.000 5	0.021
500	14.510	1.491	0.644	0.197	0.000 081 4	0.011
综合	8.107 4	0.891 6	0.711 8	0.010 54	0.022 5	0.019 1

2）焚烧厂渗滤液产排污系数

系数可计算的废水污染物有渗滤液量、COD、氨氮、石油类、总磷、挥发酚、氰化物、汞、镉、铅、砷、总铬、具体计算可见式（7-20）。

$$W_f = T_f \cdot F_f \qquad (7\text{-}20)$$

式中，W_f——垃圾焚烧厂年渗滤液产生量，万 m^3/年；

T_f——垃圾焚烧厂年垃圾处理量，万 t/年；

F_f——垃圾焚烧厂渗滤液产污系数，m^3/t。

渗滤液污染物产生量核算公式见式（7-21）。

$$L_f = W_f \cdot C_f \cdot 10 \qquad (7\text{-}21)$$

式中，L_f——垃圾渗滤液污染物年产生量，kg/年或 g/年；

W_f——垃圾渗滤液年产生量，万 m^3/年；

C_f——城镇垃圾焚烧厂渗滤液污染物产生系数，g/m^3 或 mg/m^3，参考表 7-23。

表7-22　城镇生活垃圾焚烧处理设施产排污系数

焚烧炉炉型	污染物指标	单位	处理工艺	炉排炉		流化床*		热解气化炉**		改进立式炉***		回转窑	
				核算系数	校核系数	核算系数	校核系数	核算系数	校核系数	核算系数	校核系数	核算系数	校核系数
产污系数	烟气量	m³/t垃圾	—	4 500	3 800~7 500	6 000	4 500~8 000	4 200	3 100~5 000	4 700	3 900~6 200	5 000	4 000~6 500
	烟尘	g/t垃圾		26 400	8 000~40 000	72 500	35 000~120 000	2 700	1 600~4 000	32 000	17 000~42 000	30 200	16 000~40 000
	二氧化硫			1 300	1 100~2 400	1 200	800~1 600	30	16~60	1 200	480~1 400	1 300	1 100~1 800
	氮氧化物			1 000	480~1 400	900	400~1 390	676	400~1 000	900	420~1 400	1 100	500~1 500
	炉渣	kg/t垃圾		260	170~380	80	50~120	320	250~400	250	180~270	170	150~220
	飞灰			40	25~60	140	100~180	11	8~15	60	40~80	40	30~60
排污系数	烟气量	m³/t垃圾	半干活+活性炭+布袋除尘①	4 500	3 800~7 500	6 000	4 500~8 000	4 200	3 100~5 000	4 700	3 900~6 200	5 000	4 000~6 500
	烟尘	g/t垃圾		225	40~280	350	80~420	40	20~100	300	20~200	250	50~370
	二氧化硫			450	139~780	400	120~720	2	0~4.0	240	180~760	260	190~780
	氮氧化物			1 000	480~1 400	900	400~1 390	676	400~1 000	900	420~1 400	1 100	500~1 500
	炉渣	kg/t垃圾	填埋	260	170~380	80	50~120	320	250~400	250	180~270	170	150~220
	飞灰		外运委托处置	40	25~60	140	100~180	11	8~15	60	40~80	40	30~60

* 本表只给出流化床焚烧炉焚烧纯生活垃圾的产排污系数，并不包含辅助燃料的产排污系数，辅助燃料的产排污量计算可以参考第2章废气产生量。

** 热解气化炉为具有二燃室的焚烧炉。

*** 改进立式炉为一种新型的生活垃圾焚烧炉，日处理能力≤100 t/d，焚烧炉主体由立式炉和回转炉两部分组成，焚烧炉主体不动，炉床转动。

**** 热解炉处理设备为"半干活+布袋除尘"。

① 热解立式炉处理设备为"半干活+布袋除尘"。

表 7-23　垃圾焚烧厂渗滤液及其污染物产排污系数

污染物指标	单位	产污系数				末端治理组合工艺类别	排污系数			
		核算系数 干旱—半湿润区	校核系数 干旱—半湿润区	核算系数 湿润区	校核系数 —强降雨区		核算系数 干旱—半湿润区	校核系数 干旱—半湿润区	核算系数 湿润区	校核系数 —强降雨区
渗滤液	m³/t垃圾	0.1	0.05~0.12	0.15	0.13~0.28	直排或一般组合工艺	0.1	0.05~0.12	0.15	0.13~0.28
化学需氧量	g/m³渗滤液	20 000	9 500~23 000	25 000	16 000~41 000	生化	2 500	700~3 500	2 500	700~3 500
						生化+物化	350	200~500	350	200~500
						生化+物化+反渗透	35	18~80	35	18~80
氨氮	g/m³渗滤液	730	260~2 000	1 300	420~2 700	生化	380	120~900	760	190~1 400
						生化+物化	200	55~500	390	90~800
						生化+物化+反渗透	5	0.8~7.4	12	2.0~15
石油类	g/m³渗滤液	21	2.0~60	115	18~196	生化	5.6	0~20	30	9.0~98
						生化+物化	4.6	0~19	28	8.0~85
						生化+物化+反渗透	0.4	0~0.60	0.4	0~0.60
总磷	g/m³渗滤液	15	1~42.0	12	1.0~38.0	生化	3	0.5~8.0	3	0.1~7.0
						生化+物化	1.5	0.05~3.0	1.5	0.05~3.0
						生化+物化+反渗透	0.2	0~0.5	0.2	0~0.5
挥发酚	g/m³渗滤液	2.1	0.40~5.13	2.56	0.22~4.69	生化	1	0.10~3.20	1.2	0.05~3.20
						生化+物化	0.5	0.05~2.00	0.8	0~3.00
						生化+物化+反渗透	0	0~0.004	0	0~0.004
氰化物	mg/m³渗滤液	120	0~1 040	120	7.0~532	生化	20	0~100	36	3.0~100
						生化+物化	15	0~50	30	2.0~80
						生化+物化+反渗透	0	0~4	0	0~4.0

污染物指标	单位	产污系数 核算系数 干旱—半湿润区	产污系数 校核系数 干旱—半湿润区	产污系数 校核系数 湿润区	产污系数 校核系数 强降雨区	末端治理组合工艺类别	排污系数 核算系数 干旱—半湿润区	排污系数 校核系数 半湿润区	排污系数 核算系数 湿润区	排污系数 校核系数 强降雨区
汞	mg/m^3渗滤液	0.9	0.44~1.57	1	0.35~1.77	生化	0.7	0~1.20	0.7	0~1.00
						生化+物化	0.16	0~0.30	0.2	0~0.40
						生化+物化+反渗透	0	0~0.05	0.05	0~0.10
镉	mg/m^3渗滤液	34	1.0~94	43	10~205	生化	30	0~75	34	6~180
						生化+物化	4	0~25	2	0~10
						生化+物化+反渗透	0	0~1.0	0	0~1.0
铅	mg/m^3渗滤液	600	350~1 300	300	100~2 690	生化	490	300~1 000	200	70~2 100
						生化+物化	51	28~120	135	48~210
						生化+物化+反渗透	8	0~27	4	0~14
砷	mg/m^3渗滤液	25	1.0~110	43	15~155	生化	20	0~93	32	12~100
						生化+物化	3	0~9.0	5	1.0~17
						生化+物化+反渗透	2	0~6.0	2	0~7.0
总铬	mg/m^3渗滤液	120	24~1 300	560	30~1 800	生化	95	19~1 100	430	20~1 400
						生化+物化	11	1~150	50	3.0~190
						生化+物化+反渗透	3	0~5	5	1.0~9.0

8 农业污染核算

【学习目标】

☆ 了解农业污染现状，主要污染来源；

☆ 掌握农业污染物的产排量估算方法。

农业污染是指农业生产过程中产生的、未经合理处置的废物对水体、土壤和空气及农产品造成的污染。

农业污染涉及的面积广，位置、数量以及污染途径都不确定，因此其防治难度较大。通常农业污染主要来源有两个方面：一是农业种植生产过程中流失的化肥、农药、残留于农田的农膜；二是养殖过程（包括畜禽养殖和渔业养殖）产生的畜禽粪便、养殖污水等，本章只介绍农业生产过程中的污染物产生规律和核算方法。农村居民生活产生的污染可以纳入生活源污染的范畴，读者可参考第 5 章生活污染源的相关核算方法。

8.1 种植业污染核算

种植业污染主要来自化肥、农药以及农膜使用。根据《2014 年农业统计年鉴》数据，全国全年使用化肥 5 995.9 万 t，农药 180.75 万 t，农膜 258 万 t；各类农用地 64 616.8 万 hm^2，平均每公顷使用化肥、农药分别为 92.71 kg、2.79 kg。

种植业污染核算系数目前较为权威是 2009 年国务院第一次全国污染源普查领导小组办公室编制的《第一次全国污染源普查——农业污染源　肥料流失系数

手册》《农田地膜残留系数手册》《第一次全国污染源普查农药流失系数手册》。

8.1.1　农田地膜残留系数

农膜用于地面覆盖，它有提高土壤温度、保持土壤水分、维持土壤结构、防止害虫侵袭和某些微生物引起的病害、促进植物生长的功能。

农用地膜良好的增温保墒效果已对中国农业产生了重大的、积极的作用，但同时随着地膜覆盖技术的普及，残留农用地膜也已经带来了一系列的负面影响，大量的残留地膜破坏土壤结构、危害作物正常生长发育并造成农作物减产，进而影响农业生产环境。

中国地膜覆盖栽培不仅规模大，而且涉及的作物种类多，目前，在新疆、山东、山西、内蒙古、黑龙江、陕西、甘肃等高寒冷凉、干旱及半干旱地区，地膜覆盖技术已逐渐推广应用到40多种农作物的种植上，尤其是在蔬菜、玉米和棉花种植方面应用广泛，并呈现持续增长的趋势。随着地膜应用范围扩大，其副作用也随之显现出来，尤其是土壤中残膜的不断累积，残膜不仅污染土壤，妨碍耕作，破坏耕作层土壤结构，而且阻碍水肥输导，影响土壤通透性和作物生长发育，已经对农业环境构成重大威胁。

据农业部20世纪90年代初对全国17个省市调查结果表明，所有农膜覆盖过的农田土壤均有不同程度的农膜残留，残留量平均为60 kg/hm²，最高达135 kg/hm²（王晓方，1998）。近年来的一些调查结果显示：河南省中牟、郑州、开封等地花生地耕层土壤地膜残留量年均为66 kg/hm²，最高可达135 kg/hm²（刘青松，2003）。

8.1.1.1　系数相关名词

根据系数制订的过程，本系数将全国划分为六大种植区域、三类种植类型、两种处理方式。同时该系数还考虑了本年监测的数据以及往年残留量数据。

本系数区划的六大区域分别为北方高原山地区、东北半湿润平原区、西北干旱半干旱平原区、黄淮海半湿润平原区、南方山地丘陵区和南方湿润平原区。

种植类型分别是大田种植、保护地种植和露地蔬菜种植。

地膜处理情况分为回收与不回收两种处理方式。一定量的地膜在使用过程中或使用后，可能随着风、水、人、牲畜、耕作工具等动力或载体被带出使用地膜的农田。本系数中将基于保护土壤质量、方便耕作、保护环境等目的而主动拾捡、收集、清理地膜的处置方式定义为回收地膜；将无主动清理地膜目的，只因风、水动力因素或因人工耕作被人、工具、牲畜被动带出农田的处置方式定义为不回收地膜。

8.1.1.2　农田地膜残留核算

地膜残留系数用的表示方式见式（8-1）：

$$K(\%) = \frac{G_{SH} - G_{CL}}{G_{PS}} \times 100\% \qquad (8\text{-}1)$$

式中，K——地膜残留系数，%；

　　　G_{SH}——收回后地膜残留量；

　　　G_{CL}——铺设前地膜残留量；

　　　G_{PS}——地膜铺设量。

系数根据地区、种植类型、地膜处理情况，将地膜系数分为36种模式。为了便于读者查询，本教材将系数简化数据整理后供读者参考，见表8-1。读者亦可参考第一次全国污染源普查期间编制的农田地膜残留系数手册。

表 8-1　地膜残留系数

区域	种植类型	地膜处理方式	地膜残留系数/%
北方高原山地区	保护地种植	不回收	11.5
		回收	1.4
	大田种植	不回收	12.7
		回收	7.1
	露地蔬菜	不回收	65
		回收	6.1

区域	种植类型	地膜处理方式	地膜残留系数/%
东北半湿润平原区	保护地种植	不回收	75.1
		回收	9.6
	大田种植	不回收	17.1
		回收	6.6
	露地蔬菜	不回收	42.4
		回收	3.7
黄淮海半湿润平原区	保护地种植	不回收	36
		回收	9.1
	大田种植	不回收	27.3
		回收	19.2
	露地蔬菜	不回收	43.4
		回收	18.9
南方山地丘陵区	保护地种植	不回收	15.3
		回收	2.6
	大田种植	不回收	33.5
		回收	16.5
	露地蔬菜	不回收	5.6
		回收	6.3
南方湿润平原区	保护地种植	不回收	27.8
		回收	5.8
	大田种植	不回收	47.8
		回收	8.7
	露地蔬菜	不回收	30.7
		回收	13.4
西北干旱半干旱平原区	保护地种植	不回收	29.8
		回收	5.7
	大田种植	不回收	50.7
		回收	12.8
	露地蔬菜	不回收	77.5
		回收	30

通过具体地区、种植方式、农膜回收与否可以获得农膜的残留率，通过农膜的使用量与回收率的关系，可以计算出农膜的残留量。农田地膜残留系数是根据具体的地块试验获得，不同地方的农膜回收情况略有不同，读者可以根据实际情况参考本系数进行核算。

8.1.2　农药流失系数

农药是指在农业生产中为保障、促进植物和农作物的生长所施用的杀虫、杀菌、杀灭有害动物（或杂草）的一类药物统称。特指的农药是指应用于防治病虫以及调节植物生长、除草等药剂。

农药会对空气、水体和土壤造成污染，而农药流失是农药污染土壤以及水体的重要途径。第一次全国污染源普查编制的农药流失系数在收集国内外农田面源污染流失系数研究方法和全国农业种植区划及优势农产品布局等资料的基础上，依据地形地貌、气象条件、种植制度、土壤类型、耕作方式等参数在全国设置典型农田作为定位监测点，通过 1 周年针对农田地表径流和地下淋溶的连续监测、样品采集化验和数据资料的汇总分析，测算的不同模式下的农田农药流失系数（包括地表径流及地下淋溶两个方面）。

本教材将介绍第一次污染源普查期间编制的农药流失系数的使用方法。

8.1.2.1　农药流失系数核算公式

（1）流失量计算

以地表径流（或地下淋溶）途径流失的农药量等于整个监测周期中（一个完整的周年）各次径流水中农药浓度与径流水（或淋溶水）体积乘积之和。

$$P = \sum_{i=1}^{n} \frac{C_i \times V_i \times 666.7}{1\,000 \times S} \tag{8-2}$$

式中，P——农药流失量，g a.i./亩*（a.i.：以有效成分计）；

---

* 1 亩=666.67 m²。

C_i——i 次径流（或淋溶）水中农药的浓度，mg/L；

V_i——i 次径流（或淋溶）水的体积，L；

S——试验小区面积，m²；

n——径流（或淋溶）水采样次数。

（2）流失系数计算

本系数的农药流失系数用流失率（$R\%$）表示，计算公式见式（8-3）。

$$R(\%) = \frac{P_t - P_{CK}}{D} \times 100\% \tag{8-3}$$

式中，R——农药流失系数，%；

P_t——常规处理农药流失量，g a.i./亩，农药的施用量、施用方法和施用时期完全遵照当地农民生产习惯；

P_{CK}——对照处理农药流失量，g a.i./亩，即不使用农药流失量；

D——农药使用量，g a.i./亩。

8.1.2.2 第一次污染源普查期间编制的农药流失系数相关条件

①农药种类：系数中的农药共计 12 种，包括 2,4-D 丁酯、阿特拉津、吡虫啉、敌敌畏、丁草胺、毒死蜱、氟虫腈、克百威、三硫磷、辛硫磷、乙草胺、异丙隆。

②种植分区：系数手册依据我国种植业区划的分区原则，将监测区域分为 6 类：北方高原山地区、东北半湿润平原区、黄淮海半湿润平原区、南方山地丘陵区、南方湿润平原区、西北干旱半干旱平原区。

③坡度：坡度≤5°为平地；坡度 5°～15°为缓坡地；坡度＞15°为陡坡地。

④梯田/非梯田：梯田是在坡地上分段沿等高线建造的阶梯式农田，是治理坡耕地水土流失的有效措施，蓄水、保土、增产作用十分显著。梯田的通风透光条件较好，有利于作物生长和营养物质的积累。按田面坡度不同而有水平梯田、坡式梯田、复式梯田等。

⑤横坡/顺坡：沿坡向垂直方向种植的方式为横坡种植，沿坡向平行方向的种

植方式为顺坡种植。

⑥土地利用类型：指的是土地利用方式相同的土地资源单元，是根据土地利用的地域差异划分的，是反映土地用途、性质及其分布规律的基本地域单位。是人类在改造利用土地进行生产和建设的过程中所形成的各种具有不同利用方向和特点的土地利用类别。这里主要包括保护地、旱地、露地蔬菜、水田、园地等。

⑦种植方式：依据地域分区、地形、土地利用类型、作物等划分的特定的作物生产方式。如大田、轮作等，具体可见系数表。

系数按农药类型、种植分区、种植方式、顺坡/逆坡、土地利用类型、种植方式等情况，将农药流失系数分为 147 种模式，根据具体的情况，选择特定的模式，可以找到确定的系数，计算农药流失量。按模式确定的的农药流失系数范例见表 8-2。

表 8-2　农药流失量系数表范例

模式 6 阿特拉津#地表径流#北方高原山地区-缓坡地-非梯田-顺坡-旱地-大田一熟		
模式参数	农药	阿特拉津
	监测类型	地表径流
	分区	北方高原山地区
	地形	缓坡地
	梯田/非梯田	非梯田
	横坡/顺坡	顺坡
	土地利用方式	旱地
	种植模式	大田一熟
农药流失参数	产流量/mm	165
	施用量/（g a.i./亩）	75.00
	常规流失量/（g a.i./亩）	未检出
	对照流失量/（g a.i./亩）	未检出
	相对流失量/（g a.i./亩）	0.000 0
	流失系数/%	0.000 0

注：测算本系数的农田基本信息：土壤质地——中壤；土壤类型——白浆土；肥力水平——中；作物种类——玉米。
注意事项：未能满足以上条件的农田，可对照本模式下的相应参数，查找与之相近的模式下农药流失系数，确定所需模式下的农药流失系数。表中"未检出"是指农药流失检测待测液中相应农药含量低于仪器检测限，当前仪器精度下无有效检测结果的情况。

各模式中的农药流失系数是根据监测数据获得的，若监测未检出则流失系数为0。

其他模式的农药流失系数读者可查阅农业农村部发布的系数表单。

8.1.3 化肥流失系数

8.1.3.1 化肥流失概述

化肥的施用促进了农业经济的快速发展，但同时又产生了一定的负面效应。作为农业大国，新中国成立后，我国的化肥施用量在急剧上升，目前发展到年施用量 4 200 万 t。每公顷化肥施用量平均超过 400 kg，大大超过了美国和欧洲每公顷施用 225 kg 的标准。然而，据西南农大试验，我国的化肥平均利用率仅为20%～30%，其余 70%～80% 的化肥渗透到水土中，也就是说，全国每年施用的化肥中，只有 1 050 万 t 被作物利用，其余的 3 150 万 t，遗留在农田的水体和土壤之中，其中有相当大的部分，雨水和灌溉水的作用下进入了湖泊、库塘等水域，给水资源造成严重的污染。

农业化肥流失是化肥污染的重要原因，与如地形、气候、土壤、作物种类与布局、种植制度、耕作方式、灌排方式等因素有关。本教材化肥流失系数参考国务院第一次全国污染源普查领导小组办公室 2019 年编制的《第一次全国污染源普查——农业污染源　肥料流失系数手册》。

在综合考虑肥料污染的发生规律和主要影响因素（如地形、气候、土壤、作物种类与布局、种植制度、耕作方式、灌排方式等）的基础上，根据种植区、地形、气候特征、种植方式、种植制度等制定了化肥流失的模式，并以此模式形式确定具体的化肥流失系数。

8.1.3.2 化肥流失系数

系数分为地表径流流失系数和地下淋溶系数两部分，包含了总氮、总磷、硝态氮、铵氮、可溶性总磷五种常规化肥的流失率。

系数根据监测数据推导的公式见式（8-4）和式（8-5）。

（1）化肥流失量

$$P = \sum_{i=1}^{n} C_i \times V_i \tag{8-4}$$

式中，C_i——i 次径流（或淋溶）中氮、磷和农药的浓度；

V_i——i 次径流（或）淋溶水的体积；

P——化肥流失量。

（2）化肥流失率

地块肥料流失系数以流失率（%）表示，以氮素为例，计算公式见式（8-5）。

$$肥料氮肥流失率（\%）= \frac{常规处理氮肥流失量 - 对照处理氮肥流失量}{氮肥施用量} \times 100\% \tag{8-5}$$

各模式流失系数为该模式所有地块流失率的算术平均值。

对照处理——不施任何肥料。

常规处理——肥料的施用量、施用方法和施用时期完全遵照当地农民生产习惯。

具体系数以模式形式列出，系数共设置了 98 个模式，模式范例见表 8-3。

表 8-3　化肥流失系数模式范例

模式 1 地表径流-北方高原山地区-缓坡地-非梯田-横坡-旱地-大田一熟		
流失参数		参数值
模式基本情况	监测类型	地表径流
	所属分区	北方高原山地区
	地形	缓坡地
	梯田/非梯田	非梯田
	种植方向	横坡
	土地利用方式	旱地
	种植模式	大田一熟

流失参数		参数值
流失量/（kg/亩）	总氮（TN） 常规施肥区	0.176
	总氮（TN）不施肥区	0.123
	硝态氮（NO_3-N）常规施肥区	0.019
	硝态氮（NO_3-N）不施肥区	0.015
	铵态氮（NH_4^+-N）常规施肥区	0.069
	铵态氮（NH_4^+-N）不施肥区	0.048
	总磷（TP）常规施肥区	0.009
	总磷（TP）不施肥区	0.006
	可溶性总磷（DTP）常规施肥区	0.004
	可溶性总磷（DTP）不施肥区	0.003
肥料流失系数	总氮/%	0.541
	总磷/%	0.272
	硝氮/%	0.011
	铵氮/%	0.208
	可溶性总磷/%	0.000

注：测算本系数的农田基本信息：土壤类型——潮土、灰褐土、白浆土、黄绵土、黑垆土、棕壤；土壤质地——沙壤、中壤、黏土；肥力水平——中、低、高。土壤养分——全氮含量平均为 0.80 g N/kg、硝态氮含量平均为 20.64 mg N/kg、有机质含量平均为 16.11 g/kg、全磷含量平均为 0.82 g P/kg。作物种类——小麦、大豆、马铃薯、籽用油菜、玉米；总施氮量——13.81 kg N/亩（含有机肥氮和化肥氮）；总施磷量——5.01 kg P_2O_5/亩（含有机肥磷和化肥磷）。适合本模式，但未能完全满足以上条件的农田，可对照本模式下的相应参数，通过修正来确定需要测算的农田氮磷流失。

从范例可见，系数模式除了有系数表单之外，还列出系数核算的原始监测数据，同时说明获得系数的土壤类型、土壤养分、种植作物类型等。读者可以通过查阅该系数，通过流失系数以及化肥施用量来核算化肥流失量。其余模式读者可查阅农业农村部发布的系数手册。

8.2　养殖污染物核算

随着人们生活水平的提高，养殖业也不断发展，根据 2014 年统计年鉴，全国猪、牛、羊肉总产量为 8 706.7 万 t，全年肉猪出栏数 73 510.4 万头、肉牛养殖量 10 578 万头、禽蛋 2 893.9 万 t。

我国淡、海水产品需求量近年来不断增长，根据《2015 年全国渔业经济统计公报》全国水产品总产量 6 699.65 万 t，养殖产量 4 937.90 万 t、捕捞产量 1 761.75 万 t；海水产品产量 3 409.61 万 t，淡水产品产量 3 290.04 万 t；全国水产养殖面积 8 465 千 hm²，其中，海水养殖面积 2 317.76 千 hm²、淡水养殖面积 6 147.24 千 hm²，海水养殖与淡水养殖的面积比例为 27∶73。

在庞大的需求下，养殖业的污染也十分惊人，给环境带来了巨大的压力。因此准确核算养殖业污染物对政府决策、环境管理具有很重要的意义。本教材将按畜禽养殖和水产养殖两部分介绍目前常用和较为权威的养殖污染核算方法。

8.2.1　养殖业污染特征

8.2.1.1　我国畜禽养殖污染及其存在的问题

随着我国城镇化进程加快与人们生活水平的提高，畜禽产品消费在城乡居民食品消费中的比例日益提高，直接促进了我国畜牧业的快速发展，畜牧业正在由传统的农户散养模式向高生产力的集约化规模化养殖模式转变，这也导致畜牧业对生态环境的影响和污染日益加剧。

（1）畜禽养殖污染产生量、污染负荷大

畜禽养殖污染主要来自畜禽粪便，虽然不同的清粪方式其污染物排放量差较大，但畜禽粪便所含污染物浓度较高，加上我国各地监管能力有限、养殖户环保意识不强等因素，目前采用的粪便清理方式带来的污染仍然不容忽视。表 8-4 中列出了我国中部、东北部、西部、南部几个养殖代表区域、不同清粪方式污染物产生量数据。从表 8-4 中不难看出，COD、总氮（TN）、氨氮（NH₃-N）几种污染物的浓度都很高，其中水冲粪方式要明显高于干清粪的方式。

表 8-4　不同清粪方式生猪养殖污水水量和水质

省份	清粪方式	存栏量/头	污水量/t	COD/（mg/L）	TN/（mg/L）	氨氮/（mg/L）
海南	干清粪	4 200	60	4 156	1 486	641
海南	水冲粪	5 000	184	15 573	4 310	1 749
湖南	干清粪	4 000	42	3 200	1 584	500
湖南	水冲粪	3 400	125	16 823	4 214	1 856
黑龙江	干清粪	10 000	95	3 148	1 364	485
黑龙江	水冲粪	2 800	110	18 400	4 376	1 753
重庆	干清粪	2 500	30	4 168	1 597	615
重庆	水冲粪	2 000	100	23 021	5 215	2 136

（2）畜禽养殖废物资源化程度低，末端治理压力大

畜禽养殖污染浓度大，如果单靠末端治理，费用庞大且效果不好，对于我国高速发展的畜禽养殖污染是不可持续的。因此在畜禽养殖污染治理中，废物资源化显得尤为重要。

种养平衡是畜禽养殖废物资源化的重要措施。但我国目前畜禽养殖出现了种养严重分离的现象。一方面因土地承包经营，大部分规模化养殖脱离农业种植，没有配套的畜禽废物利用土地；另一方面在同一地区种植品种和耕种时间各不统一，集中连片大规模的农业种植较少，这样就形成了规模化养殖与种植业各自独立经营，种养严重脱节。这样不但造成畜禽养殖废物资源化受阻，同时也会因种植业大量施用化肥而导致土地退化。

同时，末端治理设施在处理高浓度畜禽养殖废物时，运行效果也容易不稳定，加上畜禽养殖污染产生量大，这给畜禽养殖企业与监管单位带来了很大的压力。

（3）沼气工程运行管理、产物利用、沼液处理利用不彻底

现有养殖场废物主要处理以厌氧发酵同时回收沼气的沼气工程为主。现有沼气工程不重视日常运行管理、设计水力停留时间不够、沼气、沼液没有实现有效

利用，部分处理设施只考虑了沼气产出率，没有考虑出水水质，增加了后续处理的负担。吴根义等对全国不同区域畜禽养殖沼气工程出水水质进行了调查，经过沼气池处理后的出水中各污染物的浓度均偏高，如 COD 处理后浓度为 352～4 218 mg/L，TN 浓度为 37～933 mg/L、TP 浓度为 19～91 mg/L、NH$_3$-N 浓度为32～834 mg/L。

8.2.1.2 我国水产养殖污染

（1）水产养殖污染成因

水产养殖与水环境的关系十分密切，一方面，养殖水域环境的好坏直接影响着养殖产品的质量；另一方面，水产养殖活动又会影响养殖水域的水质。

水产养殖过程中产生的污染物主要有：悬浮物、总氮、总磷、高锰酸盐指数、生化需氧量、硫化物、非离子氨、铜、锌、活性氯等。

水产养殖污染成因主要包括以下几个方面：

①直接投入：料饵配制含有一定数量的蛋白质（含氮、硫有机物）、添加剂（磷、钙、铜、锌等），未被水生生物完全利用时，通过分解会造成水中氮、磷等营养物质浓度增加。

②水生生物代谢和分解：养殖过程中料饵利用率不可能达到 100%，因此即使投喂量十分合适，全部被水生生物吞食，以水生生物排泄物的形式进入水中，也会造成水体中氮、磷浓度的增加。氮、磷浓度增加会导致浮游植物大量繁殖，水体出现变色，淡水水体会形成"水华"现象，海水中则会形成"赤潮"。

③防病治病投抗生素，破坏水体自净的微环境：在水产养殖过程中为了防病治病，需要投加一些抗生素，如土霉素、含氯制剂、含碘制剂等，这些药物在防病治病的同时也会对养殖环境造成污染，尤其对水中微生态系统造成损害，使水体的自净能力遭到破坏，进一步加剧水产养殖带来的污染。

（2）我国水产养殖污染现状

水产养殖产生与排放的污染物与生活、工业污染相比较小，但是水产养殖大部分水体交换差，容易造成积累，随着水产养殖市场化需求扩大，我国水产养殖已经向集约型、高密度、高产出的模式发展，这不仅造成环境污染，而且残饵、残骸、排泄物等进入水体，严重破坏水域生态平衡，水产养殖带来的环境问题已经日益凸显。

2015 年，全国渔业生态环境监测网对黑龙江流域、黄河流域、长江流域、珠江流域及其他重点区域的 119 个重要渔业水域 1 000 多个监测站位的水质、生物等 18 项指标进行了监测，监测总面积 565.5 万 hm^2。结果表明，除部分水域氮和磷营养物质超标严重外，生态环境总体保持良好。江河重要渔业水域主要污染指标为总氮、总磷和高锰酸盐指数。黑龙江流域和黄河流域部分渔业水域总氮超标相对较重，黄河流域和长江流域部分渔业水域总磷超标相对较重，黑龙江流域部分渔业水域高锰酸盐指数超标相对较重。湖泊、水库重要渔业水域主要污染指标为总氮、总磷、高锰酸盐指数、石油类和铜，其中总磷、总氮和高锰酸盐指数的超标相对较严重。

我国天然渔场的物种个体小型化、早熟、种类单一，生产作业分布区显著下降，也导致水体环境在这种长期单一养殖下出现了生态性退化。

海洋渔业水域沉积物中，主要受到镉、砷、铜和铅的污染。镉、铜污染以东海区和南海区及渤海部分渔业水域相对较重，砷污染以南海区和渤海部分渔业水域相对较重，铅污染以南海区部分渔业水域相对较重。目前，我国大部分海域水质基本良好，但近岸海域遭受不同程度污染与生态破坏，大中城市毗连的海域与海湾、入海口，污染与生态破坏严重，并继续恶化。

8.2.2 畜禽养殖污染物核算

畜禽养殖污染物核算可以使用产排污系数进行核算，目前较为全面的为第一次全国污染源普查期间，由农业部牵头完成的畜禽养殖产排污系数，该系数给出了我国大陆范围内规模化饲养的猪、奶牛、肉牛、蛋鸡、肉鸡 5 种畜禽在不同区域的产排污系数。

8.2.2.1   排污收费畜禽养殖污染物核算

《排污费征收使用管理条例》《排污费征收标准管理办法》中规定了畜禽养殖排污费当量计算的方法和畜禽养殖的产排污系数，通过该系数可以核算存栏规模大于 50 头牛、500 头猪、5 000 羽鸡/鸭的养殖场。其粪便排泄系数及粪便中污染物含量参数可参考表 8-5 和表 8-6。

表 8-5   畜禽粪便排泄系数

项目	单位	牛	猪	鸡	鸭
粪	kg/d	20.0	2.0	0.12	0.13
	kg/a	7 300.0	398.0	25.2	27.3
尿	kg/d	10.0	3.3	—	—
	kg/a	3 650.0	656.7	—	—
饲养周期	d	365	199	210	210

表 8-6   畜禽粪便中污染物平均含量   单位：kg/t

项目	COD	BOD	NH₃-N	总磷	总氮
牛粪	31.0	24.53	1.7	1.18	4.37
牛尿	6.0	4.0	3.5	0.40	8.0
猪粪	52.0	57.03	3.1	3.41	5.88
猪尿	9.0	5.0	1.4	0.52	3.3
鸡粪	45.0	47.9	4.78	5.37	9.84
鸭粪	46.3	30.0	0.8	6.20	11.0

通过上述产系数可以核算畜禽养殖污染物的排放量。但在实际工作中，其他类型牲畜可以折算成上表中的牲畜来进行核算。

换算比例为：30 只蛋鸡、20 只鸭、15 只额、60 只肉鸡、30 只兔、3 只羊折算成 1 头猪，1 头奶牛折算成 10 头猪，1 头肉牛折算成 5 头猪。

8.2.2.2 第一次全国污染源产排污系数介绍

（1）养殖规模划定

不同的养殖规模，畜禽养殖污染物的处理程度是不一样的，第一次全国污染源产排污系数将畜禽养殖划分为规模化养殖场、畜禽养殖小区和畜禽养殖专业户3类。其划分条件如下：

①规模化养殖场：指具有一定规模，在较小的场地内，投入较多的生产资料和劳动，采用合理的工艺与技术措施，进行精心管理，并在工商部门注册登记过的养殖场。本实施方案中规定规模化养殖场的存栏或出栏规模如下：生猪≥500头（出栏）、奶牛≥100头（存栏）、肉牛≥200头（出栏）、蛋鸡≥20 000羽（存栏）、肉鸡≥50 000羽（出栏）。

②畜禽养殖小区：指在适合畜禽养殖的地域内，建立的有一定规模的较为规范、严格管理的畜禽养殖基地，基地内养殖设施完备，技术规程及措施统一，只养一种畜禽，由多个养殖业主进行标准化养殖。

③畜禽养殖专业户：指畜禽饲养数量达到一定数量的养殖户，本手册中规定养殖专业户的存栏或出栏规模如下：生猪≥50（出栏）、奶牛≥5头（存栏）、肉牛≥10头（出栏）、蛋鸡≥500羽（存栏）、肉鸡≥2 000羽（出栏）。

（2）系数其他参数

①畜禽养殖产污系数：在具体地区典型的生产和管理下，一天之内单个养殖禽畜的污染物产生量。

②畜禽养殖排污系数：畜禽养殖的污染物排放系数考虑了管理形式，因此本系数中的排污系数是针对不同的养殖规模、粪便清理方式而制定的，是在具体养殖规模等条件下，正常的生产和管理条件下，单个畜禽一天之内的污染物经过处理削减或利用后，排放到环境中的污染物的量。

③系数核算污染物：系数核算污染物涉及粪便产生量、尿液产生量、化学需氧量、总氮、总磷、铜、锌。

（3）系数使用说明

①产污系数的使用：

第一步，确定养殖区域；

第二步，查找相应的畜禽种类（猪、奶牛、肉牛、蛋鸡、肉鸡）；

第三步，查找畜禽种类相应的饲养阶段，如生猪系数包含保育期、育肥期、妊娠期三个阶段，其中乳猪的产污系数没有单独列出，其污染中归入妊娠期母猪的核算系数中。

②排污系数的使用：

第一步、第二步与产污系数雷同，不同的是排污系数中确定了饲养方式和畜禽粪便清理方式，因此本系数第三步应根据养殖规模以及粪便收集清理方式来查找排污系数。但系数并未将末端治理的去除效率纳入排污系数中，在实际工作中，若养殖企业有处理设备，须在各清粪方式的排污系数基础上，根据具体处理设施的处理率计算具体的排放量。

具体系数可参考第一次全国污染源普查农业污染源产排污系数手册。

系数确定了不同区域、不同畜种、不同饲养阶段，在一定的参考体重下的产污系数和排污系数，系数确定的参考体重为区域养殖的普遍情况。如果本区域畜禽在每个阶段的平均体重与参考体重不符，可以按下列公式进行折算：

$$F_{折} = F \times \left(\frac{W_{实际测定}}{W_{系数推荐}} \right)^{0.75} \qquad (8\text{-}6)$$

式中，$F_{折}$——折算后的产排污系数；

F——系数表中的产排污系数；

$W_{实际测定}$——实际测定的畜禽体重；

$W_{系数推荐}$——系数推荐的畜禽体重。

值得注意的是，本系数是按天来核算畜禽养殖的污染物产生量与排放量的，在核算具体养殖禽畜时，要根据各饲养阶段不同的饲养天数来分段核算污染物产、排量。

下面以某生猪养殖场 COD 产生量为例介绍牲畜污染物分时段计算的方法。

[例8-1]：中南地区某地某养殖场2014年生猪出栏量1 200头，请核算其COD产生量为多少。通过调研获得该养殖场养殖生猪种养殖期共计135 d（不包含哺乳期），其中保育段按65 d、育肥段按70 d计。

（1）每头出栏猪的污染物产生量

保育期的COD产生系数187.37 g/（头·d），保育期的COD产生量为：

$$187.37×65=12 179.05（g）$$

育肥期的COD产生系数为358.82 g/（头·d），育肥期的COD产生量为：

$$358.82×70=25 117.7（g）$$

则一头出栏生猪COD产生量核算如下：

$$COD=保育期的COD+育肥期的COD$$

每头出栏生猪COD产生量为：12 179.05+25 117.7=37 296.75（g）

（2）养殖场出栏生猪COD产生量

出栏生猪的COD产生量计算如下：

$$1 200×37 296.75 × 10^{-6}=44.76（t/年）$$

8.2.3　水产养殖污染物核算

水产养殖产生的污染与鱼类饲养阶段、养殖水体、养殖方式等有关。总体可做如下划分：按养殖水体不同分为淡水养殖与海水养殖两大类；按养殖作物的生长阶段可简单地划分为种苗阶段与成鱼阶段。

养殖水体不同其养殖工艺也略有差异。

淡水养殖常用的养殖工艺包括池塘养殖、工厂化养殖、网箱养殖和围栏养殖。海水养殖除了包含上述养殖方式外，还有滩涂养殖与闸阀养殖。

各地区的养殖习惯、管理水平不同，渔业污染产生规律不同。

本教材主要介绍三种水产养殖污染物核算的方法，分别为化学分析法、物料平衡法和产排污系数法。

8.2.3.1　化学分析法

水产养殖污染物排放量的来源取决于进、排水污染物的浓度差以及养殖废水排放量。在核算污染物的排放量时，可先通过调查、实测方法获取进出水污染物浓度，设计具体淡水养殖的污染物排放系数，对污染物排放量进行核算。具体公式见式（8-7）。

$$F_i = \frac{(C_{Si} - C_{0i}) \cdot Q}{G_i} \qquad (8\text{-}7)$$

式中，F_i——i 类水产养殖选取池塘单位质量养殖产量污染物排放量，即排污系数；

C_{Si}、C_{0i}——i 类水产养殖选取池塘捕捞期和放养期的污染物浓度；

Q——i 类水产养殖选取池塘排放的水量；

G_i——i 类水产养殖选取池塘的产量。

式（8-7）是在对池塘淡水养殖污染调查的基础上推导出来的，因此该公式严格意义上只是计算的池塘淡水水产养殖污染物的产生量，未考虑水处理削减，若水产养殖废水经过处理后再排放，读者需要考虑削减率之后，再核算污染物排放量。

8.2.3.2　物料平衡法

目前较为常用且比较简便的水产养殖污染物核算方法为竹内俊郎法，该方法可以核算水产养殖氮磷污染负荷。主要适用于投饵方式单一，养殖水域信息和资料不足的情况。氮、磷污染负荷系数具体核算公式见式（8-8）和式（8-9）。

$$TN = (C \cdot N_f - N_b) \times 10 \qquad (8\text{-}8)$$

$$TP = (C \cdot P_f - P_b) \times 10 \qquad (8\text{-}9)$$

式中，TN、TP——氮、磷污染负荷，kg/t 水产品；

C——饵料系数，也称长肉系数，即饵料用量与养殖鱼类增重量的比值；

N_f、N_b——饵料中氮、磷的含量，%；

P_f、P_b——养殖生物体内氮、磷的含量，%。

上述公式中的 C、N_f、N_b、P_f、P_b 与养殖种类、养殖方式、投饵类型等因素有关，读者在使用过程中可通过调查当地的渔业年鉴获取信息。

以竹内俊郎法为基础，根据具体的养殖特征又发展了类似的水产养殖氮、磷污染负荷的计算方法。如黄小平等通过研究川岛公湾海域环境及其网箱养殖容量时，提出了网箱养鱼氮、磷污染负荷 L_N、L_P 估算模型，见式（8-10）和式（8-11）。

$$L_N = E \cdot f_N - Y \cdot b_N \tag{8-10}$$

$$L_P = E \cdot f_P - Y \cdot b_P \tag{8-11}$$

式中，E——相应产鱼量所需投饵量（产鱼量与投饵量之比为 1∶2）；

Y——产鱼量；

f_N、f_P——饵料中氮、磷的含量，%，f_N 取 30.87%、f_P 取 0.70%；

b_N、b_P——鱼体内的氮、磷湿重比例，b_N 取 16%，b_P 约为 0.58%。

8.2.3.3 第一次全国污染源普查产排污系数

（1）概述

第一次全国污染源普查期间编制的水产养殖业污染源产排污系数是由全国污染源普查水产养殖业污染源产排污系数测算项目组历时 1 年多的工作完成的。该工作组由中国水产科学研究院（农业部渔业生态环境监测中心）组织全国渔业生态环境监测网等 42 家成员及科研单位组成。

手册包含产污系数和排污系数两大块，又根据养殖产品类别将产污系数和排污系数各分为两类，即成鱼养殖和苗种培育。在同类养殖产品类别中，根据养殖水体的不同，将产污系数和排污系数各分为两类，即淡水养殖和海水养殖。而对同类水体养殖，主要划分为池塘、工厂化、网箱、围栏、筏式和滩涂养殖几种模式。

养殖品种选择参考了我国渔业统计年鉴中（少量品种用其他代替）。系数结合我国重点水产养殖区域分布以及养殖类型和养殖种类特点，并考虑养殖生物的生活习性和生长方式，将养殖水体水质监测与生物体、饲料取样检测进行分区（养殖地理）和分类（养殖生物），全国共设置了 98 个监测区，196 个监测点（每个区选择两个养殖场/户进行监测），涵盖了我国目前的主要养殖品种（30 个大类）和主要养殖类型（47 个类型）。

池塘养殖等模式，采用直接水质指标监测方法来分析计算系数，每组系数中包括了总氮、总磷、COD、铜、锌 5 个指标。

网箱养殖等模式采用物料衡算的计算方法获得产污系数，每组系数中包括了总氮、总磷、铜、锌 4 项指标，其 COD 指标则根据池塘或工厂化养殖模式的相同或相近种类替代获得。

（2）系数使用说明

1）名词解释

产污系数：即污染物产生系数，指在正常养殖生产条件下，养殖生产 1 kg 水产品在水体中所产生的污染物量，不含底泥沉降部分，单位为 g/kg。

排污系数：即污染物排放系数，指在正常养殖生产条件下，养殖生产 1 kg 水产品所产生的污染物量中，经不同排放渠道直接排放到湖泊、河流及海洋等（不包括排放到农田及水产养殖再利用等部分）外部水体环境中的污染物量，单位为 g/kg。

污染物产生量：指在正常养殖生产条件下，水产养殖导致的在水体中的污染物产生量，不含底泥沉降部分，单位为 kg。

污染物排放量：指在正常养殖生产条件下，水产养殖导致的在水体中的污染物产生量，经不同排放渠道直接排放到湖泊、河流及海洋等（不包括排放到农田及水产养殖再利用等部分）外部水体环境中的污染物量，单位为 kg。

养殖增产量：在一个养殖周期中，养殖所产生的渔获物总量减去苗种投入总量。

2）系数编排规律

系数按照养殖产品类别、养殖水体和养殖模式进行分类。其中，养殖产品类别分为：①苗种；②成鱼。养殖水体分为：①海水；②淡水。养殖模式分为：①池塘养殖；②工厂化养殖；③网箱养殖；④围栏养殖；⑤浅海筏式养殖；⑥滩涂增养殖；⑦其他。

养殖产品类别为苗种时，具体系数编排顺序见表 8-7。

表 8-7 苗种培育各品种编排分类

养殖水体	养殖品种分类	品种代码
淡水	淡水鱼	S1～S25
	淡水虾	S26～S29
	淡水蟹	S30
	淡水贝	S31～S33
	淡水其他	S34～S37
海水	海水鱼	S38～S46 及 S16
	海水虾	S47～S50
	海水蟹	S51、S52
	海水贝	S53～S60 及 S32
	海水其他	S61～S64

养殖产品类别为成鱼时，系数根据区域养殖特征划分了区域，具体划分及各省所属区域见表 8-8。

表 8-8 成鱼养殖区域划分及各省所属区域

养殖区		所属省份
淡水养殖	东北区	黑龙江省、吉林省、辽宁省
	北部区	内蒙古自治区、新疆维吾尔自治区、新疆建设兵团、青海省、甘肃省、山西省、陕西省、北京市、山东省、河北省、宁夏回族自治区、天津市
	中部区	湖北省、湖南省、四川省、河南省、安徽省、上海市、江苏省、浙江省、江西省、重庆市
	南部区	广东省、海南省、福建省、贵州省、云南省、西藏自治区、广西壮族自治区
海水养殖	黄渤海区	河北省、辽宁省、天津市、山东省
	东海区	江苏省、上海市、福建省、浙江省
	南海区	广东省、海南省、广西壮族自治区

为了便于读者理解，本教材以一例题作为基础讲解该系数的使用，具体系数读者可参考全国污染源普查水产养殖业污染源产排污系数测算组编制的《第一次全国污染源普查　水产养殖业污染源产排污系数手册》。

（3）系数使用案例

相关系数查找方法：

第一步，首先明确是查找产污系数还是排污系数；

第二步，再明确要查找养殖产品类别和养殖品种（可以用品种序号）；

第三步，确定养殖水体类型；

第四步，确定要查找的系数是哪种养殖模式；

第五步，根据要计算产排污量的所在省市（可根据户行政代码查找所在省份或区域），查找对应的产、排污系数表，以确定系数，然后进行核算。

[例 8-2]：以成鱼养殖中广东省草鱼水产养殖污染物排放量核算为例，草鱼成鱼养殖为淡水养殖，养殖模式为池塘养殖，养殖品种为草鱼（品种代码为 S04）。（本例题参考水产养殖污染源系数手册中的范例例题）

解：第一步，根据上述信息查找系数，查出对应的产物系数值为总氮 5.098 g/kg、总磷 1.188 g/kg、COD 30.345 g/kg、铜 0.004 7 g/kg、锌 0.006 7 g/kg；排污系数值为总氮 4.238 g/kg、总磷 0.987 g/kg、COD 25.224 g/kg、铜 0.003 9 g/kg、锌 0.005 6 g/kg。

第二步，查找该草鱼淡水池塘的渔获物总产量及苗种投放量，并计算养殖增产量。假设养殖增产量为 400 000 kg/年。

第三步，计算污染物产生量与排放量。

①产生污染量为：

总氮产生量=5.098×400 000 =2 039.2（kg/年）

总磷产生量=1.188×400 000 =475.2（kg/年）

COD 产生量=30.345×400 000 =12 138.0（kg/年）

铜产生量=0.004 7×400 000 = 1.88（kg/年）

锌产生量=0.006 7×400 000 =2.68（kg/年）

②污染排放量为：

总氮排放量=4.238×400 000 =1 695.2（kg/年）

总磷排放量=0.987×400 000 =394.8（kg/年）

COD 排放量=25.224×400 000 =10 089.6（kg/年）

铜排放量=0.003 9×400 000 = 1.56（kg/年）

锌排放量=0.005 6×400 000 =2.24（kg/年）

同理，其他区域养殖水体、养殖模式、养殖品种可依此类推。

9　工业污染核算

【学习目标】

☆　掌握工业污染物核算基本方法;

☆　熟悉各主要污染行业产业政策及法规标准;

☆　掌握各行业工业污染来源及特征。

9.1　工业污染概述

工业污染是指在工业生产过程中产生的废水、废气、固体废物、噪声对环境造成的影响。工业污染具有污染排放集中、污染量大、污染物种类复杂、污染持续时间长、对环境影响大等特点,20 世纪八大公害有七个是因工业污染而产生,工业污染历来都是环境保护工作的重点。在环境保护工作制度日益完善的当下,工业污染排放量核算仍然很有必要。

9.1.1　我国工业污染特征

（1）污染排放量大

根据环境保护部历年的环境统计年报和环境统计公报显示,我国工业污染排放量一直都比较大,见表 9-1。废水年平均排放量超过 200 亿 t、化学需氧量、氨氮年平均排放量分别为 400 万 t、34 万 t 以上。二氧化硫、颗粒物年平均排放量达到 1 989.8 万 t、1 454.56 万 t,工业固体废物达到 277 531.2 万 t。

表 9-1   2001—2014 年工业污染排放   单位：万 t

年度	废水/亿 t	化学需氧量	氨氮	二氧化硫	颗粒物*	氮氧化物	固体废物
2001	202.7	607.5	41.3	1 566.6	1 842.5	—	88 746
2002	207.2	584	42.1	1 562	1 745.2		94 509
2003	212.4	511.9	40.4	1 791.4	1 867.2		100 428
2004	221.1	509.7	42.2	1 891.4	1 791.3	—	1 200 030
2005	243.1	554.7	52.5	2 168.4	1 860.1		134 449
2006	240.2	542.3	42.5	2 237.6	1 672.9	1 136	151 541
2007	246.6	511	34.1	2 140	1 469.8	1 261.3	175 632
2008	241.7	457.6	29.7	1 991.3	1 255.6	1 250.5	190 127
2009	234.5	439.7	27.3	1 865.9	1 128	1 284.8	203 943
2010	237.5	434.8	27.3	1 864.4	1 051.9	1 465.6	240 944
2011	230.9	354.8	28.1	2 017.2	1 100.9	1 729.7	322 722.3
2012	221.6	338.5	26.4	1 911.2	1 029.3	1 658.1	329 044.3
2013	209.8	319.5	24.6	1 835.2	1 094.6	1 545.6	327 701.9
2014	205.3	311.3	23.2	1 740.4	1 456.1	1 404.8	325 620.0
平均	225.3	462.7	34.4	1 898.8	1 454.7	1 416.4	277 531.2

*2001—2010 年的颗粒物=烟尘排放量+工业粉尘。

根据环境保护部 2016 年 6 月 4 日公布的《2014 年环境统计年报》，2014 年全国废水排放总量 716.2 亿 t。其中，工业废水排放量 205.3 亿 t；废水中化学需氧量排放量 2 294.6 万 t，工业源化学需氧量排放量为 311.3 万 t；氨氮排放量 238.5 万 t，其中工业源氨氮排放量为 23.2 万 t；全国废气中二氧化硫排放量 1 974.4 万 t，其中工业二氧化硫排放量为 1 740.4 万 t；氮氧化物排放量 2 078.0 万 t。其中，工业氮氧化物排放量为 1 404.8 万 t；全国废气中烟（粉）尘排放量 1 740.8 万 t。其中：工业烟（粉）尘排放量为 1 456.1 万 t；一般工业固体废物产生量 32.6 亿 t，综合利用量 20.4 亿 t，贮存量 4.5 亿 t，处置量 8.0 亿 t，倾倒丢弃量 59.4 万 t，全国一般工业固体废物综合利用率为 62.1%。全国工业危险废物产生量 3 633.5 万 t，综合利用量 2 061.8 万 t，贮存量 690.6 万 t，处置量 929.0 万 t，全国工业危险废物综合利用处置率为 81.2%。

（2）工业污染复杂，行业污染排放特征显著

工业废水来源广泛，污染物种类较多，但废水及特定污染物排放以某几个行业为主。

根据生态环境部环境统计公报，列入环境统计的工业行业41个，以2014年为例，废水排放量位于前列的行业有造纸和纸制品业、化学原料及化学制品制造业、纺织业、煤炭开采和洗选业，这4个行业的废水排放量为88.0亿t，占调查工业企业废水排放总量的47.1%。

化学需氧量排放量位于前4位的行业依次为造纸和纸制品业、农副食品加工业、化学原料及化学制品制造业、纺织业。其化学需氧量排放总量为149.4万t，占调查工业企业排放总量的54.4%。

工业废水中污染物种类繁多，常含有化学需氧量、氨氮、石油类、挥发酚、氰化物、重金属（汞、镉、六价铬、总铬、铅、砷）等污染物，工业污染处理则需要综合运用物理、化学、生物各种手段，才能达到排放标准。

（3）环境监管不完善，污染治理水平较低

近年来，我国对工业企业的污染排放监管制度日益完善，已形成了较为完善的管理制度，工业企业排污显著下降。但我国地域辽阔，各级环境保护管理部门监管能力参差不齐，加之工业污染复杂，治理任务重，因此工业企业带来的污染仍不容小觑。

9.1.2　工业"三废"来源及污染物指标

工业"三废"包括废水及废水污染物、废气及废气污染物、工业固废。工业"三废"污染物与其他污染源污染物略有差异，最主要的特点是污染物成分复杂，排放集中。

9.1.2.1　工业废水污染源及主要污染物

各工业企业通过废水排放到环境的污染物较集中，加上废水污染物扩散、衰减的特殊性，工业废水污染对环境的影响往往备受关注。一般工业废水污染物包

括如下几种类型。

（1）耗氧污染物

这类污染物在水中会随着时间与空间的推移衰减，并从水中消失，但这类污染物在衰减净化过程中会消耗水中的溶解氧从而导致水质下降，因此称为耗氧污染物，主要包括有机物、还原性无机离子，污染物指标以 COD、BOD 为主。

（2）营养物质

营养物质以氮、磷污染物为主，氮、磷等能刺激藻类及水草生长、干扰水质净化，使 BOD_5 升高。水体中营养物质过量会造成水体从"贫营养化"向"富营养化"加快转变，从而给湖泊及流动缓慢的水体水质带来严重的问题。

（3）悬浮性固体污染物

悬浮性固体污染物包括不溶性、难溶性与可溶性几类。该类污染物会降低水体的浊度，常常是耗氧性污染物、营养污染物的载体。矿产采选、造纸、钢铁冶炼等行业废水中的悬浮性固体污染物浓度较高。

（4）有毒物质

有机有毒物质：水中的有毒物质包括农药、有机磷、酚、醛、多氯联苯、多环芳烃、高分子聚合物等有机物。此类污染物的特点是化学性质稳定、降解时间长、有毒性，不但会影响水生生物的生长繁殖，一些污染物还会通过食物链富集影响人类健康。

无机有毒物质：包含铅、砷、汞、镉、铬、砷、氰化物等，此类物质具有较高的生物毒性。其中重金属能通过食物链富集，引起生物慢性中毒。毒性极强的氰化物，少量摄入即可造成生物体死亡。

工业上使用的有毒物质已经有 10 000 多种，排放此类有毒物质的企业多数为电镀、化工、有色金属冶炼等重污染行业。

（5）热污染

热污染主要来自企业排放的温度较高的冷却水，如电厂、化工厂等。废水导致水体温度升高，使溶解氧浓度下降，从而影响水体自净能力造成水生生物死亡。

（6）酸、碱、盐等无机污染物

酸、碱、盐进入水体后与水体中某些矿物相互作用产生盐，提高淡水资源的矿化度，从而影响各种用水水质。无机盐进入水体会能提高水的渗透压，对淡水生物、植物生长产生不良影响。

9.1.2.2　工业废气污染源及主要污染物

大气污染物的种类有几十种，常见的大气污染物有二氧化硫、氮氧化物、颗粒污染物（以粉尘、烟尘为主）、一氧化碳、碳氢化合物。

（1）二氧化硫

二氧化硫主要来自燃料燃烧、黑色金属冶炼、有色金属冶炼、硫酸工业。燃料燃烧产生的二氧化硫主要来自热电行业、冶金、机械、建材等行业，燃烧产生的二氧化硫浓度一般偏低，体积浓度通常小于2%。我国黑色金属矿与有色金属矿伴生矿中通常含有硫铁矿，在冶炼过程中会产生二氧化硫，金属冶炼行业产生二氧化硫浓度较高，可达到3%以上，在处理上以回收利用为主。

（2）氮氧化物

氮氧化物主要来自燃料燃烧（以火力发电、供热企业为主）、机动车尾气、硝酸、氮肥、火药制造等行业。氮氧化物是形成光化学烟雾的主要污染物质。包括多种化合物，如一氧化二氮（N_2O）、一氧化氮（NO）、二氧化氮（NO_2）、三氧化二氮（N_2O_3）、四氧化二氮（N_2O_4）和五氧化二氮（N_2O_5）等。除二氧化氮以外，其他氮氧化物均极不稳定，遇光、湿或热转化为二氧化氮及一氧化氮，一氧化氮又会转化为二氧化氮。因此，空气污染物中的氮氧化物（NO_x）通常以二氧化氮为主（NO_2）。

（3）颗粒污染物

大气中的颗粒污染物主要来自工业生产，其粒径范围可小至 0.1 μm 以下，大至 1 000 μm 以上，几乎所有的工业生产过程都会产生颗粒污染物。粒污染物成分复杂，因此它对环境造成的影响是难以预测的。一部分颗粒污染物化学性质惰性，但有不少颗粒物本身就具有腐蚀性和毒性，对人群健康以及环境造成的影响难以预估。

根据《环境空气质量标准》（GB 3095—2012）中的规定，颗粒污染物根据粒径不同分为 TSP（总悬浮颗粒物）、PM_{10}（可吸入颗粒物）、$PM_{2.5}$（细微颗粒物）。TSP（总悬浮颗粒物）指环境空气中空气动力学当量直径小于等于 100 μm 的颗粒物；PM_{10}（可吸入颗粒物）指环境空气中空气动力学当量直径小于等于 10 μm 的颗粒物；$PM_{2.5}$（细微颗粒物）是指环境空气中空气动力学当量直径小于等于 2.5 μm 的颗粒物。

（4）碳氧化物

碳氧化物以一氧化碳（CO）、二氧化碳（CO_2）为主，主要来自燃料燃烧和汽车尾气排放。CO 是一种窒息性气体，进入大气后，由于扩散与稀释等作用，一般不会造成危害，但浓度较高时仍然会对人群健康造成威胁。CO 也是光化学烟雾的重要组成物质之一。

CO_2 为无毒气体，但近年来化石燃料大量使用，CO_2 排放量陡增的情况下，能产生温室效应，对地球气候造成的影响已经不容小觑。

（5）挥发性有机物

挥发性有机物（VOCs）是空气中有机化合物的总称，种类复杂，从甲烷到长链聚合物的烃类都有，大气中有机化合物通常以 VOCs 为主。VOCs 是一类有机化合物的统称，在常温下它们的挥发速率大，有些 VOCs 是无毒无害的，有些是有毒有害的。VOCs 部分来源于大型固定源（如化工厂等）的排放，大量来自交通工具、电镀、喷漆以及有机溶剂使用过程。

9.1.2.3 工业固体废物污染来源及主要污染物

（1）工业固废

固体废物是指在生产、生活和其他活动中产生的丧失原有使用价值或者虽未丧失使用价值但被抛弃或者放弃的固态、半固态和置于容器中的气态的物品、物质以及法律、行政法规规定纳入固体废物管理的物品、物质。工业固体废物是指工业生产过程中产生的固体废物，主要包括以下几类。

①冶金工业固体废物：主要包括金属冶炼或加工过程中所产生的各种废渣，

如高炉炼铁产生的高炉渣、平炉转炉炼钢产生的钢渣、铜镍铅锌等有色金属冶炼过程中产生的有色金属渣、铁合金渣及提炼氧化铝时产生的赤泥。

②能源工业固体废物：主要包括燃煤电厂产生的粉煤灰、炉渣、烟道灰，采煤及洗煤过程中产生的煤矸石等。

③石油化学工业固体废物：主要包括是石化加工工业产生的油泥、焦油页岩渣、废催化剂、废有机溶剂等，化学工业产生的硫铁矿渣、酸渣、碱渣、盐泥、釜底泥、精（蒸）馏残渣以及医药和农药生产过程中的医药废物、废药品、废农药等。

④矿业固体废物：主要包括采矿废石和尾矿。废石是指各种金属、非金属矿山开采过程中从主矿上剥离下来的各种围岩。尾矿是指在选矿过程中提取精矿以后剩下的尾渣。

⑤轻工业固体废物：主要包括食品工业、造纸印刷工业、纺织印染工业、皮革工业的产品加工过程中产生的污泥、动物皮毛残留物、废酸、废碱以及其他废物。

⑥其他工业固废：主要包括机械加工过程产生的金属碎屑、电镀污泥、建筑废料以及其他工业加工过程产生的废渣等。部分工业固体废物的来源以及产生的固体废物生产环节以及固体废物种类见表9-2。

表9-2　工业废物来源及分类

工业类型	产废环节	废物种类
军工产品	生产、装配	金属、塑料、橡胶、纸、木材、织物、化学残渣等
食品类加工	加工、包装、运送	肉、油脂、油、骨头、下水、蔬菜、水果、果壳、谷类等
纺织印染	编制、加工、染色、运送	织物及过滤残渣
服装	裁剪、缝制	织物、纤维、金属、塑料、橡胶
木材及木制品	锯床、木制容器、各类木制产品生产	碎木头、刨花、锯木屑、金属、塑料、纤维、胶、蜂蜡、涂料、溶剂等
木制家具	家庭及办公家具的生产、隔板、办公室和商店附属装置、床垫	同上
金属家具	家庭及办公家具的生产、锁、弹簧、框架等生产	金属、塑料、树脂、玻璃、木头、橡胶、胶黏剂、织物、纸等

工业类型	产废环节	废物种类
纸类产品	造纸、纸和纸板制品、纸板箱及纸容器的生产	纸和纤维残余物、化学试剂、包装纸及填料、墨、胶、扣钉等
化学试剂及其产品	无机化学制品的生产和制备	有机和无机化学制品、金属、塑料、橡胶、玻璃油、涂料、溶剂、颜料等
石油精炼及其工业	精炼、加工	沥青和焦油、毡、石棉、纸、织物、纤维
橡胶及各种塑料制品	橡胶和塑料制品加工	橡胶和塑料碎料、被加工的化合物染料
皮革及皮革制品	鞣革和抛光、皮革和垫衬材料加工	皮革碎料、线、染料、油、处理及加工的化合物
石材、黏土及玻璃制品	平板玻璃生产、玻璃加工制作、混凝土、石膏及塑料的生产，石材和石料产品、研磨料、石棉及各种矿物质的生产和加工	玻璃、水泥、黏土、陶瓷、石膏、石棉、石材、纸张、研磨料
金属工业	冶炼、铸造、锻造、冲压、滚轧、成型挤压	黑色及有色金属碎料、炉渣、尾矿、铁芯、模子、黏合剂
金属加工产品	金属容器，手工工具、非电加热器、管件附件加工、农用机械设备、金属丝和金属的涂层与电镀	金属、陶瓷制品、尾矿、炉渣、铁屑、涂料、溶剂、润滑剂、酸洗剂
机械（不包括电动）	建筑、采矿设备、电梯、移动楼梯、输送机、工业卡车、拖车、升降机、机床等生产	炉渣、尾矿、铁芯、金属碎料、木材、塑料、树脂、橡胶、涂料、溶剂、石油产品、织物
电动机械	电动设备、装置及交换器生产，机床加工、冲压成型焊接用印模冲压、弯曲、涂料、电镀、烘焙工艺	金属碎料、炭、玻璃、橡胶、塑料、树脂、纤维、织物、残余物等
运输设备	摩托车、卡车及汽车车体的生产，摩托车零件、飞机及零件、船及零件生产	金属碎料、玻璃、橡胶、塑料、纤维、织物、木料、涂料、溶剂、石油加工
专用控制设备	生产工程、实验室和研究仪器及有关的设备生产	金属、玻璃、橡胶、塑料、树脂、木料、纤维、研磨料
电力生产	燃煤发电工艺	粉煤灰（包括飞灰和炉渣）
采选工业	燃煤发电工艺	粉煤灰（飞灰和炉渣）
其他工业生产	珠宝、银器、电镀制品、玩具、娱乐、运动物品、服饰、广告	金属、玻璃、橡胶、塑料、树脂、皮革、混合物、骨状物、织物、胶黏剂、涂料、溶剂等

（2）危险废物

《中华人民共和国固体废物污染环境防治法》中危险废物的定义为列入国家危

险废物名录或者根据国家规定的危险废物鉴别标准鉴别方法认定的具有危险性的废物。所谓的危险特性包括腐蚀性、毒性、易燃性、反应性、感染性。2016 年 8月 1 日开始施行的《国家危险废物名录》中共列出了 46 大类别 479 种危险废物的类别、行业来源、代码、危险特性、名称、常见危险废物组分。该名录中明确了医疗废物也属于危险废物，关于医疗废物的污染物核算读者可参考生活污染源章节。部分危险废物组分及其危害见表 9-3。

表 9-3   几种化学工业危险废物的组成及危害

废物名称	主要污染物及含量	对人体和环境的危害
铬渣	六价铬 0.3%～2.9%	对人体消化道和皮肤具有强烈的刺激和腐蚀作用，对呼吸道造成损害，有致癌作用，铬蓄积在鱼类组织中对水中动植物具有致死作用，铬对小麦、玉米等作物的生长具有抑制作用
氰渣	CN^- 1%～4%	引起头痛、头晕、心悸、甲状腺肿大，急性中毒时会导致呼吸衰竭，对人体、鱼类的危害很大
含汞污泥	汞 0.2%～0.3%	无机汞对消化道黏膜具有强烈的腐蚀作用，吸入较高浓度的汞蒸汽会引起急性中毒和神经功能障碍，烷基汞在人体内能长时间存在，并引起水俣病，对脊椎动物中枢神经造成破坏
无机盐废渣	Zn^{2+}7%～25% Pb^{2+}0.3%～2% Cd^{2+}100～500 mg/kg As^{2+}40～400 mg/kg	铅、镉对人体神经系统、造血系统、消化系统、肝肾、骨骼都有毒害作用，含砷化合物有致癌作用，锌盐对皮肤和黏膜有刺激腐蚀作用。重金属对动植物、微生物的毒害也非常显著
蒸馏釜液	苯、苯酚、腈类、硝基苯、芳香胺类、有机磷农药等	对人体中枢神经、肝脏、肾脏、胃、皮肤等造成障碍与损害，芳香胺类和亚硝胺类有致癌作用，对水生生物和鱼类也有致毒作用
酸、碱	各种无机酸碱 10%～30%，含有大量金属离子和盐类	对人体皮肤、眼睛、黏膜有强烈的刺激作用，导致皮肤和内部器官损伤和腐蚀，对水生生物和鱼类有严重的伤害作用

危险废物污染具有持续时间长、恢复困难等特点，因此在危险废物管理上有着严格的制度，如许可证制度、转移报告单制度等。

许可证制度有助于提高危险废物治理和处理水平，制度要求从事危险废物的收集、贮存处理、处置活动的单位必须具备一定要求，且单位及个人需进行审批和技术培训。《中华人民共和国固体废物污染环境防治法》规定，"从事收集、贮存、处置危险废物经营活动的单位，必须向县人民政府环境行政主管部门申请领取经营许可证"。

转移报告单制度要求危险废物转移必须填写报告单，在转移过程中，报告单始终跟随着危险废物。危险废物转移报告单制度的建立，保证了危险废物的运输安全，防止了危险废物的非法转移和非法处置，减少了危险废物的流失和污染事故的发生，是危险废物重要的安全监控措施。

9.2 工业污染核算

准确计算污染物产生量与排放量是环境保护工作非常重要的基础性工作。工业污染核算的方法包括实际监测法、物料衡算法、产排污系数法。上述方法的基本应用在本教材的第 1 章已有介绍，本节不再赘述。

实际监测法中能作为污染物核算的监测数据，需有通过相应的质量控制体系单位出具的质量保证证明。

物料衡算法，需要对各行业中物料转换规律非常熟悉，因此只在少部分污染物核算工作中应用。

本教材重点介绍工业污染物核算的系数法。鉴于行业较多，本教材只介绍工业污染核算系数的应用，具体系数表单读者可参考相关系数手册。

目前现有的工业污染源产排污系数手册有两套：一套是国家环境保护总局对污染物实施总量控制战略部署，在 1996 年环保总局科技司组织编制，由中国环境科学出版社出版的《工业污染物产生和排放系数手册》；另一套是 2007 年开始制定，收录于 2011 年中国环境科学出版社出版的《第一次全国污染源普查资料文集 污染源普查产排污系数手册（上）》。

9.2.1 工业污染物产生和排放系数

1996 年出版的《工业污染物产生和排放系数手册》中较大篇幅描述了工业产

品污染物和产生排放系数。《工业污染物产生和排放系数手册》共分三篇 11 章，第一篇为我国主要工业的产污和排污系数，该篇系数是采用大量的实测、物料衡算和调查，根据特定的编制确定方法得到，编制的产污和排污系数涉及我国 7 个主要污染工业部门，48 种产品和 90 种生产工艺，除原始系数外，编制的产污和排污系数共计 4 398 个，其中个体产污排污系数 1 553 个，综合产污和排污系数 1 926 个，产污和排污控制系数 919 个。

9.2.1.1　主要工业产品污染物产生和排放系数

《工业污染物产生和排放系数手册》数据来源于科技标准司多年的若干科研课题成果，由广大科研和环保管理人员经过大量深入细致工作获得的宝贵经验数据。系数手册数据不仅可以用于环境规划、环境影响评价、环境管理、环境监测、环境督查、排污收费与排污申报登记等工作，同时也是科研和教学的重要参考。

（1）综合产污和排污系数

综合产污和排污系数是指产品在不同生产工艺、不同技术水平、不同原材料的情况下，按照各种类型企业的权重综合计算出的系数，反映本产品当时排污的全国平均水平。综合产污和排污系数中列出了有色金属产品、轻工产品、电力行业、纺织、化工、钢铁、建材几个行业的综合产污和排污系数。系数表范例见表 9-4。

表 9-4　综合产污排污系数表

产品名称	污染物名称	单位	产污系数	排污系数
铜精矿	废水量	t/t 铜精矿	961	417.94
	Cu	kg/t 铜精矿	11.78	1.08
	Pb	kg/t 铜精矿	0.09	0.02
	Zn	kg/t 铜精矿	2.91	0.57
	Cd	kg/t 铜精矿	0.08	0.02
	As	kg/t 铜精矿	0.17	0.01
	废石	t/t 铜精矿	212.0	212.0
	尾渣	t/t 铜精矿	114.8	114.8

综合产污和排污系数是对行业总体平均产排污情况的说明。

（2）行业产排污系数

《工业污染物产生和排放系数手册》还给出了其他具体行业的产排污系数，涉及行业包含有色金属冶炼、轻工业、电力、纺织、化学、钢铁、建材等。

系数中确定了具体的生产工艺、污染物、工艺技术条件等，部分系数表单列出了具体行业的原始产排污系数，包含一次系数、二次系数、三次系数的系数表单以及综合产排污系数表单。

行业产排污系数见表 9-5。

表 9-5　行业产排污系数（粗铜闪速熔炼污染物原始产物和排污系数）

企业名称	生产规模	产生规模		技术水平	污染物		实测		衡算		经验估算	
		类型	产量/（t/a）				产污	排污	产污	排污	产污	排污
Cu冶-1*	闪速法	大	80 098	高	废气	烟气量/（m³/t 粗铜）	23 686	7 177				
						SO₂/（kg/t 粗铜）	3 240	38.6				
						尘/（kg/t 粗铜）	857.7	1.302				
					废水	废水量/（m³/t 粗铜）	226.3	611.0				
						Cu/（kg/t 粗铜）	0.613 3	0.346 9				
						Pb/（kg/t 粗铜）	3.544 6	0.017 1				
						Zn/（kg/t 粗铜）	1.319 4	0.250 0				
						Cd/（kg/t 粗铜）	0.003 4	0.018 3				
						As/（kg/t 粗铜）	3.747 4	0.150 5				
					固体废物	冶炼渣/（t/t 粗铜）	2.43	1.29				

* 闪速法冶炼粗铜企业代号。

　　读者可以根据需要通过《工业污染物产生和排放系数手册》查询具体的行业，判断并选取相关的系数值。

9.2.1.2　燃烧设备污染物产生和排放系数

　　《工业污染物产生和排放系数手册》列出了燃煤工业锅炉、茶浴炉、食堂大灶等燃烧设备的污染物产生与排放系数。详细介绍了工业锅炉、茶浴锅炉系数表单的计算公式、参数取值范围、实测数据等。通过系数可计算CO、碳氢化合物（CH）、C、NO_x、SO_2、烟尘几种气态污染物的产排量。并且详细列出了锅炉炉型以及实测数据。系数表单见表9-6和表9-7。

表9-6　燃煤工业锅炉 SO_2 产污系数

P/%	S^y/%						
	0.5	1	1.5	2	2.5	3	3.5
80	8.0	16.0	24.0	32.0	40.0	48.0	56.0
85	8.5	17.0	25.5	34.0	42.5	51.0	59.5

注：S^y——煤的含硫率，P——煤中可燃硫占总硫分的比例。

表9-7　燃煤工业锅炉 NO_x、CO、CH 产污和排污系数　　　　单位：kg/t 煤

炉型	产排污系数			
	CO	CO_2	CH	NO_x
≤6 t/h 层然	2.63	2 130	0.18	4.81
≥10 t/h 层然	0.78	2 400	0.13	8.53
抛煤机炉	1.13	2 000	0.09	5.58
循环流化床	2.07	2 080	0.08	5.77
煤粉炉	1.13	2 200	0.10	4.05

　　二氧化硫排污系数根据二氧化硫的削减率来核算，计算公式如下：

$$G'_{SO_2} = G_{SO_2} \times (1 - \eta_{SO_2})$$

式中，G'_{SO_2}——二氧化硫排放量，kg 或 t；

　　　　G_{SO_2}——二氧化硫产生量，kg 或 t；

　　　　η_{SO_2}——二氧化硫的削减率。

系数表单中的二氧化硫削减率 η_{SO_2} 为 10%～50%。

燃煤茶浴锅炉的污染物产生系数见表 9-8。

表 9-8　茶炉、大灶各类污染物产污和排污系数　　　　单位：kg/t 煤

燃煤方式	煤种*	产物和排污系数				
		$G_{烟尘}$	G_{SO_2}	G_{CO}	G_{NOx}	G_{CH}
茶炉	原煤	2.05	10.49	10.11	3.99	0.60
	型煤	0.65	7.42	4.53	1.82	0.26
大灶	型煤	0.7	8.09	10.02	1.45	0.30

*煤的灰分<25%，硫分<1%。

《工业污染物产生和排放系数手册》还详细列出了燃烧系数的相关参数，数据实测来源依据，供读者选择参数时参考所用。

9.2.1.3　乡镇工业污染物产生和排放系数

乡镇工业污染物产生和排放系数是乡镇工业在正常技术经济和管理等条件下，生产某单位产品所产生的污染物数量的统计（实测）平均值和计算值。本系数手册中使用的排放系数有两种：一种是受控排放系数，通常是指排污系数，是指在正常运行的污染治理设施的情况下生产某单位产品所排放的污染物量；另一种是非控制排放系数，即在没有污染治理设施情况下生产某单位产品排放的污染物的量，两个系数之间的差别就是对污染物单位产污量的去除量。

由于乡镇工业多数技术水平管理水平较低，规模小，工艺落后，因此在乡镇工业污染排放系数除特别注明之外，都为非控制排放系数。

系数手册的数据来源方法有实测法、物料衡算法和经验系数法。乡镇工业产排污系数手册中也强调了我国地域辽阔，各地乡镇工业企业技术、管理等水平各异，在实际计算中还要综合考虑基本的情况。系数表单范例见表 9-9。

表 9-9 乡镇工业污染物排放系数（范例）

行业（工业）代码	行业（工艺）名称	产品名称	污染物	计量单位（污染物/产品）	污染物排放系数 平均值	污染物排放系数 变化幅度	备注
06				煤炭采选			
0610	煤炭开采业	原煤	煤矸石	kg/t	250	150～350	
0620	煤炭洗选业	洗精煤	废水	t/t	0.8	0.6～1.2	
			悬浮物	kg/t	45	40～50	
			尾矿	t/t	0.7	0.65～0.7	
08				黑色金属矿开采业			
0810				铁矿采选业			
	坑矿	铁矿石	废水量	t/t		0.3～1	
			悬浮物	kg/t		0.3～3	
			废石	t/t		0.2～0.25	
	露采	铁矿石	废水量	t/t		0～0.4	
			悬浮物	kg/t		0.12～1.2	
			废石	t/t		1.4～4.5	
	选矿						
	浮选	铁精矿	废水量	t/t		12～30	
			悬浮物	kg/t		30～300	
			尾矿	kg/t		1～2.2	
	重磁选	铁精矿	废水量	t/t		10～30	
			尾矿	t/t		1～2.2	

　　该系数表单中列出了单位产品污染物类别、污染物产生量的平均值以及变化幅度，应用相对来说比较简单，读者可根据实际情况查阅《工业污染物产生和排放系数手册》。

9.2.2　第一次全国污染源普查工业源系数核算

9.2.2.1　《污染源普查产排污系数手册》简介

　　《污染源普查产排污系数手册》是 2007 年开展的第一次全国污染源普查工作

的技术成果之一，该手册是目前较为全面的工业源产排污系数。

《污染源普查产排污系数手册》可计算 362 个小类行业的工业污染，涵盖了我国工业行业。其中，271 个小类行业的产排污系数通过实测核算得出，91 个小类行业的产排污系数采用类比方法获得。系数行业分类以《国民经济行业分类》（GB/T 4754—2017）为基础。系数包含产物系数与排污系数，并标注了产品、原料、工艺、规模、污染物指标、末端治理技术等相关信息。

产污系数，即污染物产生系数，指在典型工况生产条件下，生产单位产品（或使用单位原料等）所产生的污染物量。

排污系数，即污染物排放系数，是指在典型工况生产条件下，生产单位产品（使用单位原料）所产生的污染物量经末端治理设施削减后的残余量，或生产单位产品（使用单位原料）直接排放到环境中的污染物量。当污染物直排时，排污系数与产污系数相同。

9.2.2.2 《污染源普查产排污系数手册》的应用

该系数手册中列举了具体行业的污染物产生量、系数使用范围、污染物种类、系数使用注意事项等。产排污系数的选择遵循"四同"原则，即产品名称、原料名称、工艺名称、规模等级应该与系数相同，才能选择该系数。

本教材以"0610 烟煤和无烟煤的开采洗选业"的产排污系数为例，介绍本系数手册的应用。工业行业的系数读者可以参考中国环境科学出版社出版的《污染源普查产排污系数手册（上）》。

[案例]：煤炭采选行业产排污系数法核算示例（本示例由中国煤炭加工利用协会提供，摘录自《污染源普查产排污系数手册（上）》）。

位于山西省晋南地区的某煤矿年生产烟煤 30 万 t，其生产工艺为井工开采、炮采，其产品全部进入配套选煤厂进行洗选加工，该选煤厂的洗水达到三级闭路循环。

第一步：首先明确以下基本信息：①翻查到 0610 烟煤和无烟煤的开采洗选业中"煤矿开采区域条件分类表"，确定山西晋南地区属于二类地区，但此煤矿生产能力 30 万 t 为小型矿，应选用三类地区的系数；②本煤矿选煤厂洗煤废水的处理利用达到三级闭路循环；③本企业属于煤炭开采—洗选联合企业，其污染物产生量和排放量包括煤矿煤炭开采和选煤厂煤炭洗选加工两部分产、排污量之和。

第二步：企业填表人根据本企业产品、原料、工艺、规模和污染物末端处理技术，分别计算煤矿和选煤厂的产排污量。

对于煤矿，基本类型为"烟煤+烟煤+井工炮采+≤30 万 t/年+沉淀分离法"。在手册"0610 烟煤无烟煤开采业产排污系数表"找到三类地区对应的污染物产污系数：工业废水量 0.8 t/t 产品、化学需氧量 130 g/t 产品、石油类 5.37 g/t 产品、工业固体废物（煤矸石）0.08 t/t 产品；排污系数为工业废水量 0.12 t/t 产品、化学需氧量 7.5 g/t 产品、石油类 0.507 g/t 产品，工业固体废物（煤矸石）没有排污系数，见表 9-10。

表 9-10 烟煤和无烟煤洗选业产排污系数

产品名称	原料名称	工艺名称	规模等级	污染物指标	单位	产污系数	末端治理技术名称	排污系数
烟煤和无烟煤	烟煤和无烟煤	井工开采炮采	≤30 万 t/年	工业废水量	t/t 产品	0.8	沉淀分离	0.12
				化学需氧量	g/t 产品	130	沉淀分离	7.5
				石油类	g/t 产品	5.37	沉淀分离	0.507
				工业固体废物（煤矸石）	t/t 产品	0.08	—	—

对于选煤厂，基本类型为"洗精煤+烟煤+块煤、末煤全入选+≤30 万 t/年+物理+化学"。查"0610 烟煤无烟煤洗选业产排污系数表"找到与三级闭路循环对应的污染物产污系数：工业废水量 0.3 t/t 原料、化学需氧量 44 g/t 原料、石油类 2.25 g/t 原料、工业固体废物（煤矸石）0.18 t/t 原料、工业固体废物（浮选尾矿）0.05 t/t 原料；排污系数为工业废水量 0.05 t/t 原料、化学需氧量 4.2 g/t 原料、石油类 0.32 g/t 原料，工业固体废物（煤矸石和浮选尾矿）没有排污系数，见表 9-11。

表 9-11　烟煤和无烟煤洗选业产排污系数（摘录）

产品名称	原料名称	工艺名称	规模等级	污染物指标	单位	产污系数	末端治理技术名称	排污系数
洗精煤	烟煤和无烟煤	块煤、末煤全入选	≤30万t/年	工业废水量	t/t 原料	0.30	物理+化学	0.05
				化学需氧量	g/t 原料	44	物理+化学	4.2
				石油类	g/t 原料	2.25	物理+化学	0.32
				工业固体废物（煤矸石）	t/t 原料	0.18	—	—
				工业固体废物（浮选尾矿）	t/t 原料	0.05	—	—

第三步：根据企业生产能力分别计算煤矿和选煤厂污染物产生和排放量。

①煤矿废水中石油类的产生量：300 000×5.37=1.611（t）

排放量：300 000×0.507=0.152 1（t）

其余污染物产生量和排放量同此方法计算。

②选煤厂废水中石油类的产生量为：300 000×2.25=0.675（t）

排放量为：300 000×0.32=0.096（t）

其余污染物产生量和排放量同此方法计算。

第四步：计算该煤炭采选联合企业各污染物的产生和排放总量。如废水中石油类产生总量为：1.611+0.675=2.286（t）；废水中石油类排放总量为：0.152 1+0.096=0.248 1（t）。其余污染物的产生量和排放量同此方法计算。

其他说明：当企业为单一煤矿和独立选煤厂，或煤矿有部分生产煤炭不洗选，或煤矿选煤厂接受部分外来煤炭洗选加工时，只计算实际生产部分的产排污量。

9.2.3　核算方法准确性

工业产排污系数比较权威，但系数使用过程中，仍然发现大量的问题，主要有以下几个方面。

（1）缺少特定区域特定行业的产排污系数

工业污染系数涉及的行业是全国范围内较普遍的行业，个别区域性较强的行业，如钼冶炼、槟榔制造、烟花爆竹生产行业，在本系数中缺少针对性的数据。

（2）部分行业缺少气态污染物的系数

系数中的大气污染物多数局限在二氧化硫、氮氧化物、颗粒污染物等几类，但对颗粒污染物中特定种类的污染物，缺少详细的系数。如有色金属冶炼大气污染物产排污系数中只有颗粒污染物的系数，缺少颗粒污染物中铅、锌等具体污染物的产排系数，而有色金属冶炼行业大气排放是重金属排放的主要途径。

（3）小型企业污染核算准确率较低

工业污染源产排污系数由各行业研究机构根据监测数据、物料衡算数据、行业系数等获得。我国大型以及上规模企业的数据相对来说比较全面，因此多数产排污系数是参考这些企业的基础数据获得。规模较小的企业，在生产技术、管理水平、环保设施运行、清洁生产推广等方面，与大型上规模企业都存在差距，因此系数在核算小型企业污染产排量时存在着数据偏小、准确性较低的现象。这在一定程度上会影响政府及相关部门的环境管理、环境规划以及科学决策工作。

（4）部分行业、工艺的产排污系数缺失

现有工业产排污系数缺少部分行业的产排污系数，如化工行业、机械制造行业等。另外部分行业的产排污系数并没有囊括全部的工艺流程，简单按照"四同"原则来选择产排污系数，难以准确选用系数，因此在实际应用过程中，还需要参考监测数据。

10 数据审核与处理方法

【学习目标】

☆ 理解数据处理的意义与作用；

☆ 掌握数据整理的基础方法。

在社会经济不断发展的今天，环境问题也日益凸显，污染物核算数据若不准确，宏观上会影响区域规划、法规制定，微观上会影响企业的环境监管、纠纷处理等工作。通过各种方法审核，获得相对正确的数据，为环境管理、政府规划提供有价值、有意义的信息，这是数据审核工作的任务和意义。

环境数据的审核有多方面与多层次，原始数据获取规范是获得准确数据的基础和保障。

鉴于环境监测、环境统计、环境调查工作在数据收集质量保证方面已经有大量技术规范和标准，本章不再对数据收集质量保证等规范进行阐述。

本章将介绍数据审核的重点与原则、数据整理方法。

10.1 数据审核

原始数据审核是保证数据准确性的重要工作，除了原始数据采集规范外，对获得数据的审核也必不可少。

环境数据审核是应用各种检查规则来辨别环境数据缺失、无效或不一致的过程。审核的目的就是要保证最后所得的数据规范、完整和有效（包括逻辑正确、计算无误等）。

数据审核是多方面和多层次的，不同行业和工作领域统计工作中数据审核的重点略有不同，通常数据审核包括以下三个方面。

第一，数据的有效性审核。统计数据在采集、收集等过程中，是否符合国家的相关规范和技术要求是数据准确的保障，因此数据的规范是审核的内容。

第二，数据的完整性审核。统计数据不会单独存在，因此在数据的审核中审查数据是否完整，调查资料是否全面，不但是数据可用与否的关键，也是审核数据的依据之一。

第三，数据的合理性审核。数据合理包括数据逻辑、计算是否合理等几个方面，具体如下：

①计算准确性审核。污染物核算数据需要通过计算获得，因此数据计算准确性方面需要严格控制，如单位换算是容易出错的地方，这些在审核过程中都需要重点关注。

②数据有效性的审核。污染物核算数据来源的有效性需要符合国家相关的检测、采样规范，这在国家的相关标准中都有体现，读者可根据工作需要查阅相关标准规范。

③逻辑性审核。污染物核算数据是环境状态、企业排污情况的外在表现，但是也具有一定规律，通过其规律剔除错误和可疑数据。

如 COD 与氨氮的关系，总铬与六价铬的关系，水污染物中部分重金属与酸碱的关系。

数据审核是一项需要投入大量精力的工作，因此需要数据核算与审核人员在平时工作中注意积累，这样才能在第一时间发现和改正错误。

10.2 数据整理

10.2.1 有效数字

0、1、2、3、4、5、6、7、8、9 这 10 个数码称为数字，由单一数字或多个数字可以组成数值，一个数值中，各个数字所占的位置称数位。运算和报告结果必须注意有效数字，有效数字用于表示核算结果，指在核算或测量中实际能测得的数据，即表示数字的有效意义，一个由有效数字构成的数值，其倒数第二位以上的数字应该是可靠的或者确定的，只有末位数字是可疑的或不确定的。所谓有效数字是由全部确定数字和一个不确定数字构成。

记录和报告测量结果指定包含有效数字，对有效数字的位数不能任意删除或增加。有效数字构成的测定值必然是近似值，因此测定的运算应按照近似计算规则进行。

数字"0"是否为有效数字与它在数值中的位置有关。当它用于指示小数点的位置而与测量的准确程度无关时，不是有效数字，当它用于表示与测量准确程度有关的数值大小时，即为有效数字。

[例 10-1]：判断下列数据的有效数字个数。

①0.023 6，3 位有效数字；0.006，1 位有效数字；

第 1 个非零数字前的"0"不是有效数字。

②2.000 4，5 位有效数字；2 903，4 位有效数字；

非零数字中的"0"是有效数字。

③3.980 0，5 位有效数字；0.230%，3 位有效数字

小数中最后一个非零数字后的"0"是有效数字。

④ $2.33×10^4$，3 位有效数字；$2.330\,0×10^4$，5 位有效数字。

10.2.2　数值修约原则

所谓数值修约是指通过省略原数值的最后若干位数字，调整所保留的末位数字，使最后所得到的值最接近原数值的过程，经数值修约后的数值称为（原数值的）修约值。

根据 GB/T 8170—2008 中规定的数据修约原则进行数值的修约。

（1）确定修约位数表达方式

第一步：指定数位

①指定将数值修约成 n 位有数位数。

②指定修约间隔为 10^{-n}（n 为正整数），或指明将数值修约到 n 位小数。

③指定修约间隔为 1，或指明将数值修约到"个"数位。

④指定修约间隔为 10^n（n 为正整数），或指明将数值修约到 10^n 数位，或指明将数值修约到"十""百""千"……数位。

第二步：将数值修约为 n 位有效位数。

（2）进舍规则

①拟舍去的最左一位数字小于 5 时，则舍去，保留的各位数字不变。例如：

- 将 12.149 8 修约成 2 位有效位数，得 12；
- 将 12.149 8 修约到小数点后一位，得 12.1。

②拟舍弃数字的最左一位数字大于 5 或虽等于 5 而其后并非全部为 0 的数字时，则进 1，即保留的末尾数字加 1。例如：

- 将 1 268 修约到"百"位数，得 13×10^3（特定时可写成 1 300，"特定时"是指修约间隔或有数位数明确时）；
- 将 1 268 修约成 3 位有效位数，得 127×10；
- 将 10.502 修约到个位数，得 11。

③拟舍去数字的最左一位数字为 5，而右面无数字或均为 0 时，若所保留的末位数字为奇数（1、3、5、7、9）则进一，为偶数（2、4、6、8、0）则舍去。例如：

- 修约间隔为 0.1（或 10^{-1}）时，

拟修约值	修约值
1.050	1.0
1.350	1.4

- 修约间隔为 1 000（或 10^3）时，

拟修约值	修约值
2 500	$2×10^3$（特定时可写为 2 000）
3 500	$4×10^3$（特定时可写为 4 000）

- 将下列数字修约成两位有效位数：

拟修约值	修约值
0.032 5	0.032
32 500	$32×10^3$（特定时可写为 32 000）

④负数修约时，先将它的绝对值按前述的规定进行修约，然后在所得值前面加上负号。例如：

- 将下列数字修约到十数位：

拟修约值	修约值
−355	$−36 ×10$（特定时可写为−360）

（3）不得连续修约

拟修约的数字在确定修约位数后一次修约获得结果，不得多次连续修约。例如：

- 修约 15.454 6，修约间隔 1，结果为 15，

  15.454 6 —→ 15.455（错误）   15.46 —→ 15.5 —→ 16（错误）

- 将 213.499 修约成 3 位有效位数时，结果应为 213。

  213.499 —→ 213.50 —→ 214（错误）

在具体实施过程中，有时测试与计算部门将获得数值按指定的修约位数多一位或几位报出，而后由其他部门判定。为避免产生连续修约的错误，按下述步骤进行。

第一步，报出数值最右的非零数字为 5 时，应在数值后面加"（＋）"或"（−）"或不加符号，以分别表明已进行过舍、进或未舍未进。

例如：16.50（+）表示实际值大于 16.50，经修约设计成为 16.50；16.50（-）表示实际值小于 16.50，经修约进 1 成为 16.50。

第二步，如果判定报出值需要进行修约，当拟舍弃数字的最后一位数字为 5 而后面无数字或皆为 0 时，数值后面有（+）号者进 1，数值后面有（-）号者舍去，其他仍按规则（2）进行。

例如，将下列数字修约到个数位后进行判定（报出值多留一位到一位小数）。

实测值	报出值	修约值
15.354 6	15.5（-）	15
16.520 3	16.5（+）	17
17.500 0	17.5	18
-15.454 6	-15.5（-）	-15

（4）0.5 单位修约与 0.2 单位修约

必要时，可采用 0.5 单位修约和 0.2 单位修约。

1）0.5 单位修约

将拟修约数乘以 2，按指定数位依规则（2）修约，所得数再除以 2。

例如，将下列数修约到个数位的 0.5 单位（或修约间隔为 0.5）。

拟修约数值 （A）	乘 2 （2A）	2A 修约值 （修约间隔为 1）	A 修约值 （修约间隔为 0.5）
60.25	120.50	120	60.0
60.38	120.76	121	60.5
-60.75	-121.50	-122	-61.0

2）0.2 单位修约

将拟修约数乘以 5，按指定数位依规则（2）修约，所得数值再除以 5。

例如，将下列数修约到"百"数位的 0.2 单位（或修约间隔为 20）。

拟修约数值 （A）	乘 2 （5A）	2A 修约值 （修约间隔为 100）	A 修约值 （修约间隔为 20）
830	4 150	4 200	840
842	4 210	4 200	840
−930	−4 650	−4 600	−920

（5）术语解释

①修约间隔是确定修约保留位数的一种方法，修约间隔的数值一经确定，修约值即为该数值的整倍数。例如：

- 如制定修约间隔为 0.1，修约值即应在 0.1 的整数倍中选取，相当于将数值修约到一位小数；
- 如制定修约间隔为 100，修约值即应在 100 的整数倍中选取，相当于将数值修约到"百"位数。

②有效位数。对没有小数位且以若干个零结尾的数值，从非零数字最左一位向右数得到的位数减去无效零（即仅为定位用的零）的个数，为有效位数；对其他十进位数值，从非零数字最左一位向右数得到的位数也是有效位数。例如：

- 35 000 若有两个无效零，则为 3 位有效位数，应写为 $350×10^2$，若有 3 个无效零，则为两位有效位数，应写为 $35×10^3$。
- 3.2、0.32、0.032、0.003 2 均为 2 位有效位数；0.032 0 为 3 位有效位数。
- 12.490 为 5 位有效位数；10.00 为 4 位有效位数。

③0.5 单位修约（半个单位修约），指修约间隔为指定位数的 0.5 单位，即修约到制定位数的 0.5 单位。例如，将 60.28 修约到个位数的 0.5 单位，得 60.5。

④0.2 单位修约，将修约间隔为指定数位的 0.2 单位，即修约到指定数位的 0.2 单位。例如，将 832 修约到"百"数位的 0.2 单位，得 840。

10.2.3 近似计算规则

（1）加法和减法

几个近似值相加减时，其和或差的有效数字决定于绝对误差最大的数值，即最后结果有效数字自左起不超过参加计算的近似值中第一个出现的可疑数字，如在小数的加减计算中，结果所保留的小数点后的位数与各近似值中小数点后位数最小者相同。在实际运算过程中，保留的位数比各数值中小数点后位数最多者多留1位小数，而计算结果则按数值修约规则处理。例如：

$$508.4 - 438.68 + 13.046 - 6.054\,8$$
$$\approx 508.4 - 438.68 + 13.05 - 6.05 = 76.72$$

最后计算结果只保留1位小数，为76.7。

当两个很接近的近似值相减时，其差的有效数字位数会有很多损失。所以，如有可能，应把计算程序组织好，尽量避免错误。

（2）乘法和除法

近似值相乘除时，所得积或商的有效数字位数决定于相对误差最大的近似值，即最后结果的有效数字位数要与各近似值中有效数字位数最小者相同。在实际运算中，先将各近似值修约至比有效数字位数最少者多保留1位有效数字，再将计算结果按上述规则处理。例如：

$$0.067\,6 \times 70.19 \times 6.502\,37$$
$$\approx 0.067\,6 \times 70.19 \times 6.502$$
$$\approx 30.085\,097\,568\,8$$

最后结算结果用3位有效数字表示为30.9。

在当前普遍使用手持计算器的情况下，为了减少计算误差，可在运算过程中适当保留较多的数字，对中间结果不做修约，只将最终结果修约到所需位数。

对于第1位是8或9的近似值，在乘除计算中有效数字的位数可多计1位。例如：

- 0.983 可视为 4 位有效数字；

- 80.44 可视为 5 位有效数字。

（3）乘方和开方

近似值乘方或开方时，原近似值有几位有效数字，计算结果就可以保留几位有效数字。例如：

- $6.54^2 = 42.7716$，保留 3 位有效数字则为 42.8。

- $\sqrt{7.39} = 2.718\,455\,444\,4\cdots$，保留 3 位小数则为 2.72。

（4）对数和反对数

在近似值的对数计算中，所取对数的小数点后的位数（不包括首数）应与真数的有效数字位数相同。举例如下。

［例 10-2］：求 H^+ 浓度为 7.89×10^{-2} mol/L 溶液的 pH 值。

$$[H^+] = 7.89 \times 10^{-2}\,mol/L$$

$$pH = -lg[H^+] = -lg(7.98 \times 10^{-2}) \approx 1.098$$

［例 10-3］：求 pH 值为 3.20 溶液的 $[H^+]$。

$$pH = -lg[H^+] = 3.20$$

$$[H^+] = 6.3 \times 10^{-3}\,(mol/L)$$

（5）平均值

求 4 个或 4 个以上的准确度接近的近似值的平均值时，其有效数字可增加一位。

［例 10-4］：求下列近似值的平均值，3.77、3.70、3.79、3.80、3.72。

$$\overline{x} = \frac{1}{5} \times (3.77 + 3.70 + 3.79 + 3.80 + 3.72)$$
$$= 3.756$$

10.3　异常值筛选与处理

异常值（或异常观测值）是指样本中的个别值，其数值明显偏离它（或它们）所属样本的其余观测值。

异常值可能是总体固有的随机变异性的极端表现，这种异常值和样本中其余观测值属于同一总体。异常值也可能产生于实验条件和方法或数据采集时出现的偶然误差偏离，或产生于观测、记录中的失误。这种可疑值和样本中其余观测值不属于同一个总体。

在考察样本的各观测值中，除个别异常值外，其余大部分观测值（样本）应该来自同一个正态总体或近似正态总体。关于样本来自正态总体或近似正态总体的判断，可以根据技术上的知识，通过对考察对象以及以往数据进行正态性的检验。

在一组观测数据中，异常值可能是单个，也可能是多个，因此异常值的检验有单个异常值检验和多个异常值检验。

（1）异常值检验

单个异常值判断需要根据实际情况，确定合适的异常值检验判断规则，指定检出异常值的显著性水平 α（检出水平），根据 α 与观测值个数（n）确定统计量临界值，通过不同方法计算统计量，所得值若超过临界值，则判断事先确定待查的极端观测值为异常值，否则就判断"没有异常值"。检出水平（α）常取 5%、1%（或 10%）。

多个异常值判断，是重复使用单个异常值判断方法的检验规则。首先按照单个异常值判断方法检验全体观察值的极值，若不能检出异常值，则整个检验结束，若检出一个异常值，再用相同的检验水平和规则进行下一个异常值的检验，直到不能检出异常值为止，或检出异常值超过上限为止（占观测值的比例较小）。

（2）异常值处理（剔除或修正）

异常值产生的技术上和物理上的原因是异常值处理的依据，其处理规则如下。

①对检出的异常值若无技术上、物理上的充分理由足以说明其异常的理由，则不得剔除或修正。

②异常值中除有技术上、物理上的充分理由说明其异常之外，表现为统计上高度异常，也允许剔除或修正。具体过程如下：

第一步，确定判断异常值是否高度异常的统计检验显著性水平 α^*（亦称为剔除水平），其值小于检出水平 α。

第二步，对前面检出的异常值，按规定以剔除水平 α^* 代替检出水平 α 进行显著性检验，若在剔除水平下，此检验是显著的，则判此异常值表现高度异常。在重复使用同一检验规则时，每次检出异常值后都要在检验他在剔除水平 α^* 下是否高度异常，若某次检验中检出的异常值为高度异常，则这个异常值以及在它前面检出的异常值都可被剔除或修正。

剔除水平 α^*（显著性水平）一般采取 1% 或更小，不宜采用大于 5% 的值。在选用剔除水平的情况下，检出水平可取 5% 或者更大些。

③检出的异常值都可以被剔除或进行修正。

上述规则的选用应根据实际问题的性质、权衡寻找产生异常值原因的代价、正确判断异常值的得益和错误剔除正常值的风险而定。

判断以及剔除异常值有多种检验方法，在已知标准差情形下使用奈尔（Nair）法。在一般情况下，标准差事先不知道，而要由测定数据本身获得，并用以检验该组观测值中是否存在异常值，在此情况下，通常采用 Grubbs 检验法、Dixon 检验法和偏度—峰度检验法。

10.3.1　Grubbs 检验法

Grubbs 检验法可用于检验多组（组数为 l）测量值均值的一致性和剔除多组测量值均值中的异常值，也可以用于一组测量值（个数 n）的一致性和剔除一组测量值中的异常值。检出的异常值个数不超过 1。

（1）单侧异常值检验

①将观测值按大小顺序排列：x_1、x_2、$\cdots$、x_n，其中 x_1 为最小值，x_n 为最大值。

②计算样本平均值 $\bar{x}$ 和样本标准差 s，即 $\bar{x} = \dfrac{1}{n}(x_1 + x_2 + \cdots + x_n)$，

$$s = \sqrt{\frac{1}{n-1}\sum_{i=1}^{n}(x_i - \bar{x})^2}$$

③计算统计量 G_n

$$G_n = \frac{(x_n - \bar{x})}{s} \qquad (10\text{-}1)$$

④确定检出水平 α，查表 10-1 对应的 n、α 的临界值 $G_{(1-\alpha)、n}$。

⑤当 $G_n > G_{(1-\alpha)、n}$，判断最大值 x_n 为异常值；否则，判断"没有异常值"。

⑥在给出剔除水平 α^* 的情况下，由表 10-1 查出对应的 n、α^* 的临界值 $G'_{(1-\alpha)、n}$。

当 $G_n > G_{(1-\alpha)、n}$，判断 x_n 为高度异常值，否则，判断"没有高度异常的异常值"。

对最小观测值的检验，使用统计量 G'_n。

$$G'_n = (\bar{x} - x_1)/s \qquad (10\text{-}2)$$

其余规则相同。

（2）双侧情形的检验

①根据式（10-1）、式（10-2）计算 G_n、G'_n 的值。

②确定检出水平 α，由表 10-1 查出对应的 n、$G'_{(1-\alpha/2)、n}$。

③当 $G_n > G'_n$ 且 $G_n > G'_{(1-\alpha/2)、n}$，判断 x_n 为异常值，当 $G'_n > G_n$，且 $G'_n > G_{(1-\alpha/2)、n}$，判断 x_1 为异常值，否则，判断"没有异常值"。

④在给定剔除水平 α^* 的情况下，由表 10-1 查出对应 n，$\alpha^*/2$ 的临界值 $G_{(1-\alpha^*/2)、n}$，判断 x_1 为高度异常值，否则判断没有"高度的异常值"。

[例 10-5]：对同一样品做 10 次平行测定，获得数据分别为 4.41、4.49、4.50、4.51、4.64、4.75、4.81、4.95、5.01、5.39。检验最大值是否为异常值。取检出水平 $\alpha=5\%$。（最大值为 5.39）。

解：$\bar{x}=4.746$，$s=0.305$，$n=10$

$$G_{10} = \frac{(x_{10} - \bar{x})}{s} = \frac{(5.39 - 4.746)}{0.305} = 2.11$$

当 $n=10$ 时，查表 10-1 可知，$G_{0.95\,(10)}=2.176$，因 $G_{10}<G_{0.95\,(10)}$，故判断 $x_{10}=5.39$ 为正常值。

表 10-1　Grubbs 临界值 G 值

n	显著性水平 α					n	显著性水平 α				
	0.10	0.05	0.025	0.01	0.005		0.10	0.05	0.025	0.01	0.005
3	1.148	1.153	1.155	1.155	1.155	30	2.583	2.745	2.908	3.103	3.236
4	1.425	1.463	1.481	1.492	1.496	31	2.577	2.759	2.924	3.119	3.253
5	1.602	1.672	1.715	1.749	1.764	32	2.591	2.773	2.938	3.135	3.270
6	1.729	1.822	1.887	1.944	1.973	33	2.604	2.786	2.952	3.150	3.286
7	1.828	1.938	2.020	2.097	2.139	34	2.616	2.799	2.965	3.164	3.301
8	1.909	2.032	2.126	2.22	2.274	35	2.628	2.811	2.979	3.178	3.316
9	1.977	2.110	2.215	2.323	2.387	36	2.639	2.823	2.991	3.191	3.330
10	2.036	2.176	2.290	2.410	2.482	37	2.650	2.835	3.003	3.204	3.343
11	2.088	2.234	2.355	2.485	2.564	38	2.661	2.846	3.014	3.216	3.356
12	2.134	2.285	2.412	2.550	2.636	39	2.671	2.857	3.025	3.228	3.369
13	2.175	2.331	2.462	2.607	2.699	40	2.682	2.866	3.036	3.240	3.381
14	2.213	2.371	2.507	2.659	2.755	41	2.692	2.877	3.046	3.251	3.393
15	2.247	2.409	2.549	2.705	2.806	42	2.700	2.887	3.057	3.261	3.404
16	2.279	2.443	2.585	2.747	2.852	43	2.710	2.896	3.067	3.271	3.415
17	2.309	2.475	2.620	2.785	2.894	44	2.719	2.905	3.075	3.282	3.425
18	2.335	2.501	2.651	2.821	2.932	45	2.727	2.914	3.085	3.292	3.435
19	2.361	2.532	2.681	2.954	2.968	46	2.736	2.923	3.094	3.302	3.445
20	2.385	2.557	2.709	2.884	3.001	47	2.744	2.931	3.103	3.310	3.455
21	2.408	2.580	2.733	2.912	3.031	48	2.753	2.940	3.111	3.319	3.464
22	2.429	2.603	2.758	2.939	3.060	49	2.760	2.948	3.120	3.329	3.474
23	2.448	2.624	2.781	2.963	3.087	50	2.768	2.956	3.128	3.336	3.483
24	2.467	2.644	2.802	2.987	3.112	60	2.837	3.025	3.199	3.411	3.560
25	2.486	2.663	2.822	3.009	3.135	70	2.893	3.082	3.257	3.471	3.622
26	2.502	2.681	2.841	3.029	3.157	80	2.940	3.130	3.305	3.521	3.673
27	2.519	2.698	2.859	3.049	3.178	90	2.981	3.171	3.347	3.563	3.716
28	2.534	2.714	2.876	3.068	3.199	100	3.017	3.207	3.383	3.600	3.754
29	2.549	2.730	2.893	3.085	3.218						

10.3.2 Dixon 检验法

Dixon 检验法用于一组观测值的一致性检验和剔除一组观测值中的异常值，适用于检出一个或多个异常值。

10.3.2.1 单侧进行的检验法

按大小顺序排列观测值 $x_1 \leqslant x_2, \cdots, \leqslant x_n$，计算统计量，统计量计算公式见表 10-2。

①确定检出水平 α，由表 10-3 查出对应的 n、α 的临界值 $D_{1-\alpha(n)}$。

②检验高端值时，当 $D>D_{1-\alpha(n)}$，判断 x_n 为异常值；检验低端值时，当 $D'>D_{1-\alpha(n)}$，判断 x_1 为异常值；否则，判断"未发现异常值"。

③在给出剔除水平 α^* 的情况下，从表 10-3 查出对应的 n、α^* 的临界值 $D_{1-\alpha^*(n)}$。

④检验高端值时，当 $D>D_{1-\alpha^*(n)}$，判断 x_n 为高度异常值；检测低端值时，$D'>D_{1-\alpha^*(n)}$，判断 x_1 为高度异常值，否则，判断"没有发现高度异常的异常值"。

表 10-2 Dixon 检验统计量 D 计算公式

样本大小 n	检验高端异常值	检验低端异常值
3～7	$D = r_{10} = \dfrac{x_n - x_{n-1}}{x_n - x_1}$	$D' = r'_{10} = \dfrac{x_2 - x_1}{x_n - x_1}$
8～10	$D = r_{11} = \dfrac{x_n - x_{n-1}}{x_n - x_2}$	$D' = r'_{11} = \dfrac{x_2 - x_1}{x_{n-1} - x_1}$
11～13	$D = r_{21} = \dfrac{x_n - x_{n-2}}{x_n - x_2}$	$D' = r'_{21} = \dfrac{x_3 - x_1}{x_{n-1} - x_1}$
14～30	$D = r_{22} = \dfrac{x_n - x_{n-2}}{x_n - x_3}$	$D' = r'_{22} = \dfrac{x_3 - x_1}{x_{n-2} - x_1}$

表 10-3　单侧 Dixon 检验法的临界值 D

n	检验高端异常值 D、低端异常值 D'	90%	95%	99%	99.5%
3		0.886	0.941	0.988	0.994
4	$D = r_{10} = \dfrac{x_n - x_{n-1}}{x_n - x_1}$ 或 $D' = r'_{10} = \dfrac{x_2 - x_1}{x_n - x_1}$	0.679	0.765	0.889	0.926
5		0.557	0.642	0.780	0.821
6		0.482	0.560	0.698	0.740
7		0.434	0.507	0.637	0.680
8		0.479	0.554	0.683	0.725
9	$D = r_{11} = \dfrac{x_n - x_{n-1}}{x_n - x_2}$ 或 $D' = r'_{11} = \dfrac{x_2 - x_1}{x_{n-1} - x_1}$	0.441	0.512	0.635	0.677
10		0.409	0.477	0.597	0.639
11		0.517	0.576	0.679	0.713
12	$D = r_{21} = \dfrac{x_n - x_{n-2}}{x_n - x_2}$ 或 $D' = r'_{21} = \dfrac{x_3 - x_1}{x_{n-1} - x_1}$	0.490	0.546	0.642	0.675
13		0.467	0.521	0.615	0.649
14		0.492	0.546	0.641	0.674
15		0.472	0.525	0.616	0.647
16		0.454	0.507	0.595	0.624
17		0.438	0.490	0.577	0.605
18		0.424	0.475	0.561	0.589
19		0.412	0.462	0.547	0.575
20		0.401	0.450	0.535	0.562
21		0.391	0.440	0.524	0.551
22	$D = r_{22} = \dfrac{x_n - x_{n-2}}{x_n - x_3}$ 或 $D' = r'_{22} = \dfrac{x_3 - x_1}{x_{n-2} - x_1}$	0.382	0.430	0.514	0.541
23		0.374	0.421	0.505	0.532
24		0.367	0.413	0.497	0.524
25		0.360	0.406	0.489	0.516
26		0.354	0.399	0.486	0.508
27		0.348	0.393	0.475	0.501
28		0.342	0.387	0.469	0.495
29		0.337	0.381	0.463	0.489
30		0.332	0.376	0.457	0.483

10.3.2.2 双侧情形的检验法

①与单侧情形的检验法中间计算统计量相同，计算 D 与 D'。

②确定检出水平 α，由表 10-4 查出对应 n、α 的临界值 $\tilde{D}_{1-\alpha(n)}$。

③当 $D>D'$，$D>\tilde{D}_{1-\alpha(n)}$，判断 x_n 为异常值；当 $D'>D$，$D'>\tilde{D}_{1-a(n)}$，判断 x_1 为异常值，否则，"判断没有发现异常值"。

④在给出剔除水平 α^* 的情况下，由表 10-4 查出对应的 n、α^* 的临界值 $\tilde{D}_{1-\alpha^*(n)}$。

当 $D>D'$，$D>\tilde{D}_{1-\alpha^*(n)}$，判断 x_n 为高度异常值；当 $D'>D$，$D'>\tilde{D}_{1-\alpha^*(n)}$，判断 x_1 为高度异常值；否则，判断"没有发现高度异常的异常值"。

表 10-4 双侧 Dixon 检验的 $\tilde{D}$ 临界值

n	统计量 $\tilde{D}$	95%	99%	n	统计量 $\tilde{D}$	95%	99%
3		0.970	0.994	17		0.529	0.610
4		0.829	0.926	18		0.514	0.594
5	r_{10} 和 r'_{10} 中较大者	0.710	0.821	19		0.501	0.580
6		0.628	0.740	20		0.489	0.567
7		0.569	0.680	21		0.478	0.555
8		0.608	0.717	22		0.468	0.544
9	r_{11} 和 r'_{11} 中较大者	0.564	0.672	23	r_{22} 和 r'_{22} 中较大者	0.459	0.535
10		0.530	0.635	24		0.451	0.526
11		0.619	0.709	25		0.443	0.517
12	r_{21} 和 r'_{21} 中较大者	0.583	0.660	26		0.436	0.510
13		0.557	0.638	27		0.429	0.502
14		0.586	0.670	28		0.423	0.495
15	r_{22} 和 r'_{22} 中较大者	0.565	0.647	29		0.417	0.489
16		0.546	0.627	30		0.412	0.483

[例 10-6]：一组测定值按从低到高顺序排列为 14.56、14.90、14.90、14.92、14.95、14.96、15.00、15.00、15.01、15.02，检验低端值 14.65 是否为异常值。

指定 $\alpha = 1\%$，单侧情形，对 $n = 10$，使用

$$D' = r'_{11} = \frac{x_2 - x_1}{x_{n-1} - x_1} = \frac{14.90 - 14.65}{15.01 - 14.65} = 0.694$$

查表 10-3 可得 $D'_{0.99}(10) = 0.597$，$D' > D'_{0.99}(10)$，故判断最小值为异常值。

双侧情形，对 $n = 10$，计算 $D' = 0.694$ 和 D

$$D = r_{11} = \frac{x_n - x_{n-1}}{x_n - x_2} = \frac{15.02 - 15.01}{15.02 - 14.90} = \frac{0.01}{0.12} = 0.083$$

查表 10-4 得到 $\tilde{D}_{0.99}(10) = 0.635$，

因为 $D' > D$，$D' > \tilde{D}_{0.99}(10)$，故判断最小值 14.65 为异常值。

当需检出多个异常值时，可以重复使用 Dixon 检验法进行检验，即将剔除第一个异常值后的其余观测值，继续按上述检测规则进行检验，如仍能检出异常值，则继续剔除。

10.3.3 偏度—峰度检验法

在未知标准差情形下判断和处理异常值，检出异常值的个数上限大于 1 时，可采用偏度峰度检验法。其使用条件是，先考查样本诸观测值，确认其样本主体来自正态总体，而极端值较明显地偏离样本主体。考查使用条件时，可将观测值点于正态概率纸上；当样本主体基本在一条直线旁，而其一端或两端的个别点明显向外偏离时，可用偏度—峰度检验法。

10.3.3.1 单侧情形——偏度检验法

①对观测值 x_1、x_2、$\cdots$、x_n，计算偏度统计量。

$$b_s = \frac{\sqrt{n}\sum_{i=1}^{n}(x_i - \overline{x})^3}{[\sum_{i=1}^{n}(x_i - \overline{x})^2]^{3/2}} = \frac{\sqrt{n}[\sum_{i=1}^{n}x_i^3 - 3\overline{x}\sum_{i=1}^{n}x_i^2 + 2n(\overline{x})^3]}{[\sum_{i=1}^{n}x_i^2 - n(\overline{x})^2]^{3/2}} \tag{10-3}$$

②确定检出水平 α，由表 10-5 查出对应的 n、α 的临界值 $b'_{1-\alpha(n)}$。

③对上侧情形,当 $b_s > b'_{1-\alpha(n)}$,判断最大值 x_n 为异常值;否则,判断"没有异常值"。

④在给出剔除水平 α^* 的情况下,由表10-5查出对应 n、α^* 的临界值 $b'_{1-\alpha^*(n)}$。

对上侧情形,当 $b_s > b'_{1-\alpha^*(n)}$,判断 x_n 为高度异常值,对下侧情形,当 $-b_s > b'_{1-\alpha^*(n)}$,判断 x_1 为高度异常值,否则,判断"没有高度异常的异常值"。

表 10-5 偏度检验法的临界值

n	95%	99%	n	95%	99%
8	0.99	1.42	40	0.59	0.87
9	0.97	1.41	45	0.56	0.82
10	0.95	1.39	50	0.53	0.79
12	0.91	1.34	60	0.49	0.72
15	0.85	1.26	70	0.46	0.67
20	0.77	1.15	80	0.43	0.63
25	0.71	1.06	90	0.41	0.60
30	0.66	0.98	100	0.39	0.57
35	0.62	0.92			

10.3.3.2 双侧情形——峰度检验法

①对观测值 x_1、x_2、$\cdots$、x_n,计算峰度统计量。

$$b_K = \frac{\sqrt{n}\sum_{i=1}^{n}(x_i - \bar{x})^4}{[\sum_{i=1}^{n}(x_i - \bar{x})^2]^2} = \frac{n[\sum_{i=1}^{n}x_i^4 - 4\bar{x}\sum_{i=1}^{n}x_i^3 + 6(\bar{x})^2\sum_{i=1}^{n}x_i^2 + 3n(\bar{x})^4]}{[\sum_{i=1}^{n}x_1^2 - n\frac{1}{(\bar{x})^2}]^2} \quad (10-4)$$

②确定检测水平 α,由表10-6查出对应的 n、α 的临界值 $b''_{1-\alpha(n)}$。

③当 $b_K > b''_{1-\alpha(n)}$,判断离均值最远的观测值为异常值;当 $b_K \leq b''_{1-\alpha(n)}$,判断"没有异常值"。

④在给出剔除水平 α^* 的情况下,从表10-6查出对应的 n、α^* 的临界值 $b''_{1-\alpha^*(n)}$。

当 $b_K > b''_{1-\alpha^{*}(n)}$，判断离均值 $\bar{x}$ 最远的观测值为高度异常值，否则，判断"没有高度异常的异常值"。

表 10-6　峰度检验法的临界值

n	95%	99%	n	95%	99%
8	3.70	4.53	40	4.05	5.02
9	3.86	4.82	45	4.02	4.94
10	3.95	5.00	50	3.99	4.87
12	4.05	5.20	60	3.93	4.73
15	4.13	5.30	70	3.88	4.62
20	4.17	5.38	80	3.84	4.52
25	4.14	5.29	90	3.80	4.45
30	4.11	5.20	100	3.77	4.37
35	4.08	5.11			

附　录

附录一　我国各省燃煤含硫量和灰分、挥发分含量汇总表

编号	省份	煤种类	煤炭来源	灰分 $A_d/\%$	挥发分 $V_{daf}/\%$	全硫 $S_{t,daf}/\%$
1	辽宁省	无烟煤	本溪牛心台	7.58	7.06	0.92
2			本溪洗中煤①	46.2	13.60	2.90
3			南票大窑沟、小凌河、三家子	6.64	41.31	0.75
4			北票台吉	7.01	35.88	0.23
5			抚顺泥煤①	28.67	32.54	0.45
6			抚顺龙凤	3.84		
7		烟煤	抚顺煤①			
8			抚顺西露天煤①	13.99	43.43	0.60
9			抚顺胜利煤矿·①			
10			辽源西安、平岗、太信	7.52	40.03	0.90
11			铁岭长烟煤①	18.75	39.88	0.62
12			阜新劣煤①	23.38	41.98	1.57
13			均值	12.35	38.84	0.59
14	吉林省	无烟煤	吉林通化	10.42	4.34	
15			均值	10.42	4.34	
16			杉松岗		31.19	
17			通化八道江、五道江、道清		14.86	
18		烟煤	通化矿务局五道江煤矿	6.39		0.45
19			通化砟子			
20			通化苇塘		25.32	
21			蛟河		38.86	
22			辽源原煤①	14.09	46.70	
23			蛟河煤①	27.48	37.00	
24			均值	8.92	27.12	0.45

编号	省份	煤种类	煤炭来源	灰分 A_d/%	挥发分 V_{daf}/%	全硫 $S_{t,daf}$/%
25			鹤壁市（五矿、八矿）	7.73	14.52	
26			鸡西大通、滴道、平岗、麻山	6.70	22.82	
27			鸡西正阳、二道河子、城子河、穆陵、小恒山	6.39	34.13	
28	黑龙江省	烟煤	鸡西（滴麻 2 号洗煤①）	42.06	24.40	0.41
29			双鸭山市七星矿、四方台、岭东、宝山	7.72	38.16	
30			七台河新建、河桃山、新兴	6.91	27.83	
31			鹤岗兴山	4.64	30.32	
32			鹤岗（二槽混煤①）	20.07	34.76	
33			均值	13.50	30.35	0.41
34	北京市	无烟煤	北京局杨索矿、大台矿、五平村矿、长沟峪、门头沟矿无烟煤	21.94	7.06	0.54
35			均值	10.05	4.88	0.39
36			衡水地区半个山	7.89	4.70	0.44
37		无烟煤	保定灵山煤矿	13.48	5.95	1.00
38			秦皇岛柳江煤矿大槽沟	14.39	7.53	0.79
39		烟煤	保定灵山厂	8.18	39.87	1.21
40			开滦吕家坨、唐家庄、荆各庄、马家沟	8.09	29.91	0.57
41		无烟煤	峰峰万年矿	5.29	3.28	0.27
42	河北省		峰峰牛儿庄、薛村矿	7.08	13.26	0.59
43			峰峰羊一矿、羊二矿、通二矿	7.95	20.29	0.44
44			峰峰野青①	11.1	21.50	2.86
45			峰峰孙庄	6.00	31.40	0.41
46			峰峰洗中煤①	39.3	29.30	0.35
47		烟煤	井陉	5.12	28.06	0.96
48			河北张家口八宝山	7.96	10.19	0.27
49			张家口下花园	11.12	32.80	0.18
50			唐山一号末煤①	26.03	24.21	0.54
51			邯郸①	32.2	27.22	1.40
52			均值	12.43	26.58	0.87

编号	省份	煤种类	煤炭来源	灰分 A_d/%	挥发分 V_{daf}/%	全硫 $S_{t,daf}$/%
53			阳泉	8.37	8.61	0.96
54		无烟煤	晋城	6.80	5.76	0.41
55			晋城煤末①	13.3		
56			长治林西洗煤 3 号①	22.81	25.60	1.47
57			均值	12.82	13.32	0.94
58			大同王村、云岗、晋华宫	3.30	29.64	0.29
59			大同商品煤①	12.04	24.00	1.78
60			太原西山官地、杜儿坪			0.63
61			太原西山白家庄	5.15		1.74
62			太原西山局西铭矿		12.24	1.83
63	山西省		太原西山洗煤①	24.63		0.63
64			太原西山原煤①	15.34		
65			太原东山	6.77	15.81	1.43
66		烟煤	太原商品煤①	14.2		2.00
67			汾西张庄			1.62
68			汾西南关			3.08
69			汾西柳湾	5.39	29.60	2.78
70			轩岗焦家庄			1.88
71			霍县曹村			0.47
72			古交煤窑			
73			朔县洗煤①	34.2	40.00	1.30
74			均值	13.45	25.22	1.53
75		无烟煤	野马兔	7.78	9.13	
76			乌达	6.08	31.07	1.36
77			包头	3.62	19.02	0.22
78			准旗二道沟	4.64	39.63	1.55
79	内蒙古自治区		康包东庄	3.54	24.44	0.15
80		烟煤	海勃湾老石旦	7.43	29.73	0.66
81			公乌素	6.53	31.77	2.87
82			平沟	7.42	28.41	1.38
83			旧洞沟	5.81	29.74	0.75
84			赤峰市	12.2	43.80	1.30
85			均值	6.36	30.85	1.14

编号	省份	煤种类	煤炭来源	灰分 A_d/%	挥发分 V_{daf}/%	全硫 $S_{t,daf}$/%
86	宁夏回族自治区	烟煤	石嘴山（一矿、二矿）	6.36	34.14	1.93
87			石炭井	8.57	25.46	1.08
88			均值	8.57	25.46	1.08
89		无烟煤	碱沟山二号井 3 层	5.17	3.45	0.79
90			汝箕沟西沟平峒 2-1 层	5.01	7.72	0.21
91			石炭井卫东煤矿 2 层 4 分层	4.66	8.37	0.16
92			均值	4.95	6.51	0.39
93	新疆维吾尔自治区	烟煤	龙泉煤[①]	20.94	15.00	2.08
94			六道湾原煤[①]	17.1	37.00	0.70
95			乌鲁木齐煤[①]	5.27	38.50	0.81
96			均值	11.54	29.25	1.25
97	青海省	烟煤	大通原煤[①]	18.4	37.00	0.90
98	甘肃省	烟煤	窑街天祝	4.38	42.63	0.99
99			山丹	9.15	27.86	1.43
100			靖远	5.65	33.69	0.27
101			阿干镇煤[①]	9.07	28.80	0.69
102			甘肃密街煤[①]	8.9	37.00	0.57
103			均值	7.43	34.00	0.79
104	陕西省	无烟煤	蒲城南桥煤矿	20.16	10.53	0.67
105		烟煤	铜川（三里洞矿 F2 层）	25.48	18.06	6.00
106			铜川鸭口矿	5.52	16.64	1.80
107			三里洞下	6.96	16.30	4.48
108			蒲白南桥	4.33	14.96	0.61
109			蒲白白水	6.89	13.99	4.23
110			权家河	6.75	16.28	2.20
111			韩城马沟渠	7.60	15.35	1.00
112			陕南镇巴矿	5.87	12.17	0.67
113			大荆东风	18.57	30.09	3.44
114			鸭口	6.33	17.09	1.63
115			桃园	7.17	16.64	4.30
116			蒲白白堤	5.40	13.22	1.45
117			商县（大荆胜利）	8.52	25.60	1.97
118			权家河	7.51	16.84	2.58
119			汉中	6.76	32.82	1.27
120			蒲城	5.79	16.66	1.45
121			焦坪混煤[①]	11.9	36.20	1.70
122			均值	7.62	19.43	2.17

编号	省份	煤种类	煤炭来源	灰分 A_d/%	挥发分 V_{daf}/%	全硫 $S_{t,daf}$/%
123	山东省	烟煤	枣庄（柴里二、三分层）	7.57	38.16	0.56
124			枣庄田屯、山家林、朱子埠、北井）	4.55	31.56	2.20
125			肥城曹庄	5.16	36.98	0.46
126			肥城大封、陶阳、黑山	5.54	35.35	2.73
127			淄博黑山	6.53	20.76	3.04
128			新汶禹村、张庄、协庄	4.47	41.05	1.17
129			莱芜潘西	5.74	34.71	0.46
130			临沂大芦湖	4.85	30.22	0.55
131			坊子矿北井	11.57	34.02	0.62
132			夏庄煤①	19.23	14.00	2.42
133			洪山三井原煤①	27.26	16.34	2.95
134			奎山煤①	13.87	14.00	3.11
135			淄博岭子	4.86	11.37	1.03
136			淄博洪山、埠村	5.25	16.66	0.44
137			山东淄博龙泉矿	6.72	13.26	1.20
138			均值	8.88	25.90	1.53
123	江西省	无烟煤	宜春市、蓬化县、分宜县		5.08	0.75
124			吉安市安福县			0.59
125			萍乡青山、花鼓山、高坑			3.54
126			信丰、高安、英岗岭			1.68
127		烟煤	信丰县大阿	7.55	12.12	1.05
128			萍乡巨源		19.17	0.64
129			萍乡安源		29.98	
130			丰城坪湖、尚庄一、云庄、建新		18.54	1.02
131			乐平市桥头丘、钟家山		42.73	2.33
132			均值	7.55	21.27	1.45

编号	省份	煤种类	煤炭来源	灰分 A_d/%	挥发分 V_{daf}/%	全硫 $S_{t,daf}$/%
133			南京青龙山	9.41	3.12	0.76
134		无烟煤	南京宝华井	10.06	5.90	1.69
135			均值	9.74	4.51	1.23
136			徐州旗山、卧牛矿、大黄山、夹河			0.42
137			徐州韩桥	5.92	39.39	2.00
138			徐州青山泉			3.35
139	江苏省		砀山龙潭天然焦	14.12	17.29	2.99
140			南京泉塘	9.24	18.92	0.67
141		烟煤	淮北杨城、朱庄、石台			
142			淮北沈庄、袁庄、伏牛山	7.99	39.37	0.63
143			淮南丰城煤①	26.72	33.00	5.45
144			山西阳泉	8.37	8.61	0.96
145			内蒙古东胜	7.43	29.73	0.66
146			均值	11.40	26.62	1.90
147	福建省	无烟煤	龙溪地区、永定县、邵武、永安、康安、龙岩、上京、翠屏山	8.85	2.52	0.77
148			均值	8.85	2.52	0.77
149		烟煤	康山煤矿南淄煤井中层	17.12	11.63	7.08
150			长广千井湾、新槐、白龙岗	13.84	52.63	3.15
151	浙江省	无烟煤	阳泉	8.37	8.61	0.96
152		烟煤	内蒙古东胜	7.43	29.73	0.66
153			均值	11.69	25.65	2.96
154			焦作矿务局（中马村矿、大陆矿、冯营矿、演马球庄矿）	7.34	6.13	
155		无烟煤	焦作商品煤①	20.5	4.53	
156			焦作原煤①	26.3	8.20	
157			新密（芦沟矿 B10 层、王庄矿 B10、裴沟矿 B10 层、米村矿 B10 层）	8.18	10.77	0.45
158			新密原煤①	13.9	14.00	
159	河南省		平顶山新峰五矿	6.58	14.24	
160		烟煤	平顶山四、六、七矿和高庄	9.37	35.63	
161			平顶山新峰一、二和四矿	10.34	22.06	
162			平顶山商品煤①	38.33	39.50	1.11
163			义马市陕县观音堂、宜洛、松宜一矿	7.90	17.91	4.99
164			荥阳市（刘河镇开源煤①）	9.21	51.00	0.65
165			均值	14.36	20.36	1.80

编号	省份	煤种类	煤炭来源	灰分 A_d/%	挥发分 V_{daf}/%	全硫 $S_{t,daf}$/%
166	湖南省	无烟煤	娄底冷水江市	8.45	6.56	0.90
167			郴州市	8.35	5.65	0.69
168			均值	8.40	6.10	0.80
169	湖北省	无烟煤	咸宁（七约山炭山湾煤矿）	6.56	9.26	3.47
170			襄阳（东巩煤矿胡家嘴煤矿）	8.03	5.43	0.55
171		烟煤	黄石（胡家湾煤矿）	6.7	12.33	2.33
172			松宜（陈家河、石家湾、坛子口、鸽子坛、干沟河）	10.35	11.64	6.98
173			均值	7.91	9.67	3.33
174	广西壮族自治区	无烟煤	广西罗城矿务局	7.80	3.60	2.80
175			广西红山矿务局	5.44	8.38	1.84
176		烟煤	合山矿务局	13.19	13.90	11.13
177			均值	8.81	8.63	5.26
178	四川省	无烟煤	芙蓉矿务局	10.43	8.27	1.58
179			松藻矿务	9.89	9.14	2.05
180			均值	9.51	9.54	1.61
181		烟煤	松藻矿务	9.89	9.14	2.05
182			群力沙石坑	2.54	31.92	0.77
183			攀枝花矿务局	6.35	13.74	1.28
184			资兴杨梅山	7.37	21.79	2.61
185			椒板溪	12.64	22.92	5.76
186			青山江	5.20	20.33	1.80
187			谭家山	6.00	22.06	1.23
188			韶山老井	1.97	35.52	1.26
189			牛马司	3.70	22.11	0.82
190			辰溪杉木溪	8.09	35.69	9.80
191			资兴	7.48	26.73	0.89
192			黔阳双溪	4.02	22.31	8.04
193			源陵矿	9.52	42.80	10.80
194			桥头四方山	3.24	22.36	1.96

编号	省份	煤种类	煤炭来源	灰分 A_d/%	挥发分 V_{daf}/%	全硫 $S_{t,daf}$/%
195	四川省	烟煤	南岭关春	5.34	30.76	1.30
196			南岭八字岭	4.47	36.02	4.86
197			东罗那全	8.67	18.16	5.09
198			南桐（四井）	7.65	31.65	1.54
199			南桐（一井）		20.03	
200			红岩丛林	7.42	24.87	1.72
201			东林	6.81	15.52	1.56
202			达县白腊坪	4.84	29.12	0.64
203			达县柏林	9.46	28.96	0.70
204			铁山南 K21	5.80	29.36	0.60
205			忠县	8.83	25.67	5.13
206			永川	6.60	31.92	0.73
207			荣昌（四井、双河）	6.17	33.99	0.85
208			隆昌	7.10	30.79	0.70
209			嘉阳天锡	6.30	30.67	0.53
210			中梁山南 K1	8.95	19.36	1.35
211			嘉陵	5.89	32.80	1.86
212			江北	5.45	27.80	0.50
213			威远	5.53	30.52	0.53
214			天府	11.09	20.91	1.19
215			广旺	7.10	26.73	0.47
216			广元	5.92	31.48	1.18
217			攀枝花（大宝顶、太平矿、沿江矿）	4.77	18.08	0.73
218			均值	6.57	27.07	2.35
219	重庆市	无烟煤	松藻混煤[①]	25.4	9.80	2.30
220			松藻煤矿二井	9.2	9.59	1.14
221			均值	17.3	9.70	1.72
222		烟煤	南桐煤[①]	21.7	18.60	2.87
223			中梁山煤[①]	29.33	32.20	4.08
224			均值	25.52	25.40	3.48

编号	省份	煤种类	煤炭来源	灰分 A_d/%	挥发分 V_{daf}/%	全硫 $S_{t,daf}$/%
225			恩洪	6.77	21.70	0.21
226			圭山	7.22	22.15	0.31
227			明良	6.26	21.53	4.99
228	云南省	烟煤	富源	7.97	35.90	0.26
229			羊场	8.69	36.86	0.22
230			一平浪	4.53	36.93	1.27
231			均值	6.91	29.18	1.21
232			遵义市	8.9	7.75	0.71
233		无烟煤	桐梓	7.38	9.76	1.38
234			织金	8.34	6.75	2.06
235			均值	8.21	8.09	1.38
236			六枝市（化处煤矿 19 煤层，木岗煤矿斜井 19 煤层）	7.40	12.19	1.60
237			贵阳市（小河沟坑 K7 煤层）	9.41	13.80	2.44
238	贵州省		六枝（凉水井、四角田、大用、地宗）	8.87	24.36	1.36
239			水城汪家寨、大河边、林冲沟、红旗	10.02	34.83	1.09
240		烟煤	盘江（火铺、山脚树）	11.74	33.49	0.57
241			贵阳煤矿	7.44	14.72	2.87
242			林东煤矿	4.44	20.56	3.11
243			蔡冲并矿	5.96	23.17	4.27
244			鱼洞矿	10.45	40.12	2.86
245			瓮安矿	10.58	32.11	1.82
246			均值	8.63	24.93	2.20
247		无烟煤	山西阳泉	8.37	8.61	0.96
248	天津市	烟煤	内蒙古	7.43	29.73	0.66
249	上海市	烟煤	贵州（粤西用煤）	8.87	24.36	1.36
250	海南省		福建（粤东用煤）	8.85	2.52	0.77
251	广东省	无烟煤	湖南郴州（粤北用煤）	8.35	5.65	0.69

注：A_d 为煤干燥基灰分含量，V_{daf} 为干燥无灰基挥发分含量，S_{daf} 为煤中干燥无灰基硫含量，N_{daf} 为煤中干燥无灰基氮含量，以下同。

①引自 www.dry.com.cn/design/html/designview 34.html；其他摘自陈鹏. 中国煤炭性质分类和利用，北京：化学工业出版社，2001。

附录二　饱和蒸气压焓值

表 1　饱和蒸气压力—焓表（按压力排列）

压力/MPa	温度/℃	焓/（kJ/kg）	压力/MPa	温度/℃	焓/（kJ/kg）
0.001	6.98	2 513.8	0.050	81.35	2 645.0
0.002	17.51	2 533.2	0.060	85.95	2 653.6
0.003	24.10	2 545.2	0.070	89.96	2 660.2
0.004	28.98	2 554.1	0.080	93.51	2 666.0
0.005	32.90	2 561.2	0.090	96.71	2 671.1
0.006	36.18	2 567.1	0.10	99.63	2 675.7
0.007	39.02	2 572.2	0.12	104.81	2 683.8
0.008	41.53	2 576.7	0.14	109.32	2 690.8
0.009	43.79	2 580.8	0.16	113.32	2 696.8
0.010	45.83	2 584.4	0.18	116.93	2 702.1
0.015	54.00	2 598.9	0.20	120.23	2 706.9
0.020	60.09	2 609.6	0.25	127.43	2 717.2
0.025	64.99	2 618.1	0.30	133.54	2 725.5
0.030	69.12	2 625.3	0.35	138.88	2 732.5
0.040	75.89	2 636.8	0.40	143.62	2 738.5

压力/MPa	温度/℃	焓/（kJ/kg）	压力/MPa	温度/℃	焓/（kJ/kg）
0.45	147.92	2 743.8	3.00	233.84	2 801.9
0.50	151.85	2 748.5	3.50	242.54	2 801.3
0.60	158.84	2 756.4	4.00	250.33	2 799.4
0.70	164.96	2 762.9	5.00	263.92	2 792.8
0.80	170.42	2 768.4	6.00	275.56	2 783.3
0.90	175.36	2 773.0	7.00	285.8	2 771.4
1.00	179.88	2 777.0	8.00	294.98	2 757.5
1.10	184.06	2 780.4	9.00	303.31	2 741.8
1.20	187.96	2 783.4	10.0	310.96	2 724.4
1.30	191.6	2 786.0	11.0	318.04	2 705.4
1.40	195.04	2 788.4	12.0	324.64	2 684.8
1.50	198.28	2 790.4	13.0	330.81	2 662.4
1.60	201.37	2 792.2	14.0	336.63	2 638.3
1.40	204.3	2 793.8	15.0	342.12	2 611.6
1.50	207.1	2 795.1	16.0	347.32	2 582.7
1.90	209.79	2 796.4	17.0	352.26	2 550.8
2.00	212.37	2 797.4	18.0	356.96	2 514.4
2.20	217.24	2 799.1	19.0	361.44	2 470.1
2.40	221.78	2 800.4	20.0	365.71	2 413.9
2.60	226.03	2 801.2	21.0	369.79	2 340.2
2.80	230.04	2 801.7	22.0	373.68	2 192.5

表2　饱和蒸气温度—焓表（按温度排列）

温度/℃	压力/MPa	焓/（kJ/kg）	温度/℃	压力/MPa	焓/（kJ/kg）
0	0.000 611	2 501.0	80	0.047 359	2 643.8
0.01	0.000 611	2 501.0	85	0.057 803	2 652.1
1	0.000 657	2 502.8	90	0.070 108	2 660.3
2	0.000 705	2 504.7	95	0.084 525	2 668.4
3	0.000 758	2 506.5	100	0.101 325	2 676.3
4	0.000 813	2 508.3	110	0.143 26	2 691.8
5	0.000 872	2 510.2	120	0.198 54	2 706.6
6	0.000 935	2 512.0	130	0.270 12	2 720.7
7	0.001 001	2 513.9	140	0.361 36	2 734
8	0.001 072	2 515.7	150	0.475 97	2 746.3
9	0.001 147	2 517.5	160	0.618 04	2 757.7
10	0.001 227	2 519.4	170	0.792 02	2 768
11	0.001 312	2 521.2	180	1.002 7	2 777.1
12	0.001 402	2 523.0	190	1.255 2	2 784.9
13	0.001 497	2 524.9	200	1.555 1	2 791.4
14	0.001 597	2 526.7	210	1.907 9	2 796.4
15	0.001 704	2 528.6	220	2.320 1	2 799.9
16	0.001 817	2 530.4	20	2.797 9	2 801.7
17	0.001 936	2 532.2	240	3.348	2 801.6
18	0.002 063	2 534.0	250	3.977 6	2 799.5
19	0.002 196	2 535.9	260	4.694	2 795.2
20	0.002 337	2 537.7	270	5.505 1	2 788.3
22	0.002 642	2 541.4	280	6.419 1	2 778.6
24	0.002 982	2 545.0	290	7.444 8	2 765.4
26	0.003 36	2 543.6	300	8.591 7	2 748.4
28	0.003 779	2 552.3	310	9.869 7	2 726.8
30	0.004 242	2 555.9	320	11.29	2 699.6
35	0.005 622	2 565.0	330	12.865	2 665.5
40	0.007 375	2 574.0	340	14.608	2 622.3
45	0.009 582	2 582.9	350	16.537	2 566.1
50	0.012 335	2 591.8	360	18.674	2 485.7
55	0.015 74	2 600.7	370	21.053	2 335.7
60	0.019 919	2 609.5	371	21.306	2 310.7
65	0.025 008	2 618.2	372	21.562	2 280.1
70	0.031 161	2 626.8	373	21.821	2 238.3
75	0.038 548	2 635.3	374	22.084	2 150.7

表3 过热蒸气温度、压力—焓表

T/℃	压力/MPa											
	0.01	0.1	0.5	1	3	5	7	10	14	20	25	30
0	0	0.1	0.5	1	3	5	7.1	10.1	14.1	20.1	25.1	30
10	42	42.1	42.5	43	44.9	46.9	48.8	51.7	55.6	61.3	66.1	70.8
20	83.9	84	84.3	84.8	86.7	88.6	90.4	93.2	97	102.5	107.1	111.7
40	167.4	167.5	167.9	168.3	170.1	171.9	173.6	176.3	179.8	185.1	189.4	193.8
60	2 611.3	251.2	251.2	251.9	253.6	255.3	256.9	259.4	262.8	267.8	272	276.1
80	2 649.3	335	335.3	335.7	337.3	338.8	340.4	342.8	346	350.8	354.8	358.7
100	2 687.3	2 676.5	419.4	419.7	421.2	422.7	424.2	426.5	429.5	434	437.8	441.6
120	2 725.4	2 716.8	503.9	504.3	505.7	507.1	508.5	510.6	513.5	517.7	521.3	524.9
140	2 763.6	2 756.6	589.2	589.5	590.8	592.1	593.4	595.4	598	602	605.4	603.1
160	2 802	2 796.2	2 767.3	675.7	676.9	678	679.2	681	683.4	687.1	690.2	693.3
180	2 840.6	2 835.7	2 812.1	2 777.3	764.1	765.2	766.2	767.8	769.9	773.1	775.9	778.7
200	2 879.3	2 875.2	2 855.5	2 827.5	853	853.8	854.63	855.9	857.7	860.4	862.8	856.2
220	2 918.3	2 914.7	2 898	2 874.9	943.9	944.4	945	946	947.2	949.3	951.2	953.1
240	2 957.4	2 954.3	2 939.9	2 920.5	2 823	1 037.8	1 038	1 038.4	1 039.1	1 040.3	1 041.5	1 024.8
260	2 996.8	2 994.1	2 981.5	2 964.8	2 885.5	1 135	1 134.7	1 134.3	1 134.1	1 134	1 134.3	1 134.8
280	3 036.5	3 034	3 022.9	3 008.3	2 941.8	2 857	1 236.7	1 235.2	1 233.5	1 231.6	1 230.5	1 229.9
300	3 076.3	3 074.1	3 064.2	3 051.3	2 994.2	2 925.4	2 839.2	1 343.7	1 339.5	1 334.6	1 331.5	1 329
350	3 177	3 175.3	3 167.6	3 157.7	3 115.7	3 069.2	3 017	2 924.2	2 753.5	1 648.4	1 626.4	1 611.3
400	3 279.4	3 278	3 217.8	3 264	3 231.6	3 196.9	3 159.7	3 098.5	3 004	2 820.1	2 583.2	2 159.1
420	3 320.96	3 319.68	3 313.8	3 306.6	3 276.9	3 245.4	3 211.02	3 155.98	3 072.72	2 917.02	2 730.76	2 424.7
440	3 362.52	3 361.36	3 355.9	3 349.3	3 321.9	3 293.2	3 262.34	3 213.46	3 141.44	3 013.94	2 878.32	2 690.3
450	3 383.3	3 382.2	3 377.1	3 370.7	3 344.4	3 316.8	3 288	3 242.2	3 175.8	3 062.4	2 952.1	2 823.1
460	3 404.42	3 403.34	3 398.3	3 392.1	3 366.8	3 340.4	3 312.44	3 268.58	3 205.24	3 097.96	2 994.68	2 875.26
480	3 446.66	3 445.62	3 440.9	3 435.1	3 411.6	3 387.2	3 361.32	3 321.34	3 264.12	3 169.08	3 079.84	2 979.58
500	3 488.9	3 487.9	3 483.7	3 478.3	3 456.4	3 433.8	3 410.2	3 374.1	3 323	3 240.2	3 165	3 083.9
520	3 531.82	3 530.9	3 526.9	3 521.86	3 501.28	3 480.12	3 458.6	3 425.1	3 378.4	3 303.7	3 237	3 166.1
540	3 574.74	3 573.9	3 570.1	3 565.42	3 546.16	3 526.44	3 506.4	3 475.4	3 432.5	3 364.6	3 304.7	3 241.7
550	3 593.2	3 595.4	3 591.7	3 587.2	3 568.6	3 549.6	3 530.2	3 500.4	3 459.2	3 394.3	3 337.3	3 277.7
560	3 618	3 617.22	3 613.64	3 609.24	3 591.18	3 572.76	3 554.1	3 525.4	3 485.8	3 423.6	3 369.2	3 312.6
580	3 661.6	3 660.86	3 657.52	3 653.32	3 636.34	3 619.08	3 601.6	3 574.9	3 538.2	3 480.9	3 431.2	3 379.8
600	3 705.2	3 704.5	3 701.4	3 697.4	3 681.5	3 665.4	3 649	3 624	3 589.8	3 536.9	3 491.2	3 444.2

附录三　90°直角三角堰流量

高度/ mm	流量/ （m³/h）	高度/ mm	流量/ （m³/h）	高度/ mm	流量/ （m³/h）	高度/ mm	流量/ （m³/h）	高度/ mm	流量/ （m³/h）
0	0	25	0.497	50	2.819	80	9.122	130	30.712
1	0	26	0.551	51	2.959	82	9.706	132	31.907
2	0.001	27	0.605	52	3.107	84	10.314	134	33.127
3	0.003	28	0.662	53	3.258	86	10.933	136	34.376
4	0.005	29	0.724	54	3.416	88	11.578	138	35.654
5	0.009	30	0.785	55	3.575	90	12.247	140	36.961
6	0.014	31	0.853	56	3.74	92	12.938	142	38.293
7	0.021	32	0.922	57	3.91	94	13.655	144	39.658
8	0.03	33	0.997	58	4.082	96	14.393	146	41.047
9	0.04	34	1.703	59	4.262	98	15.152	148	42.469
10	0.052	35	1.156	60	4.446	100	15.937	150	43.92
11	0.066	36	1.238	61	4.633	102	16.747	152	45.4
12	0.082	37	1.328	62	4.824	104	17.579	154	46.908
13	0.1	38	1.418	63	5.022	106	18.439	156	48.445
14	0.12	39	1.516	64	5.224	108	19.318	158	50.011
15	0.143	40	1.613	65	5.429	110	20.225	160	51.61
16	0.168	41	1.714	66	5.641	112	21.157	162	53.237
17	0.195	42	1.822	67	5.857	114	22.115	164	54.897
18	0.225	43	1.933	68	6.077	116	23.098	166	56.585
19	0.258	44	2.045	69	6.3	118	24.106	168	58.306
20	0.293	45	2.164	70	6.53	120	25.142	170	60.055
21	0.32	46	2.286	72	7.009	122	26.201	172	61.837
22	0.36	47	2.416	74	7.51	124	27.288	174	63.652
23	0.403	48	2.545	76	8.024	126	28.4	176	65.495
24	0.45	49	2.678	78	8.564	128	29.542	178	67.37

高度/ mm	流量/ (m³/h)	高度/ mm	流量/ (m³/h)	高度/ mm	流量/ (m³/h)	高度/ mm	流量/ (m³/h)	高度/ mm	流量/ (m³/h)
180	69.282	216	109.526	252	160.654	288	223.87	324	298.829
182	71.219	218	112.064	254	163.84	290	227.754	326	303.408
184	73.192	220	114.638	256	167.062	292	231..678	328	303.027
186	75.2	222	117.245	258	170.327	294	235.642	330	312.685
188	77.234	224	119.887	260	173.624	296	239.645	332	317.387
190	79.308	226	122.566	262	176.962	298	243.688	334	322.132
192	81.414	228	125.28	264	180.342	300	247.774	336	326.916
194	83.545	230	128.027	266	183.755	302	251.186	338	331.765
196	85.716	232	130.31	268	187.207	304	255.316	340	336.614
198	87.923	234	133.632	270	190.699	306	259.484	342	341.525
200	90.158	236	136.451	272	194.227	308	263.693	344	346.478
202	92.729	238	139.378	274	197.795	310	267.944	346	351.475
204	95.026	240	142.308	276	201.402	312	272.232	348	356.515
206	97.358	242	145.274	278	205.049	314	276.563	350	361.584
208	99.724	244	148.277	280	208.735	316	280.933		
210	102.125	246	151.315	282	212.458	318	285.347		
212	104.558	248	154.39	284	216.223	320	289.8		
214	107.024	250	157.504	286	220.028	322	294.296		

参考文献

[1] 中华人民共和国国家质量监督检验检疫总局，中国国家标准化管理委员会. 综合能耗计算通则（GB/T 2589—2008）[S]. 北京：中国标准出版社，2008.

[2] 中华人民共和国环境保护部，2015 中国环境状况公报[EB/OL].（2016-06-02）[2016-08-12]，http://www.mee.gov.cn/gkml/sthjbgw/qt/201606/W020160602413860519309.pdf.

[3] BP 集团. BP 世界能源统计年鉴[EB/OL].（2015-06-26）[2016-03-11]，https://www.bp.com/content/dam/bp-country/zh_cn/Publications/2015SR/Statistical%20Review%20of%20World%20Energy%202015%20CN%20Final%2020150617.pdf.

[4] 国家环境保护局计划司，辽宁省环境保护局. 工业行业环境统计手册[M]. 沈阳：辽宁大学出版社，1991.

[5] 奚元福. 环境保护计算手册[M]. 成都：四川科学技术出版社，1992.

[6] 陈剑虹，杨保华. 环境统计应用[M]. 北京：化学工业出版社，2009.

[7] 国家环境保护总局. 燃烧锅炉烟尘和二氧化硫排放总量核定基数方法——物料衡算法（试行）（HJ/T 69—2001）[S]. [EB/OL] http://www.mee.gov.cn/image20010518/2328.pdf.

[8] 熊素玉. 环境工程技术与应用[M]. 北京：科学出版社，2012.

[9] 李耀中，李东升. 噪声控制技术（第二版）[M]. 北京：化学工业出版社，2008.

[10] 向洪，张文贤，李开兴，等. 人口科学大辞典[M]. 成都：成都科技大学出版社，1994.

[11] 邓绶林，刘文彰. 地学辞典[M]. 石家庄：河北教育出版社，1992.

[12] 中华人民共和国国家统计局. 2015 中国统计年鉴[EB/OL].（2015-10-19）[2016-03-15]，http://www.stats.gov.cn/tjsj/ndsj/2015/indexch.htm.

[13] 中华人民共和国国家质量监督检验检疫总局，中国国家标准化管理委员会. 数值修约规则

与极限数值的表示和判定（GB/T 8170—2008）[S]. 北京：中国标准出版社，2008.

[14] 国家环境保护总局《空气和废气监测分析方法》编写组. 废气和空气监测方法（第四版增补版）[M]. 北京：中国环境科学出版社，2003.

[15] 《空气和废气监测分析方法指南》编委会. 空气和废气监测分析方法指南（上册）[M]. 北京：中国环境科学出版社，2006.

[16] 中华人民共和国国家质量监督检验检疫总局，中国国家标准化管理委员会. 天然气（GB 17820—2012）[S]. 北京：中国质检出版社，2012.

[17] 中华人民共和国国家质量监督检验检疫总局，中国国家标准化管理委员会. 液化石油气（GB 11174—2011）[S]. 重庆：重庆大学出版社，2011.

[18] 中华人民共和国国家质量监督检验检疫总局，中国国家标准化管理委员会. 车用压缩天然气（GB 18047—2017）[S]. 北京：中国标准出版社，2017.

[19] 任建兴，翟晓敏，傅坚刚，等. 火电厂氮氧化物的生成和控制[J]. 上海电力学院学报，2002，3（18）：19-23.

[20] 杨冬，路美春，王永征，等. 煤燃烧过程中氮氧化物的转化及控制[J]. 山西能源与节能，2003，3（31）：4-16.

[21] 杨冬. 燃煤氮氧化物生成规律的试验研究[D]. 济南：山东大学，2004，4：9-20.

[22] 胡芝娟. 分解炉氮氧化物转化机理及控制技术研究[D]. 武汉：华中科技大学，2004：8-20，79-90.

[23] 王玉斌. 大气环境工程师使用手册[M]. 北京：中国环境科学出版社，2003.

[24] 邱吉明，马广大. 大气污染控制工程（第二版）[M]. 北京：高等教育出版社，2002.

[25] 曾磊，曹越. 化工项目无组织废气评价探讨[J]. 环境科学与管理，2006，9（31）：184-187.

[26] 李亚军. 无组织排放源常用分析与估算方法[J]. 西北铀矿地质，2005，2（31）：53-57.

[27] 李惠敏，王振欧. 试论废气无组织排放源强的确定及控制[J]. 氯碱工业，1997，3：30-33.

[28] 毛东兴，洪宗辉. 环境噪声控制工程（第二版）[M]. 北京：高等教育出版社，2010.

[29] 李耀中，李东升. 噪声控制技术（第二版）[M]. 北京：化学工业出版社，2008.

[30] 环境保护部环境工程评估中心. 建设项目环境影响评价[M]. 北京：中国环境出版社，2012.

[31] 宫本贤. 声屏障隔声量的计算方法与设计[J]. 噪声与振动控制，1997，10（3）：41-43.

[32] 许振成，王俊能，彭晓春. 城市家庭规模与结构对生活污水排放特征影响分析[J]. 中国环境科学，2010，8（30）：1149-1152.

[33] 杨仙娥，何延新. 城市污水水质水量变化及生活污染源污染特征研究[J]. 环境科学与管理，2012，11（37）：164-167.

[34] 徐春莲，戴建坤，王文君. 分散型生活污水水质研究[J]. 中国环保产业，2008，12：29-31.

[35] 钟森芳. 福州市区生活污水排放现状调查与解决对策初探[J]. 福建工程学院学报，2004，3（2）：320-325.

[36] 胡霞，傅永胜，傅强. 拉萨市城市生活污水的水质监测[J]. 环境化学，2003，6（22）：627-628.

[37] 张鑫，付永胜，范兴建. 农村生活污水排放规律及处理方法分析[J]. 广东农业科学，2008，8：139-142.

[38] 范先鹏，熊桂云，张敏敏. 湖北省三峡库区农村生活污水发生规律与水质特征[J]. 湖北农业科学，2011，24（50）：5079-5083.

[39] 任翔宇，尚钊仪，车越. 上海农村生活污水排放规律及土壤渗滤效果探讨[J]. 华东师范大学学报（自然科学版），2012，5：138-144.

[40] 万寅婧，王文林，唐晓燕. 太湖流域农村生活污水排放特征研究——以宜兴市大浦镇为例[J]. 污染防治技术，2013，3（26）：13-16.

[41] 旻苏. 机动车排放标准体系分析[J]. 世界标准化与质量标准，2006，6：29-31.

[42] 国家环境保护总局，国家质量监督检验检疫总局. 轻型汽车污染物排放限值及测量方法（Ⅰ）（GB 18352.1—2001）[S]. 北京：中国标准出版社，2001.

[43] 国家环境保护总局，国家质量监督检验检疫总局. 轻型汽车污染物排放限值及测量方法（Ⅱ）（GB18352.2—2001）[S]. 北京：中国标准出版社，2001.

[44] 国家环境保护总局，国家质量监督检验检疫总局. 三轮汽车和低速货车用柴油机排气污染物排放限值及测量方法（中国Ⅰ、Ⅱ阶段）（GB 19756—2005）[S]. 北京：中国环境科学出版社，2002.

[45] 国家环境保护总局，国家质量监督检验检疫总局. 摩托车和轻便摩托车排气烟度排放限值及测量方法（中国Ⅰ、Ⅱ阶段）（GB 19758—2005）[S]. 北京：中国环境科学出版社，2005.

[46] 聂阳文，杨永刚，石祥辉. 柴油车尾气排放分析与控制.轻型汽车技术[J]. 2010（7）：29-32.

[47] 国家环境保护总局，国家质量监督检验检疫总局. 轻型汽车污染物排放限值及测量方法（中国III、IV阶段）（GB 18352.3—2005）[S]. 北京：中国环境科学出版社，2005.

[48] 国家环境保护总局，国家质量监督检验检疫总局. 车用压燃式、气体燃料点燃式发动机与汽车排气污染物排放限值及测量方法（中国III、IV、V阶段）（GB 17691—2005）[S]. 北京：中国环境科学出版社，2005.

[49] 环境保护部，国家质量监督检验检疫总局. 轻型汽车污染物排放限值及测量方法（中国第五阶段）（GB 18352.5—2013）[S]. 北京：中国环境科学出版社，2013.

[50] 国家环境保护总局，国家质量监督检验检疫总局. 摩托车污染物排放限值及测量方法（工况法，中国第III阶段）（GB 14622—2007）[S]. 北京：中国环境科学出版社，2007.

[51] 国家环境保护总局，国家质量监督检验检疫总局. 轻便摩托车污染物排放限值及测量方法（工况法，中国第III阶段）（GB 18176—2007）[S]. 北京：中国环境科学出版社，2007.

[52] 环境保护部，国家质量监督检验检疫总局. 摩托车和轻便摩托车排气污染物排放限值及测量方法（双怠速法）（GB 14621—2011）[S]. 北京：中国环境科学出版社，2011.

[53] 环境统计教材编写委员会. 环境统计务实[M]. 北京：中国环境出版社，2016：278-314.

[54] 中华人民共和国交通部. 公路建设项目环境影响评价规范（JT GB03—2006）[S]. 北京：人民交通出版社，2006.

[55] 国家环境保护总局科技标准司. 污废水处理设施运行管理（试用）[M]. 北京：北京出版社，2006.

[56] 刘琼霞，林建国. 论 A^2/O 曝气氧化沟脱氮工艺的应用[J]. 中国科技投资，2012（30）：49-50.

[57] 张晓琳. 氧化沟污水处理技术及其在工程中的应用[C]. 中国铁道学会环境保护委员会2005年年会：中国铁道学会会议论文集，2005：106-108.

[58] 周明罗. 生物膜法处理校区污水[J]. 宜宾学院学报，2011，6（11）：98-100.

[59] 张岩. A/O 工艺与 A^2/O 工艺处理城市污水特点对比研究[D]. 泰安：山东农业大学，2011：24-29.

[60] 郭进. SBR 在污水处理工程中的应用研究[D]. 天津：天津大学，2007：32-40.

[61] 周锐锋. SBR 工艺在城市污水处理厂的应用[J]. 环境保护与循环经济，2010，6：53-58.

[62] 中华人民共和国建设部，中华人民共和国国家质量监督检验检疫总局. 室外排水设计规范

（GB 50014—2006）[S]. 北京：中国计划出版社，2006.

[63] 崔玉川，刘振江，张绍怡. 城市污水厂处理设施设计计算[M]. 北京：化学工业出版社，2008.

[64] 第一次全国污染源普查资料编纂委员会.污染源普查产排污系数手册（上）[M]. 北京：中国环境科学出版社，2011.

[65] 第一次全国污染源普查资料编纂委员会.污染源普查产排污系数手册（中）[M]. 北京：中国环境科学出版社，2011.

[66] 第一次全国污染源普查资料编纂委员会.污染源普查产排污系数手册（下）[M]. 北京：中国环境科学出版社，2011.

[67] 中华人民共和国住房和城乡建设部. 城市生活垃圾产量计算及预测方法（CJ/T 106—2016）[S]. 北京：中国标准出版社，2016.

[68] 滕州市住房和城乡建设局，滕州市城市管理局. 关于印发《滕州市建筑垃圾量计算标准》的通知（滕住建发〔2010〕106 号）[EB/OL], https://wenku.baidu.com/view/333c104b8524586770b56e8. html.（2012-03-12）.

[69] 徐礼来，闫祯，崔胜辉. 城市生活垃圾产量影响因素的路径分析——以厦门市为例[J]. 环境科学学报，2013，4（33）：1180-1185.

[70] 何德文，金艳，柴立元，等. 国内大中城市生活垃圾产生量与成分的影响因素分析[J]. 环境卫生工程，2005，4（13）：7-10.

[71] 曹巍. 济南市人均生活垃圾产生量分析与预测[J]. 环境卫生工程，2015，4（23）：12-14.

[72] 李铁送，覃发超，雷代勇，等. 徐州市城市居民生活垃圾产生量研究[J]. 环境卫生工程，2007，1（15）：15-17.

[73] 王临清，李枭鸣，朱法华. 中国城市生活垃圾处理现状及发展建议[J]. 环境污染与防治，2015，2（37）：106-109.

[74] 宁平. 固体废物处理与处置[M]. 北京：高等教育出版社，2010.

[75] 任东华，高蓓蕾，垃圾焚烧烟气重金属产排污系数研究[J]. 中国资源综合利用，2015，1（33）：36-37.

[76] 宋灿辉，吕志中，方朝军. 生活垃圾焚烧厂垃圾渗滤液处置技术[J]. 环境工程. 2008，26

　　　（增刊）：148-150.

[77]　华佳，张林生，闫燕. 城市生活垃圾焚烧厂渗滤液处理工程实例[J]. 给水排水，2008，35
　　　（增刊）：55-58.

[78]　李晓东、陆胜勇、徐旭，等. 中国部分城市生活垃圾热值的分析[J]. 中国环境科学，2001，
　　　2（21）：156-160.

[79]　柴晓利，赵爱华，赵由才. 固体废物焚烧技术[M]. 北京：化学工业出版社，2006.

[80]　湖南省环境保护科学研究院.岳阳市生活垃圾焚烧发电工程环境影响评价报告书[R]. 2015.

[81]　湖南省环境科学研究院.湖南湘潭固体废弃物综合处置中心工程环境影响报告书（简本）
　　　（R）[EB/OL] https://wenku.baidu.com/view/c10852ee960590c69ec3767c.html（2018-02-03）
　　　[2018-06-30].

[82]　张益，赵由才. 生活垃圾焚烧技术[M]. 北京：化学工业出版社，2000：262-264，277-279.

[83]　陈超，曲东.生活垃圾焚烧发电厂垃圾渗滤液处理及回用措施分析[J]. 城市建设，2010（6）：
　　　46-47.

[84]　王宝德，胡莹. 我国生活垃圾组成成分及处理方法分析[J]. 环境卫生工程，2010，1（18）：
　　　40-44.

[85]　农业部. 2015 年全国渔业经济统计公报［EB/OL］http://jiuban.moa.gov.cn/sjzz/yzjzw/
　　　yyywyzj/201605/t20160531_5156281.htm（2015-05-31）[2016-02-10].

[86]　中国农业科学院农业环境与可持续发展研究所，环境保护部南京环境科学研究所，第一
　　　次全国污染源普查畜禽养殖源产排污系数手册[Z]. 2009.

[87]　全国污染源普查水产养殖业污染源产排污系数测算项目组，第一次全国污染源普查水产
　　　养殖业污染源产排污系数手册[Z]. 2009.

[88]　国务院第一次全国污染源普查领导小组办公室. 第一次全国污染源普查——农业污染源
　　　肥料流失系数手册[Z]. 2009.

[89]　国务院第一次全国污染源普查领导小组办公室. 第一次全国污染源普查农药流失系数[Z].
　　　2009.

[90]　国务院第一次全国污染源普查领导小组办公室. 农田地膜残留系数手册[Z]. 2009.

[91]　国家环境保护总局，国家质量监督检验检疫总局. 畜禽养殖业污染物排放标准（GB 18596—

2001）[S]. 北京：中国标准出版社，2001.

[92] 吴根义，廖新俤，贺德春，等. 我国畜禽养殖污染防治现状及对策[J]. 农业环境科学学报，2014，7（33）：1261-1264.

[93] 中国农业科学院农业环境与可持续发展研究所，环境保护部南京环境科学研究所. 第一次全国污染源普查畜禽养殖源产排污系数手册[R]. 2009.

[94] 黄欢，汪小泉，韦肖航，等. 杭嘉湖地区淡水水产养殖污染物排放总量的研究[J]. 中国环境监测，2007，3（23）：94-97.

[95] 黄小平，温伟英. 上川岛公湾海域环境对其网箱养殖容量限制的研究[J]. 热带海洋，1998，17（4）：57-64.

[96] 全国污染源普查水产养殖业污染源产排污系数测算项目组，第一次全国污染源普查水产养殖业污染源产排污系数手册[R]. 2009.

[97] 中国环境监测总站. 环境统计年报[EB/OL]：http://www.cnemc.cn/jcbg/zghjtjnb/（2016-12-03）.

[98] 国家环境保护局科技司. 工业污染物产生和排放系数手册.北京：中国环境科学出版社，1996.

[99] 董广霞，周冏，王军霞，等. 工业污染源核算方法探讨[J]. 环境保护，2013，12（41）：57-59.

[100] 毛应准，杨子江. 工业污染核算[M]. 北京：中国环境科学出版社，2007.

[101] 王海兰. 产排污系数法在环评污染源核算中的广泛应用[J]. 资源节约与环保，2013，8：63-64.

[102] 董红敏，朱志平，黄洪坤，等. 畜禽养殖业产污系数和排污系数计算方法[J]. 农业工程学报，2011，1（27）：303-308.

[103] 金瑜. 浅谈工业源产排污系数的应用[J]. 污染防治技术，2009，5（22）：88-90.

[104] 杨驰宇. 环境监测数据的审核研究[J]. 吉林师范大学学报（自然科学版），2004，2：72-73.

[105] 许耕野. 浅析工业污染源产排污系数存在的问题[J]. 环境保护与循环经济，2012，4：74-75.

[106] 李秀琴. 环境监测数据审核的主要内容及方法探讨[J]. 环境研究与监测，2013，9：14-16.

[107] 雷晓平. 浅谈可疑数据的取舍方法——格拉布斯法[J]. 河南建材，2011，2：164-165.

[108] 陈建桦. 用数理统计的方法对检测中出现可疑数据的处理[J]. 家电科技，2008，1：61-63.

[109] 中国环境监测总站,《环境水质监测质量保证手册》编写组. 环境水质监测质量保证手册（第二版）[M]. 北京：化学工业出版社，1994.

[110] 吴鹏鸣. 环境空气监测质量保证手册[M]. 北京：中国环境科学出版社，1989.

[111] 胡名操. 环境保护实用数据手册[M]. 北京：机械工业出版社，1990.

[112] 环境保护部, 国家质量监督检验检疫总局. 建筑施工场界环境噪声排放标准（GB 12523—2011）[S]. 北京：中国环境科学出版社，2011.

[113] 环境保护部, 国家质量监督检验检疫总局. 工业企业厂界环境噪声排放标准（GB 12348—2008）[S]. 北京：中国环境科学出版社，2008.

[114] 环境保护部, 国家质量监督检验检疫总局. 社会生活环境噪声排放标准（GB 22337—2008）[S]. 北京：中国环境科学出版社，2008.

[115] 中国石油化工总公司. 燃料油（SH/T 0356—1996）[S]. 北京：中国标准出版社，1996.

[116] 中华人民共和国国家质量监督检验检疫总局, 中国国家标准化管理委员会. 煤炭质量分级 第2部分：硫分（GB/T 15224.2—2010）[S]. 北京：中国标准出版社，2010.